普通高等教育计算机类特色专业系列规划教材

计算机网络

程　莉　刘建毅　王　枞　编著

科学出版社

北　京

内 容 简 介

本书按照协议层次体系结构自顶向下的方式,从读者所熟悉的应用层协议开始,依次讲述传输层、网络层、数据链路层、局域网、物理层、多媒体网络和网络安全。在每一层的内容组织上,本书遵循层次功能和服务概述、实现要点和原理、协议实例、设备实例、安全隐患的顺序,并配备丰富且符合教学实际的实践任务,使读者能够理论联系实际,同时完整了解计算机网络的协议、操作过程及安全隐患。在写作方法上,本书力求由易到难、由浅入深,便于读者理解。

本书可作为高等院校相关专业本科生或研究生的"计算机网络"课程教材。书中包含了《全国硕士研究生入学统一考试计算机专业基础综合考试大纲》所要求的全部内容,亦可作为研究生入学考试的参考资料。

图书在版编目(CIP)数据

计算机网络/程莉,刘建毅,王枞编著.—北京:
科学出版社,2012.4
普通高等教育计算机类特色专业系列规划教材
ISBN 978-7-03-033897-6

Ⅰ.①计… Ⅱ.①程… ②刘… ③王… Ⅲ.①计算机
网络–高等学校–教材 Ⅳ.①TP393

中国版本图书馆 CIP 数据核字(2012)第 051649 号

责任编辑:刘鹏飞 匡 敏 / 责任校对:陈玉凤
责任印制:张克忠 / 封面设计:迷底书装

科 学 出 版 社 出版
北京东黄城根北街 16 号
邮政编码:100717
http://www.sciencep.com

北京市文林印务有限公司印刷
科学出版社发行 各地新华书店经销
*
2012 年 4 月第 一 版 开本:787×1092 1/16
2012 年 4 月第 1 次印刷 印张:18.5
字数:470000
定价:39.00 元
(如有印装质量问题,我社负责调换)

前　言

"计算机网络"不仅是计算机专业、通信专业的重要课程,也已成为很多专业的必修课程,同时各行各业的从业人员也必须掌握计算机网络知识。作者在多年的计算机网络课程教学中使用的教材多为从物理层到应用层,即从抽象到具体,学生接受困难。James F. Kuros 和 Keith W. Ross 合著的《计算机网络——自顶向下方法》(第 4 版)给作者很好的启迪。同时,教育部于 2009 年颁布《全国硕士研究生入学统一考试计算机专业基础综合考试大纲》,具体规定了计算机网络课程的教学要求。本书以此为基础编写而成。

本书具有三个特点:第一,知识结构完整,综合 ISO/OSI 参考模型与 TCP/IP 体系结构的优点,按照自顶向下的方式组织内容,便于读者理解;第二,安全隐患的内容贯穿全书,更适合"信息安全"等相关专业学生学习;第三,全书配备丰富且符合教学实际的实践任务,帮助读者理解理论知识,并培养动手能力。

全书共 9 章。第 1 章(计算机网络和因特网概述)介绍计算机网络和因特网的概念、体系结构、发展进程及其应用。第 2 章(应用层)从 Internet 的应用层概念出发,首先讨论客户/服务器 (C/S)模型和对等(P2P)模型、应用进程和端口号,然后介绍 DNS、WWW、E-mail、FTP、Telnet 等 Internet 典型应用。第 3 章(传输层)从传输层的功能与服务出发,首先介绍可靠传输的工作原理,随后介绍传输层协议 UDP 和 TCP。第 4 章(网络层)从网络层的功能和服务出发,介绍主要的路由选择算法和分级选路原理、Internet 寻址技术、IP 包格式、网络互联方法、ICMP 的用途、IP 组播、移动 IP 及 IPv6。第 5 章(数据链路层)从数据链路层的功能及服务出发,主要讨论成帧原理、差错控制、流量控制。第 6 章(局域网技术)从局域网 LLC 及 MAC 子层的功能和服务出发,首先介绍以太网,包括传统以太网、千兆以太网、万兆以太网,随后介绍无线局域网和局域网的互联设备。第 7 章(物理层)主要讨论数据通信的基础理论、调制与编码技术、信道复用技术和物理层互联设备。第 8 章(多媒体网络)主要讨论流媒体、VoIP 等常见多媒体应用,以及 RTP、RTCP、SIP、H. 323 等与多媒体相关的通信协议。第 9 章(网络安全)初步介绍了计算机网络安全问题的基本内容,包括网络安全现状、网络安全面临的威胁和网络安全面临的困难、网络安全体系结构、网络安全技术、常用的网络安全协议。

本书的编写自始至终得到白中英教授的关心、支持和指导。在本书完稿之后,白中英教授在百忙之中认真审阅全书,并提出许多宝贵的意见和建议,在此深表谢意。

本书在策划、编写、出版过程中,还得到王允格、吴世竞、胡起旸、雷鸣涛、龙宝莲、代玉梅同志的大力支持和帮助,在此一并致谢;同时感谢科学出版社编辑耐心细致的工作。本书得到北京市自然科学基金项目(4092029)的资助。

由于作者水平有限,书中难免有疏漏及不足之处,恳请广大读者和同仁批评指正。作者的 E-mail 地址是 liujy@ bupt. edu. cn。

目　　录

第1章 计算机网络和因特网概述

计算机网络是计算和通信技术的一种融合,它将物理上互连的众多资源汇聚起来,使计算机的功能得以扩展和延伸。以因特网(Internet)为代表的计算机网络上汇集的海量计算资源、数据资源、软件资源、各种数字化设备和控制系统等共同构成了生产、传播和使用知识的重要载体,已成为人们沟通信息和协同工作的有效工具。计算机不再仅仅是一种计算工具,更是一种通信和控制的平台,将计算、通信和控制(Computing,Communication and Control)融为一体。

计算机网络技术从最初的局域网络环境,发展到广域网络环境,继续发展为"无处不在的计算",正在被开发运用到各式各样的设备、各种各样的环境,以及繁多的用途上,如移动电话、PDA(Personal Digital Assistant)、个人数字助手、电视、家电、汽车等,为构建具有高性能处理能力、海量数据存储等的 21 世纪人类社会的信息处理基础设施奠定了技术基础。

本章介绍计算机网络和因特网的概念及其应用,重点理解计算机网络的组成、衡量网络性能的指标、网络协议和体系结构的概念,了解计算机网络的安全隐患和发展进程。

1.1 计算机网络和因特网的概念及其应用

电信网络(电话网)、有线电视网络和计算机网络是最主要的三种网络,这三种网络相互渗透、相互兼容,逐步整合成为全世界统一的信息通信网络,即三网融合。三网融合是为了实现网络资源的共享,形成适应性广、易维护、费用低的高速宽带多媒体基础平台,使各种以 IP 为基础的业务都能在不同的网络上实现互通。

在上述三种网络中,计算机网络发展得最快,已成为信息时代的核心技术。计算机网络是通过同一种技术相互连接起来的一组自主计算机的集合;Internet 是一种计算机网络,是一种由许多个网络构成的网络;Web 是运行在 Internet 之上的一种分布式系统。

1.1.1 计算机网络和因特网的概念

计算机网络是通过通信设施(通信网络)将地理上分散的多个自主的计算机系统通过网络软件互连起来,进行信息交换,实现资源共享、互操作和协同工作的系统。

计算机网络连接的计算机系统群体在地理上是分散的,可能在一个房间内,在一个单位的楼群里,在一个或多个城市里,甚至在全国乃至全球范围内。这些计算机系统是自治的,即每台计算机是独立的,它们在网络协议的控制下协同工作,通过通信设施(网)互联。通信设施一般由通信线路、相关的传输交换设备等组成,计算机系统通过通信设施进行信息交换、资源共享、互操作和协作处理,完成各种应用。

在计算机网络中,用户看到的是实际的机器,如果用户希望在一台远程机器上运行一个程序,必须登录到远程机器上,然后在远程机器上运行该程序。计算机网络并没有使这些机器统一,或者使它们的行为统一。不同硬件或不同操作系统的差异对于用户而言完全可见。

Internet 是一种特殊的计算机网络,是由互相通信的计算机连接而成的全球网络。它不是一种单一的网络,而是由许多网络互联而成的一种逻辑网,每个子网连接若干台计算机(主机)。目前,超过 20 亿人在使用 Internet,并且它的用户数还在以几何级数上升。

Internet 基于一些共同的协议,通过许多路由器和公共网络互联而成,是一个全球信息资源和资源共享的集合。计算机网络只是传播信息的载体,而 Internet 的优越性和实用性则在于本身的信息资源。

Internet 作为专有名词,首字母必须大写,它起源于 1969 年诞生的美国国防高级研究计划局主持研制的 ARPANET。ARPANET 最初是一个军用研究系统,后来又成为连接高等院校计算机的学术系统,现在则已发展成为一个覆盖五大洲 150 多个国家的开放型全球计算机网络系统。

互联网(internet)泛指由多个计算机网络相互连接而成的大型网络。Internet 只是互联网中最大的一个,但并不是全球唯一的互联网络,如在欧洲,跨国的互联网络就有"欧盟网"(Euronet)、"欧洲学术与研究网"(EARN)、"欧洲信息网"(EIN),在美国有"国际学术网"(BITNET),世界范围内有"飞多网"(Fido 全球范围的 BBS 系统)等。

万维网(World Wide Web,WWW)是一种运行在 Internet 之上的分布式系统,是 Internet 的重要组成部分。在一种分布式系统中,一组独立的计算机展现给用户的是一个统一的整体,如同一个系统。对用户来说,分布式系统只有一个模型或范型,在操作系统之上有一层软件中间件(Middleware)负责实现这个模型。WWW 看起来就好像是一个 Web 页面,是集文本、声音、图像、视频等多媒体信息于一身的全球信息资源网络,通过浏览器可以搜索和浏览各种信息。

计算机网络的划分标准有多种,可以按照空间距离分为局域网(Local Area Network,LAN)、城域网(Metropolitan Area Network,MAN)、广域网(Wide Area Network,WAN)、个人区域网(Personal Area Network,PAN);按传输介质分为有线网和无线网等;按照交换功能分为电路交换网和分组交换网;按照网络的使用权分为公用网(Public Network)和专用网(Private Network);按照协议分为 IP、AppleTalk、SNA 等;按传输速率可分为低速网、中速网和高速网;根据网络带宽可分为基带网(窄带网)和宽带网等。后续章节将分别讨论这些网络。

1.1.2 计算机网络的应用

计算机网络在资源共享、数据传输、分布式处理、高性价比等方面具有特殊优势,使其在工业、农业、交通运输、邮电通信、文化教育、商业、国防及科学研究等各个领域、各个行业得到广泛的应用。随着 Internet 应用的迅速普及,计算机网络已经渗透到人们的工作、学习和生活等各个方面。

1. 电子商务

电子商务 E-commerce 是以计算机网络为基础的一种新的商业模式,把原来传统的销售、购物渠道移到互联网上,打破国家与地区有形无形的壁垒,使生产企业达到全球化、网络化、无形化、个性化和一体化。电子商务对社会的影响不亚于蒸汽机给整个社会带来的影响。

电子商务一般可分为企业对企业(Business-to-Business,B to B)、企业对消费者(Business-to-Consumer,B to C)、消费者对消费者(Consumer-to-Consumer,C to C)和消费者对企业(Consumer-to-Business,C to B)等模式。C to C 商务平台为买卖双方提供一个在线交易平台,使卖方可以上网拍卖,买方可以进行竞价。淘宝网是目前国内规模最大的 C to C 商务平台。C to B 模式的核心是通过聚合用户形成一个强大的采购集团,使之享受到以大批发商的价格购买单件商品的利益,淘宝、易趣、拍拍等网站上的团购业务都属于这个范畴。

随着 Internet 使用人数的增加,利用 Internet 进行网络购物并以银行卡付款的消费方式已渐流行,市场份额也在迅速增长,电子商务网站也层出不穷。电子商务最常见之安全机制有 SSL(Secure Socket Layer,安全套接字协议)及 SET(Secure Electronic Trasaction,安全电子交易协议)两种。创新的软件应用模式 SaaS(Software as a Service)软件服务模式,延长了电子商务的链条,形成了"全程电子商务"概念模式。

2. 电子政务

电子政务(e-Government)是政府机构在数字化、网络化的环境下进行日常办公、信息收集与发布、公共管理等事务的国家行政管理形式。电子政务将管理和服务通过网络技术进行集成,在互联网上实现政府组织结构和工作流程的优化重组,超越时间和空间及部门间的分隔限制,向社会提供全方位优质且规范而透明的符合国际水准的管理和服务。电子政务包含多方面的内容,如政府办公自动化、政府部门间的信息共建共享、政府实时信息发布、各级政府间的远程视频会议、公民网上查询政府信息、电子化民意调查和社会经济统计等。

电子政务系统涉及各级政务部门与企业和公众之间、不同政务部门之间、上下级政务部门之间互为保密的信息或互为不宜公开的事务。因此,电子政务网络平台既要实现各级政务部门信息资源共享,还要保证不同政务部门之间、不同级别政务部门之间的隔离。为了兼顾共享与保密,电子政务网络由物理隔离的政务内网和政务外网构成,政务外网与互联网之间逻辑隔离。

3. 远程医疗

远程医疗(Telemedicine)是计算机技术、通信技术、多媒体技术同医疗技术的结合。远程医疗技术已经从最初的电视监护、电话远程诊断发展到利用高速网络进行数字、图像、语音的综合传输,并且实现实时的语音和高清晰图像的交流,为现代医学的应用提供了更广阔的发展空间。

借助物联网技术可以有效地实现远程健康监护、远程急救服务和远程诊疗,提升医疗资源的有效利用率。远程医疗可以使身处偏僻地区和没有良好医疗条件的患者获得良好的诊断和治疗,如农村、山区、野外勘测地、空中、海上、战场等,也可以使医学专家同时对在不同空间位置的患者进行会诊。

4. 开放教育

开放教育是利用网络技术传播高等教育知识的创新方式,集中了一批优秀课件、先进教学技术、教学手段等资源。不同于一般的网络教学课程,开放式课程计划只为学习者提供自学的机会,教材全部免费,不授予任何学历,使高等教育大众化,让更多的学习者享有平等的学习机会。美国麻省理工学院(MIT)的开放课程(Open Course Ware,OCW)项目和中国开放教育资源联合体(China Open Resources for Education,CORE)搭建了国际教育资源交流与共享的平台。

5. 网络战争

网络战正在成为一种作战形式,它可以轻而易举地破坏敌方的指挥控制、情报信息和防空等军用网络系统,甚至可以悄无声息地破坏、瘫痪、控制敌方的商务、政务等民用网络系统,不战而屈人之兵。

6. 新型网络应用模式

云计算以应用为目的,通过互联网将大量必要的硬件和软件按照一定的组织形式连接起来,并随应用需求的变化不断调整组织形式以创建一个内耗最小、功效最大的虚拟资源服务集合。

为了实现更大范围内的人与物、物与物之间信息交换需求的互联,物联网(Internet of Things)将物理世界中具有一定感知能力、计算能力或执行能力的各种信息传感设备通过网络设施实现信息传输、协同和处理,实现有序组织。

1.1.3 计算机网络的组成

一种典型的计算机网络主要由计算机系统、数据通信系统、网络软件及协议三大部分组成。计算机系统是网络的基本模块,提供共享资源;数据通信系统是连接网络基本模块的桥梁,提供各种连接技术和信息交换技术;网络软件是网络的组织者和管理者,在网络协议的支持下为网络用户提供各种服务。

计算机系统主要完成数据采集、存储、处理和输出任务,根据计算机系统在网络中的用途可分为服务器(Server)和客户机(Client)。服务器负责数据处理和网络控制,并构成网络的主要资源,主要由大型机、中小型机和高档微机组成,网络软件和应用服务程序主要安装在服务器中。客户机是网络中数量大、分布广的设备,是用户进行网络操作、实现人 - 机对话的工具,个人计算机(PC)既能作为客户机又可作为独立的计算机。

数据通信系统主要由网络适配器、传输介质和网络连接设备等组成。网络适配器主要负责计算机系统与网络的信息传输控制,完成线路传输控制、差错检测与恢复、代码转换及数据帧的装配与拆装等。传输介质是传输数据信号的物理通道,将网络的各种设备连接起来。常用的有线传输介质有双绞线、同轴电缆、光纤等;无线传输介质有无线电、微波信号、激光等。网络互联设备用来实现网络中各计算机系统之间的连接、网与网之间的互联、数据信号的变换及路由选择等功能,主要包括调制解调器(Modem)、集线器(Hub)、交换机(Switch)、网桥(Bridge)、路由器(Router)、网关(Gateway)等。

网络软件和协议管理调度网络资源,授权用户对网络资源的访问,是提供计算机之间、网络之间相互识别并正确进行通信的一组标准和规则。网络软件一般包括网络操作系统、网络协议、通信软件及管理和服务软件等。

计算机网络中的各种设备通过传输介质互相连接,形成物理布局即网络拓扑(Topology)结构。网络拓扑结构是指用何种方式把网络中的计算机等设备连接起来,它的结构主要有星型结构、环型结构、总线型结构、树型结构、网状结构、蜂窝状结构等,如图1-1所示。

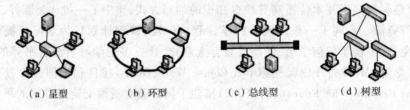

(a)星型　　　　(b)环型　　　　(c)总线型　　　　(d)树型

图1-1　网络拓扑

在星型拓扑结构中,各节点通过点到点的方式连接到一个中央节点,目前多采用集线器(Hub)或交换设备作为中央节点。节点之间的通信必须经过中央节点,便于网络的维护和安全,一个节点因为故障而停机时也不会影响其他节点间的通信。星型拓扑结构的网络延迟时间较小,传输误差较低,但中央节点一旦损坏,整个系统便会瘫痪。

在环型拓扑结构中,传输介质从一个端系统连接到另一个端系统,直到将所有的端系统连成环型。数据在环路中沿着一个方向在各个节点间传输,从一个节点传到下一个节点。这种结构消除了端系统通信时对中心系统的依赖性。由于信息源在环路中逐个穿过各个节点,环中过多的节点势必影响信息传输速率,使网络的响应时间延长,而且一个节点的故障会使全网瘫痪。

总线型拓扑结构通过一根称为总线的传输线路将网络中所有的节点连接起来,信息通常以基带形式串行传递方式在总线上传输,由于各个节点之间通过电缆直接连接,所以总线型拓扑结构所需要的电缆长度最短,但总线只有一定的负载能力,因此总线长度又有一定限制,一条总线只能连接一定数量的节点。总线两端连接有终结器(即终端电阻),与总线进行阻抗匹配,最大限度吸收传送端部的能量,避免信号反射回总线产生不必要的干扰。总线型拓扑简单、易实现、易维护、易扩充,但故障检测比较困难。

树型拓扑结构是分级的集中控制式网络,结构图像一棵倒挂的树,树最上端的结点是根结点,一个结点发送信息时,根结点接收该信息并向全树广播。树型拓扑结构成本较低,节点易于扩充,寻找路径比较方便,但对根结点的依赖性太大。

网状拓扑结构主要指各节点通过传输线连接起来,并且每一个节点至少与其他两个节点相连。多个子网或多个网络连接起来构成网状拓扑结构。在一个子网中,集线器、中继器将多个节点连接起来,而桥接器、路由器及网关则将子网连接起来。

蜂窝拓扑结构是无线局域网中常用的结构。它以无线传输介质(微波、卫星、红外等)的点到点和多点传输为特征,适用于城市网、校园网、企业网。

混合型拓扑结构主要指两种或几种网络拓扑结构混合起来构成的一种网络拓扑结构,也称为杂合型结构,如由星型结构和总线型结构的网络结合在一起的网络结构更能满足较大网络的拓展,既解决了星型网络在传输距离上的局限,又解决了总线型网络在连接用户数量的限制,即同时兼顾了星型网与总线型网络的优点。

Internet 是一个世界范围的计算机网络,其拓扑结构非常复杂,各组件之间的互联结构是松散分层,如图 1-2 所示。终端系统首先通过接入网络(Access Networks)连接到本地 Internet 服务提供商(Internet Service Provider,ISP),本地 ISP 连接到地区 ISP,地区 ISP 连接到顶层互连的国家级或国际级 ISP。计算机网络可以划分为网络边缘部分、接入网络和网络核心部分。

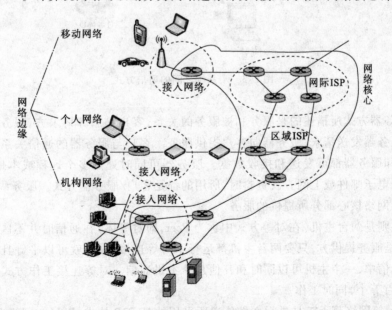

图 1-2 计算机网络组成示意图

网络边缘部分由所有连接在因特网上的计算机系统组成,这部分由用户直接使用,用来进行通信(传送数据、音频或视频)和资源共享。接入网络可以是企业或大学的局域网,也可以是带调制解调器的拨号电话线、基于电缆的高速接入网络,还可以是无线接入网络。网络核心部分由大量的网络和连接这些网络的路由器组成,这部分提供连通和交换,为网络边缘部分提供服务。

1.2　网络边缘

处于因特网边缘部分的是连接在因特网上运行应用程序的计算机系统(或称为主机(Host),也称为端系统(End System))。端系统在功能上可能有很大的差别,小的端系统可以是普通个人计算机,大的端系统可以是大型、巨型计算机,使用网络核心部分所提供的服务。端系统的拥有者可以是个人,也可以是单位(如学校、企业、政府机关等),当然也可以是某个 ISP(即ISP 不仅仅向端系统提供服务,它也可以拥有一些端系统)。边缘部分的功能就是利用核心部分所提供的服务,使主机之间能够互相通信并交换或共享信息。

网络边缘的两台端系统之间的通信方式分为客户/服务器(Client/Server,C/S)方式和对等(Peer-to-Peer,P2P)方式,如图 1-3 所示。

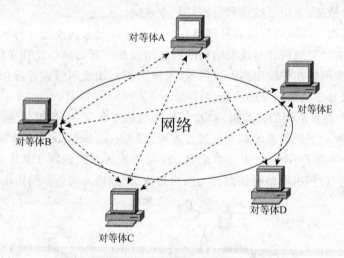

图 1-3　端系统之间的通信方式

客户/服务器方式所描述的是服务和被服务的关系,客户是服务请求方,服务器是服务提供方。客户向服务器发送请求,服务器向客户提供服务。客户与服务器的通信关系建立后进行双向通信,客户和服务器都可发送和接收数据。服务器可同时处理多个远程或本地的客户请求。网络用户发送电子邮件或上网查找资料时,所用的都是客户/服务器方式。服务请求方和服务提供方都要使用网络核心部分所提供的服务。

对等方式则是两台主机(在对等方式中称为 Peer,即对等体)在通信时并不区分哪个是服务请求方,哪个是服务提供方,只要两台主机都运行了对等连接软件,就可以平等且对等地连接通信。在对等通信中,一个主机可以同时和其他几个主机通信。对等连接工作方式可以支持大量的用户(如上百万个)同时工作。

QQ、Skype 等网络聊天工具进行文件传递所采用的是 P2P 技术,PPLive 网络电视软件、多媒体影音分享工具 POCO 软件、BT 下载、迅雷下载、eMule 电驴软件等均属于 P2P 软件。

1.2.1 局域网的概念及特点

局域网是在一定的地理区域内,使多个相互独立的设备在共享介质上以一定的速率进行通信的系统。局域网所涉及的地理距离一般可以是几米至 10km 以内,位于一个建筑物或一个单位内,由单一组织机构所使用,不包括网络层的应用。局域网在计算机数量配置上没有太多的限制,少的可以只有两台,多的可达几百台。局域网能依靠较高信息传输率、低误码率的物理通信信道,目前速率可达 10Gbit/s。IEEE802 标准委员会定义了以太网(Ethernet)、令牌环网(Token Ring)、光纤分布式接口网络(FDDI)、异步传输模式网(ATM)及最新的无线局域网(WLAN)等多种主要的局域网标准。从介质访问控制方法的角度而言,局域网可分为共享介质式局域网与交换式局域网两类。第 6 章详细讨论局域网技术。

1.2.2 网络接入方式

端系统和边缘路由器通过接入网络连接到本地的 ISP 系统。接入网络可以是企业或大学的局域网,也可以是配置了调制解调器(Modem)的电话线接口或者配置了线缆调制解调器(Cable Modem)的有线电视接口,还可以是全球移动通信系统(Global System for Mobile Communications,GSM)的无线数据传输业务(General Packet Radio Service,GPRS)和第三代移动通信技术(Third-Generation Mobile System,3G)即高速数据传输的蜂窝移动通信技术。图 1-2 显示了 LAN 接入、WLAN 接入和电话拨号接入等几种情形。

接入方式可简单地分为适用于窄带业务的接入网技术和适用于宽带业务的接入网技术。从用户入网方式角度而言,Internet 接入技术可以分为有线接入和无线接入两大类,无线接入技术还可以分固定接入技术和移动接入技术。

1. 电话拨号接入

电话拨号入网可分为两种:一是个人计算机经过调制解调器和普通模拟电话线与公众交换电话网(PSTN)连接(即窄带接入方式),利用当地运营商提供的接入号码,拨号接入互联网,速率不超过 56Kbit/s,只需有效的电话线及自带 Modem 的个人计算机就可完成接入。二是个人计算机经过专用终端设备和数字电话线,与综合业务数字网(Integrated Services Digital Network,IS-DN)连接。利用一条 ISDN 用户线路,可以在上网的同时拨打电话、收发传真。ISDN 基本速率接口有两条 64Kbit/s 的信息通路和一条 16Kbit/s 的信令通路(简称 2B + D),当有电话拨入时,它会自动释放一个 B 信道接听电话。

2. 数字用户线路接入

数字用户线路(Digital Subscriber Line,DSL)技术是基于普通电话线的宽带接入技术。它在同一铜线上分别传送数据和语音信号,数据信号并不通过电话交换机设备,减轻了电话交换机的负载;不需要拨号,一直在线,属于专线上网方式。DSL 包括 ADSL、RADSL、HDSL 和 VDSL 等,其中非对称数字用户线路(Asymmetric Digital Subscriber Line,ADSL)是一种新兴的高速通信技术。ADSL 的上行(指从用户计算机端向网络传送信息)速率最高可达 1Mbit/s,下行(指浏览网页、下载文件)速率最高可达 8Mbit/s。上网同时可以打电话,互不影响,只需在现有电话线上安装 AD-SL Modem,而用户现有线路不须改动(改动只在交换机房内进行)即可使用。高速数字用户线路(Veryhighbit-rate Digital Subscriber Line, VDSL)是 ADSL 的快速版本,VDSL 短距离内的最大下传速率可达 55Mbit/s,上传速率可达 19.2Mbit/s,甚至更高。

3. 有线电视的线缆接入

基于有线电视的线缆调制解调器(Cable Modem)接入方式可以达到下行 8Mbit/s、上行 2Mbit/s 的高速率接入。基于有线电视网络的高速互联网接入系统有两种信号传送方式,一种是通过 CATV 网络本身采用上下行信号分频技术实现,另一种通过 CATV 网传送下行信号,通过普通电话线路传送上行信号。光纤/同轴电缆混合(Hybrid Fiber Coaxial,HFC)接入网是对有线电视的线缆网络的扩展,HFC 有线电视网的网络结构在光纤部分多数采用星型网,在电缆部分则采用树型分配网。HFC 的一个重要特性是广播媒体共享,通过由同轴电缆和放大器构成的网络把有线电视信号广播到相邻结点。

4. 光纤接入

光纤接入网(OAN)是采用光纤传输技术,即本地交换局和用户之间全部或部分采用光纤传输的通信系统。光纤具有宽带、远距离传输能力强、保密性好、抗干扰能力强等优点,是未来接入网的主要实现技术。光纤到户(Fiber To The Home,FTTH)方式将光网络单元(Optical Network Unit,ONU)安装在用户处。

5. 局域网接入

通过局域网连接 Internet 的边缘路由器,局域网用户只要通过双绞线连接计算机网卡和信息接口,即可通过局域网接入 Internet。以 FTTX + LAN(小区宽带)为主要方式,利用光纤加五类双绞线方式实现宽带接入方案,实现千兆光纤到小区(大楼)中心交换机,中心交换机和楼道交换机以百兆光纤或五类双绞线相连,楼道内采用综合布线,实现 10M/100M/1000Mbit/s 不同速率的宽带接入,提供高速的局域网及高速互联网络服务。

6. 无线局域网接入

无线局域网(WLAN)是一种有线接入的延伸技术,使用无线射频(Radio Frequency,RF)技术越空收发数据,减少使用电线连接,因此无线网络系统既可达到建设计算机网络系统的目的,又可让设备自由安排和搬动。无线网络一般作为已存在有线网络的一个补充方式,装有无线网卡的计算机通过无线手段方便接入互联网。

蓝牙(Bluetooth)是一种短距离的无线通信技术,电子装置彼此可以透过蓝牙而连接起来。透过芯片上的无线接收器,配有蓝牙技术的电子产品能够在 10 m 的距离内彼此相通,传输速率可达 1Mbit/s。

无线保真技术(Wireless Fidelity,WiFi)俗称无线宽带,能够在数百英尺范围内支持互联网接入的无线电信号,为用户提供无线的宽带互联网访问。同时,它也是家庭、办公室或在旅途中上网快速便捷的途径。WiFi 或 IEEE 802.11b 在 2.4GHz 或 5GHz 频段上工作,所支持的速率最高达 54Mbit/s。WiFi 与蓝牙技术一样,同属于在办公室和家庭中使用的短距离无线技术,目前常用的标准有 IEEE 802.11a、IEEE 802.11b 和 IEEE 802.11g 等。

7. 无线网接入

通过 GPRS(General Packet Radio System)或 CDMA(Code-Division Multiple Access)卡,笔记本

计算机可以浏览简单的信息和收发一些邮件。GPRS 是分组交换数据的标准技术,须与 GSM 网络配合,传输速率可以达到 115Kbit/s。CDMA 基于扩频技术,即将需传送的具有一定信号带宽信息数据,用一个带宽远大于信号带宽的高速伪随机码进行调制,使原数据信号的带宽被扩展,再经载波调制并发送出去。接收端使用完全相同的伪随机码,与接收的带宽信号作相关处理,把宽带信号换成原信息数据的窄带信号即解扩,以实现信息通信。

第三代移动通信技术(3G)是将无线通信与国际互联网等多媒体通信结合的新一代移动通信系统,能够支持不同的数据传输速率、3G 标准 IMT-2000 要求在室内、室外和行车的环境中能分别支持至少 2Mbit/s、384Kbit/s 及 144Kbit/s 的传输速率。国际电信联盟(ITU)确定 WCDMA、CDMA 2000 和 TDSCDMA 为三大主流无线接口标准。

通过无线应用协议(Wireless Application Protocol,WAP)在无线移动通信与 Internet 之间架设一座桥梁,使移动通信用户可以方便地接入 Internet。WAP 平台将 Internet 上用 HTML 编写的网页信息转换成 WML(Wireless Markup Languange,无线标记语言)的格式,以便窄频、低分辨率的手机接收和显示。

8. 卫星接入

卫星接入互联网有两种传输方案,一种是利用小型地球站 VSAT(Very Small Aperture Terminal)发送和接收数据的双向卫星通信方案,可提供 1~40Mbit/s 的共享下载速率;另一种则是只使用卫星传输下行数据,利用电话拨号或者 GPRS 传输上行数据的单向接收方案。

1.3　网　络　核　心

网络核心部分向网络边缘中的主机提供服务,使边缘部分中的任何一个主机都能够与其他主机通信,是所有流量的最终承受者和汇聚者,实现骨干网络之间的优化传输,提供冗余能力、可靠性和高速传输。

在网络核心部分,路由器将网络和网络连接起来,如图 1-2 所示。路由器是一种专用通信设备(不是主机),其任务是转发收到的分组,实现分组交换,这是网络核心部分最重要的功能。

1.3.1　广域网的特点和构成

广域网也称为远程网,覆盖地理范围从几十公里到几千公里,覆盖一个国家、地区,或横跨几个洲,形成国际的远程网络。WAN 一般由主机和通信子网组成,是电信部门提供的公用通信网。通信子网主要使用分组交换技术,将分布在不同地区的计算机系统互连起来,达到资源共享的目的。WAN 的网络拓扑一般比较复杂,不规整,多为网状和树型的混合结构。主机往往连接到一个 LAN,LAN 通过路由器连接到 WAN。但是,在一些情况下,主机也可以直接连接到一个 WAN 的路由器。

在广域网中,通信子网由传输线和交换单元两个独立的部分组成。传输线用于在机器之间传送数据,由铜线、光纤,甚至无线电链路构成。交换单元是指一种特殊的设备,连接三条或者更多条传输线。当数据在一条输入线上到达时,交换单元必须选择一条输出线,以便将数据转发出去。路由器就是 Internet 上最常用的交换单元。

WAN 一般是点到点,一条通信线路只连接一对节点,一端的节点发送的数据只有唯一的另一端节点接收。将分组从源节点经网络传送到目的节点一般需要经过多个中间节点(路由器)

转发。分组交换技术把数据分割成若干个分组或包,然后利用存储转发的方式逐个节点转发过去。WAN 通信协议结构的重点是网络层,除了上述的分组转发外,还有路由选择问题。WAN 常采用多路复用技术以提高传输线路的利用率。

介于局域网和广域网之间的是城域网(MAN),城域网局限在一座城市的范围内,一般在 10~100km 范围区域内,最著名的城域网例子是有线电视网。MAN 也是公共网络性质,面向多用户提供数据、语音、图像等多业务的传输服务。IEEE 为 MAN 定义了一个标准 IEEE 802.6,称为分布式队列双总线(DQDB),但并没有得到普遍使用。由于 LAN 功能的不断提高和 WAN 技术的发展,故两者都广泛地渗透和应用到 MAN 领域。迅速发展的以太网技术从 LAN 扩展到 MAN 领域,千兆、万兆以太网是 MAN 可以使用的技术。2001 年 5 月,城域以太网论坛(MEF)成立,目的是基于以太网技术统一 MAN 标准,指定城域以太网服务规范。WAN 中使用的同步光纤网/同步数字体系(SONET/SDH)、波分多路复用(WDM)和异步传输模式(ATM)技术及 LAN 中的光纤分布数据接口(FDDI)技术也都是 MAN 常选择使用的技术。

广域网、城域网、局域网的关系如图 1-4 所示。

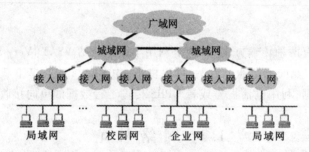

图 1-4　广域网、城域网、局域网的关系

1.3.2　电路交换和分组交换

构建网络核心部分的基本方法是数据交换技术,数据经编码后在通信线路上传输,端系统之间通过数据交换实现数据通信。根据数据传输技术,交换网络可分为电路交换技术(Circuit Switching)、报文交换技术(Message Switching)和分组交换技术(Packet Switching)。分组交换又可分为面向连接的虚电路传输和无连接的数据报传输。高速分组交换技术是目前研究的热点。

传统的电话业务使用电路交换网络,会话期间需要预留资源。Internet 是典型的分组交换网络,一次会话的各个消息按需使用资源,不必预留资源,排队等待访问某个通信链路。有些电信网络难以准确地划分为纯电路交换网络或分组交换网络,如基于 ATM 技术的网络,其连接可以预留资源,然而其消息仍有可能不得不等待已拥塞的资源。

1. 电路交换网络

电路交换网络中的信息按顺序在专用线路上传输,若要保持持续通话,在整个会话期间必须沿其路径预留所需的资源。传统的电话业务要使得每一部电话能够很方便地和另一部电话进行通信,就应当使用电话交换机将这些电话连接起来。每一部电话都连接到交换机,而交换机使用交换的方法,让电话用户彼此之间可以很方便地通信。当电话机的数量增多时,就使用很多彼此连接的交换机完成全网的交换任务,从而构成覆盖全世界的电信网。

从通信资源的分配角度来看,"交换"就是按照某种方式动态地分配传输线路的资源。在使用电路交换打电话之前,必须先拨号建立连接。当拨号的信令通过中间的一个或多个交换机到达被叫用户所连接的交换机时,该交换机就向被叫用户的电话机振铃。在被叫用户摘机且摘机信令传送回到主叫用户所连接的交换机后,呼叫即完成。这时,主叫端到被叫端就建立了一条连接(物理通路),此后主叫和被叫双方才能互相通话,如图1-5所示。这条连接占用双方通话时所需的一切通信资源,而这些资源在双方通信时不会被其他用户占用。正是因为这个特点,电路交换才对端到端的通信质量有了可靠的保证。通话完毕挂机后,挂机信令告诉这些交换机,使交换机释放刚才使用的这条物理通路(即归还刚才占用的所有通信资源)。这种必须经过"建立连接(占用通信资源)→通话(一直占用通信资源)→释放连接(归还通信资源)"三个步骤的交换方式称为电路交换。电路交换的电路可能固定存在,也可以根据需要临时建立。

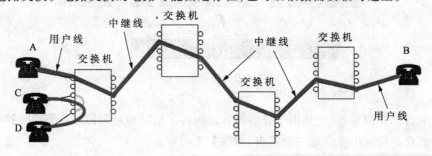

图1-5 电路交换过程

电路交换的实时性好,电路一旦建立,通信双方的所有资源(包括线路资源)均用于本次通信,除了少量的传输时延之外,不再有其他时延,数据不会丢失,且保持原来的顺序。电路交换设备简单,无须提供任何缓存装置,用户数据透明传输,要求收发双方自动进行速率匹配。由电路交换的工作原理可知,电路交换占用固定带宽,因而限制了线路上的流量和连接数量,电路空闲时信道容量被浪费。如果数据传输阶段的持续时间不长,电路建立和拆除所用的时间就得不偿失。因此,电路交换适用于远程批处理信息传输或系统间实时性要求高的大量数据传输的情况。

由于计算机突发传输数据至线路上(如阅读终端屏幕上的信息或用键盘编辑文件),故使用电路交换传送计算机数据,线路的传输效率很低。线路上真正用来传送数据的时间往往不到10%,甚至是1%。实际上,已被用户占用的通信线路在绝大部分时间里都空闲。

2. 报文交换网络

报文交换网络采用存储转发(Store-Forward)的技术将数据从源点传送到目的地,传输数据的逻辑单元称为报文(Message),其长度一般不受限制,可随数据长度而改变。将接收报文站点的地址附加于报文一起发出,每个中间节点接收报文后暂存报文,然后根据其中的地址选择线路再把它传送到下一个节点,直至到达目的站点。

3. 分组交换网络

分组交换网络以分组(Packet)为单位采用存储转发技术进行数据传输和交换。在发送之前,先将较长的报文划分成为一个个更小的等长数据段,如每个数据段为1024位。在每一个数据段前面加上必要的控制信息组成首部(header),首部和数据段构成一个分组,如图1-6所示。分组也称为"包",而分组的首部也可称为"包头",IP包是在因特网中传送的数据单元。

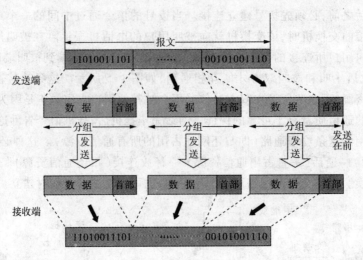

图 1-6 数据分组示意

分组中的首部非常重要,正是由于分组的首部包含了目的地址和源地址等重要控制信息,每一个分组才能在因特网中独立地选择路由,如图 1-7 所示。

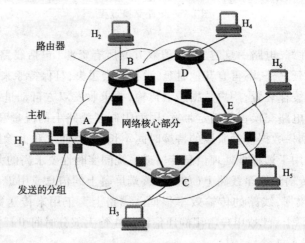

图 1-7 分组交换自由选择路由

分组交换在传送数据之前不必先占用一条端到端的通信资源,只有当链路上传送数据时,才占用这段链路的通信资源。分组到达一个路由器后,先暂时存储下来,查找转发表,然后从另一条合适的链路转发出去,分组在传输时逐段断续占用通信资源。分组在各路由器存储转发时需要排队,会造成一定的时延,当网络通信量过大时,这种时延也可能会很大。各分组必须携带的控制信息造成一定的开销,整个分组交换网还需要专门的管理和控制机制。

图 1-8 表示电路交换、报文交换和分组交换的主要区别。其中,A 和 D 分别是源点和终点,而 B 和 C 是在 A 和 D 之间的中间节点;最下方归纳了三种交换方式在数据传送阶段的主要特点。

由图 1-8 可知,若要连续传送大量的数据,且其传送时间远大于连接建立时间,则电路交换的传输速率较快。报文交换和分组交换不需要预先分配传输带宽,在传送突发数据时可提高整

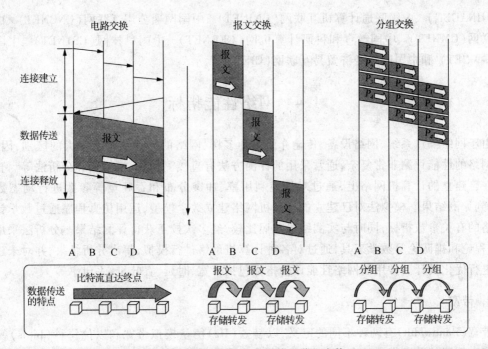

图 1-8　电路交换、报文交换和分组交换

个网络的信道利用率。由于一个分组的长度往往远小于整个报文的长度,因此,分组交换比报文交换的时延小,但其节点交换机必须具有更强的处理能力。

4. 多路复用技术

为了提高信道利用率,可将物理信道的总带宽分割成若干个固定带宽的子信道,并利用每个子信道传输一路信号,从而达到多路信号共用一个信道,或者将多路信号组合在一条物理信道上传输的目的,以充分利用信道容量。这种在一条物理通信线路上建立多条逻辑通信信道,同时传输若干路信号的技术就是多路复用(Multiplexing)技术。多路复用技术分为频分复用(FDM)、时分复用(TDM)、波分复用(WDM)、码分复用(CDM)和按需共享资源的统计多路复用。第7章详细讨论多路复用技术。

1.3.3　骨干网

Internet 的"骨干网"(Backbone)通常是用于描述大型网络结构时经常使用的词语,骨干网用来连接多个局域和地区网的几个高速网络,一般都是广域网,作用范围几十到几千千米。每个骨干网中至少有一个和其他 Internet 骨干网进行分组交换的连接点,是国家批准可以直接和国外连接的互联网,有接入功能的 ISP 通过骨干网连到国外。

"骨干网"一词源自美国国家科学基金会网(NSFNET),即 1986 年至 1995 年美国国家科学基金会(NSF)控制的大型网络,它提供联网服务以支持美国的教育和研究。NSFNET 创建了分级结构模型,在这种模型中,本地服务提供商连接到区域服务提供商,而后者又依次连接到全国或全球的服务提供商。目前,已有许多骨干网相互连接在一起,使得任何两台主机都可通信。但是,许多区域网络避开了骨干网而直接彼此相连。

目前,我国拥有的九大骨干网分别为:中国公用计算机互联网(CHINANET)、中国金桥信息网(CHINAGBN)、中国联通计算机互联网(UNINET)、中国网通公用互联网(CNCNET)、中国移动互联网(CMNET)、中国教育和科研计算机网(CERNET)、中国科技网(CSTNET)、中国长城网(CGWNET)和中国国际经济贸易互联网(CIETNET)。

1.4　网络性能指标

由于网络操作系统、网络设备、传输介质多种多样,网络的拓扑结构有很大的区别,因此,计算机网络的性能评测非常复杂,通常采用的评测方法有直接测量法、模拟法和分析法等。直接测量法在已建立的计算机网络上,通过对信道利用率、冲突分布和吞吐量等参数进行动态数据统计,得到评测结果。模拟法对已建立的计算机网络建立数学模型,运用仿真程序通过数学计算得出网络的有关参数指标,同时与实测结果对照比较,经多次校正获得评测结果。分析法采用概率论、过程论和排队论等数学工具,通过对各种计算机网络进行模拟,得出分析结果,并对未建立的网络进行优化设计。常用的网络性能评价指标包括带宽、时延、吞吐量、丢包率等。

1.4.1　带宽

带宽(Bandwidth)有两种不同的定义,以赫兹(Hz)衡量模拟带宽和以位每秒(bit/s)衡量数字带宽。不同的数字带宽的含义如图1-9所示。带宽受物质与能量的物理性质限制,任何物理传输系统(无线电波、声波、光或电流等传输系统)都只有一个有限的带宽。事实上,生物学系统也有带宽限制,如狗能听到人耳极限带宽之外的声音。

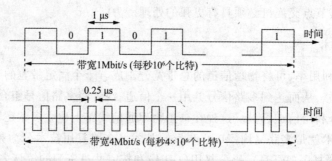

图1-9　不同的数字带宽的含义

以赫兹衡量的带宽可被看成是硬件所能发出的最快的连续振荡信号。例如,对于一个带宽为4000Hz的传输系统,系统的支撑硬件能够发送任何频率小于或等于4000Hz的振荡信号。

1924年,奈奎斯特(Nyquist)发现了带宽与系统每秒能传输的最大位数(采样)之间的基本关系,即奈奎斯特采样定理(Nyquist Sampling Theorem)。奈奎斯特定理指出,在带宽为BHz的二进制信道(信道中只有两种状态)上所能达到的最大数据传输速率为$2B$(bit/s)。如果传输系统的信号有K种状态数,则最大数据传输速率$D = 2B\log_2 K$(bit/s)。奈奎斯特定理对数据传输的最大速率给出了一个理论上的上限。

计算机网络的带宽是指网络可通过的最高数据率,即每秒多少位。描述带宽也常把“bit/s”省略,例如,带宽是10 M,实际上是10 Mbit/s,这里的M代表10^6。

奈奎斯特考虑了无噪声的理想信道,对于有噪声信道,衡量信道质量的参数是信噪比(Signal-to-Noise Ratio,S/N),信噪比是信号功率与在信道某一个特定点处所呈现的噪声功率的比值。

信噪比通常在接收端进行测量,如果用 S 表示信号功率,用 N 表示噪声功率,则信噪比 S/N 为:信噪比$(dB) = 10\log_{10}(S/N)$,单位是分贝(dB)。

1948 年,香农(Shannon)给出了有噪声传输信道的一个可达数据传输速率上限(香农定理),即对于带宽为 B Hz 且信噪比为 S/N 的信道,其数据最大传输速率(信道容量)为 $C = B \times \log_2(1 + S/N)$(bit/s)。例如,对于一个带宽为 3kHz 且信噪比为 30dB(S/N 就是 1000)的话音信道,无论其使用多少个电平信号发送二进制数据,其数据传输速率不可能超过 30kbit/s。香农定理给出的是无误码的数据传输速率。香农还证明,假设信道实际的数据传输速率比无误码数据传输速率低,那么理论上可使用一个适当的信号编码达到无误码数据传输速率。

1.4.2 时延

时延,也称为延迟(Delay),是指数据(一个报文、分组或位)从网络的发送端传送到接收端所需要的时间,用秒或几分之一秒表示。根据通信端系统不同的位置,时延稍有差别。时延由处理时延、排队时延、发送时延(传输时延)和传播时延四部分组成,节点 A 上的时延如图 1-10 所示。

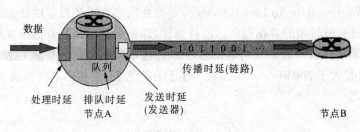

图 1-10 时延的组成

处理时延(Processing Delay):交换机或路由器等网络设备在收到分组时需要分析分组的首部,进行差错检查、地址解析并查找适当的路由等,高速交换机或路由器处理时延通常是微秒或更低量级。

排队时延(Queuing Delay):分组在进入交换机或路由器后在输入队列中排队等待处理,在输出队列中排队等待转发。排队时延不确定,网络负载越重,排队时延越长,一般为毫秒到微秒量级。

发送时延,或传输时延(Transmission Delay):交换机或路由器发送报文所需要的时间,即从发送报文的第一个比特算起,到该报文最后一个比特发送完毕所需的时间。发送时延 = 报文长度(bit)/信道带宽(bit/s)。

传播时延(Propagation Delay):电磁波在信道中传播一定距离所需要花费的时间。传播时延 = 信道长度(m)/电磁波在信道上的传播速率(m/s)

总时延为上述四种时延之和,总时延 = 处理时延 + 排队时延 + 发送时延 + 传播时延。

1.4.3 吞吐量

吞吐量(Throughput)是网络传输数据的速率,即单位时间内通过网络的给定点的平均比特数,用比特每秒(bit/s)表示。网络吞吐量从早期几百比特每秒或几千比特每秒到目前的几兆比特每秒(Million bits per second,Mbit/s)或几千兆比特每秒(Gigabits per second,Gbit/s)。硬件的吞吐容量为带宽,带宽规定网络吞吐量的上限。网络的性能可以用吞吐量和时延表示。

时延与吞吐量理论上相互独立,但实际上它们是相关的。如果交换机有一个等待队列,当新的分组到达时,就要等待交换机发送它前面的分组。如果需要传送的数据量超过了网络的处理能力,网络上出现过量的数据流动,称为拥塞(Congestion),即网络流量高峰或过载。显然,进入拥塞网络中数据的时延大于空闲网络中的时延。

由当前网络吞吐量的百分比可以估计时延,以 D_0 表示网络空闲时的时延,u 表示当前网络的利用率(吞吐量和总容量之比,0~1 之间),则时延 $D = D_0/(1-u)$。当网络完全空闲时($u = 0$),时延 $D = D_0$;当网络使用量为 1/2 容量时,时延加倍;当网络使用量接近网络容量时($u \approx 1$),时延 D 趋于无穷大。即当网络流量增加时,时延增加;当网络流量接近吞吐量的 100% 时,时延无穷大。

时延吞吐量乘积(Delay-throughput Product),也称为时延宽带乘积表示网络中可容纳的数据量,吞吐量为 T,且时延为 D 的网络上任何时候都有 $T \times D$ bit 的数据。即若发送端连续发送数据,则在第一个 bit 到达目的地之前,发送端已经向网络发送 $T \times D$ bit 的数据。

1.4.4　丢包率

丢包率(Packet Lost Rate 或 Loss Tolerance)是指在网络在正常稳定的状态下应该被转发、但由于缺少资源而没有被转发的数据包所占的百分比,即丢失数据包数量占所发送数据包的比率。丢包率的大小显示出网络的稳定及可靠的程度。丢包率与数据包长度及包发送频率相关。通常,千兆网卡在流量大于 200Mbit/s 时,丢包率小于万分之五;百兆网卡在流量大于 60Mbit/s 时,丢包率小于万分之一。

1.5　协议和层次体系结构

要使通过网络设备和通信线路互联起来的多个计算机系统能够进行信息交换和资源共享,它们之间必须遵循某种规则,即约定交流什么、怎样交流及何时交流,协议(Protocol)就是这些规则、标准或约定的集合。

计算机网络系统是一种十分复杂的系统,通过层次体系结构将其分解为若干容易处理的子系统。体系结构是计算机之间相互通信的层次划分所遵循的原则,以及各层中的协议和层次之间接口的集合。

1.5.1　什么是协议

网络协议(Network Protocol)或计算机通信协议(Computer Communication Protocol)定义了两个或多个通信实体之间交换的报文格式和次序,以及在报文传输和/或接收或其他事件方面所采取的动作,实现这些规则的软件称为协议软件(Protocol Software)。网络协议主要有以下三个要素组成。

(1)语法:数据与控制信息的结构或格式。

(2)语义:需要发出何种控制信息,完成何种动作及执行何种响应。

(3)同步:事件实现顺序的详细说明。

网络协议可以是简单的(如传送文本文件时使用 ASCII 码的协定),也可以是复杂的(如用复杂数学函数加密数据的协定)。为了保证协议很好地协同工作,需要完整的设计方案,而不是孤立地开发每个协议,即需要协议簇(Protocol Suite)或协议族(Family)。协议簇的每个协议解决部分通信问题,这些协议合起来就解决整个通信问题。

协议又可以看作是由标准化组织制定的标准。标准可分为事实标准(De facto standard)和法定标准两类(De jure standard)。事实标准由厂家制定,未经有关标准化组织审定通过,但由于广泛使用即形成事实标准。法定标准是经有关标准化组织审定通过的标准。与计算机网络相关的三个有较大影响的标准化组织分述如下。

(1)国际电信联盟(International Telecommunication Union,ITU)。它的任务是国际电信的标准化,有 3 个主要的部门:ITU-R,Radio Communications Sector;ITU-T,Telecommunications Sector;ITU-D,Development Sector。ITU-T 的工作为电信标准化,前身为 CCITT,成员为政府部门和电信厂商。

(2)国际标准化组织(International Standards Organization,ISO)。它的成员为国家标准化组织,如美国的 ANSI(American National Standards Institute)。它的标准化程序从协会草案 CD(Committee Draft)到国际标准草案 DIS(Draft International Standard),再到国际标准 IS(International Standard)。

(3)Internet 体系结构委员会(Internet Architecture Board,IAB)。它是一个非正式的标准化组织,分成 IRTF(Internet Research Task Force)和 IETF(Internet Engineering Task Force),前者关注长期的研究,后者处理短期的工程问题。它的标准化程序从草案标准(Draft Standard,DS)到RFC(Request For Comments),再到国际标准 IS(Internet Standards)。

1.5.2 分层的体系结构

相互通信的两个计算机系统必须高度协调工作才行,而这种"协调"相当复杂。"分层"可将庞大而复杂的问题转化为若干较小的局部问题,而这些较小的局部问题就比较易于研究和处理,通过分层将网络结构进行合理组织。

国际标准化组织定义了一个七层参考模型(7-layer Reference Model),即著名的开放系统互连参考模型(Open Systems Interconnection Reference Model,OSI/RM),简称 OSI。然而,事实上得到最广泛使用的并不是法律上的国际标准 OSI,而是非国际标准 TCP/IP 协议簇(Transmission Control Protocol/Internet Protocol)。因此,TCP/IP 常被称为事实上的国际标准。

1. 体系结构实例:OSI 参考模型

计算机网络是随着不同需要而发展起来的一种非常复杂的系统,不同的开发者使用完全不同的方式,由此产生了不同的网络系统和网络协议。在不同的网络系统中,网络协议很可能不一致,这使网络互联困难重重。为了解决这个问题,ISO 于 1981 年推出"开放系统互连参考模型",即 OSI 标准。该标准的目标是希望所有的网络系统都向此标准靠拢,消除不同系统之间因协议不同而造成的通信障碍,使得在互联网范围内,不同的网络系统可以不需要专门的转换装置就能够进行通信。但是协议实现起来过于复杂,运行效率很低,层次划分也不太合理,有些功能在多个层次中重复出现,OSI 在市场化方面归于失败。虽然协议设计的思想已经改变,但是许多 OSI 模型的术语仍然保留下来了。

OSI 包括体系结构、服务定义和协议规范三级抽象。OSI 的体系结构定义一个七层模型,用以进行进程间的通信,并作为一个框架协调各层标准的制定;OSI 的服务定义描述了各层所提供的服务,以及层与层之间的抽象接口和交互用的服务原语;OSI 各层的协议规范精确地定义应当发送何种控制信息及何种过程解释该控制信息。

OSI 不是一种实际的物理模型,而是一种将网络协议规范化了的逻辑参考模型。OSI 根据网络系统的逻辑功能对每一层规定功能、要求、技术特性等,但没有规定具体的实现方法。OSI 仅仅是一种标准,而不是特定的系统或协议。网络开发者可以根据这种标准开发网络系统,制定网络协议;网络用户可以用这种标准考察网络系统,分析网络协议。如图 1-11 所示,OSI 七层模型从上到下分别为应用层(Application Layer)、表示层(Presentation Layer)、会话层(Session Layer)、传输层(Transport Layer)、网络层(Network Layer)、数据链路层(Data Link Layer)和物理层(Physical Layer)。

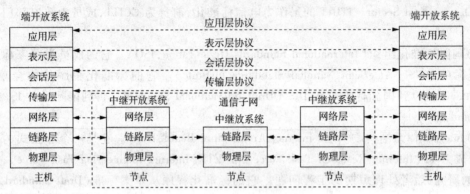

图 1-11　OSI 七层参考模型

（1）物理层:定义为建立、维护和拆除物理链路所需的机械特性、电气特性、功能特性和规程特性,其作用是使原始的数据位流能在物理媒体上传输。具体涉及接插件的规格、"0"、"1"信号的电平表示、收发双方的协调等内容。

（2）数据链路层:位流被组织成数据链路协议数据单元(通常称为帧),并以其为单位进行传输,帧包含地址、控制、数据及校验码等信息。数据链路层的主要作用是通过校验、确认和反馈重发等手段,将不可靠的物理链路改造成对网络层无差错的数据链路。数据链路层还要协调收发双方的数据传输速率,即进行流量控制,以防止接收方因来不及处理发送方的高速数据而导致缓冲器溢出及线路阻塞。

（3）网络层:数据以网络协议数据单元(分组)为单位进行传输。网络层关心的是通信子网的运行控制,主要解决如何使数据分组跨越通信子网从源主机传送到目的主机的问题,这就需要在通信子网中进行路由选择。另外,为避免通信子网中出现过多的分组而造成网络拥塞,需要对流入的分组数量进行控制。当分组要跨越多个通信子网才能到达目的地时,还要解决网际互联的问题。

（4）传输层:是第一个端 – 端,也即主机 – 主机的层次。传输层提供端到端的透明数据运输服务,使高层用户不必关心通信子网的存在,由此用统一的传输原语书写的高层软件便可运行于任何通信子网。传输层还要处理端到端的差错控制和流量控制问题。

（5）会话层:是进程 – 进程的层次,其主要功能是组织和同步不同的主机上各种进程间的通信(也称为对话)。会话层负责在两个会话层实体之间进行对话连接的建立和拆除。在半双工情况下,会话层提供一种数据令牌控制某一方何时有权发送数据。会话层还提供在数据流中插入同步点的机制,使得数据传输因网络故障而中断后,可以不必从头开始而仅重传最近一个同步点以后的数据。

（6）表示层：为上层用户提供共同的数据或信息的语法表示变换。为了让采用不同编码方法的计算机在通信中能相互理解数据的内容，可采用抽象的标准方法定义数据结构，并采用标准的编码表示形式。表示层管理这些抽象的数据结构，并将计算机内部的表示形式转换成网络通信中采用的标准表示形式。数据压缩和加密也是表示层可提供的表示变换功能。

（7）应用层：是开放系统互连环境的最高层。不同的应用层为特定类型的网络应用提供访问 OSI 环境的手段。网络环境下不同主机间的文件传送访问和管理（FTAM）、传送标准电子邮件的报文处理系统（MHS）、使不同类型的终端和主机通过网络交互访问的虚拟终端（VT）协议等都属于应用层的范畴。

2. 体系结构实例：TCP/IP 协议栈

根据分层模型设计协议时，目标协议软件按层次组织，称为协议栈（Stack）。网络计算机系统的协议软件分成许多模块，每个模块对应一层，分层决定模块间的相互作用，当协议软件发送或接收数据时，每个模块只同它紧邻的上层模块和下层模块通信。因此，发送的数据向下通过每一层，接收的数据向上通过每一层，每台网络计算机系统包含为实现整套协议的软件。

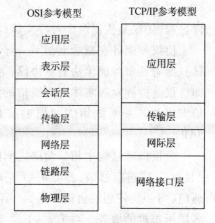

图 1-12　TCP/IP 的体系结构与 OSI
七层参考模型的对应关系

TCP/IP 模型是一组协议的代名词。一般而言，TCP 提供传输层服务，而 IP 提供网络层服务。它还包括许多其他协议，组成 TCP/IP 协议簇。TCP/IP 模型共有 4 个层次，自下而上为网络接口层、网络层、传输层和应用层。TCP/IP 的体系结构与 ISO 的 OSI 七层参考模型的对应关系如图1-12所示。

（1）网络接口层是 TCP/IP 模型的最低层，对应着 OSI 模型的物理层和数据链路层，TCP/IP 标准并没有定义该层协议，旨在提供灵活性，以适应各种网络类型。

（2）网际层对应于 OSI 模型的网络层，在功能上类似于 OSI 的网络层，主要负责处理来自传输层的分组，将分组形成数据包并为数据包进行路由选择、拥塞控制，最终将数据包传送到目的主机。这一层上的核心协议为 IP。

（3）传输层与 OSI 结构中的传输层相对应，负责在源主机和目的主机的应用程序间提供端到端的数据传输服务。该层主要定义两个传输协议，一个是面向连接的传输控制协议 TCP；另一个是不可靠的无连接协议，称为用户数据报协议（UDP）。

（4）应用层是 TCP/IP 模型的最高层，可以完成 OSI 模型中的高 3 层作用。应用层包含所有的高层协议，如文件传输协议、远程登录协议、网络管理协议等。

TCP/IP 并不是指单一的 TCP 和 IP 这两个具体的协议，往往表示因特网所使用的整个 TCP/IP 协议簇（Protocol Suite），如图 1-13 所示。它的特点是上下两头大而中间小，即应用层和网络接口层都有多种协议，而中间的 IP 层很小，上层的各种协议都向下汇聚到一个 IP 中。TCP/IP 可以为各式各样的应用提供服务（即 everything over IP），同时 TCP/IP 也允许 IP 在各式各样的网络构成的互联网上运行（即 IP over everything），可见 IP 在因特网中的核心作用。

在协议的控制下，两个对等实体间的通信使得本层能够向上一层提供服务，要实现本层协议，还需要使用下层所提供的服务。通常，实体（Entity）表示任何可发送或接收信息的硬件或软

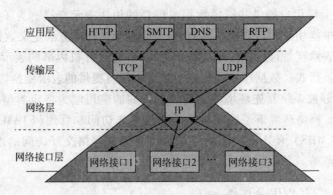

图 1-13　TCP/IP 协议族示意图

件进程,协议是控制两个对等实体(或多个实体)进行通信的规则的集合。

协议和服务在概念上很不一样。首先,协议保证能够向上一层提供服务,使用本层服务的实体只能看见服务而无法看见协议,下层的协议对上层的实体是透明的。其次,协议是"水平的",即协议是控制对等实体之间通信的规则,但服务是"垂直的",即服务由下层通过层间接口提供给上层。同一系统相邻两层的实体进行交互的地方称为服务访问点(Service Access Point, SAP)。

分层体系结构中相邻两层之间的关系如图 1-14 所示。第 n 层的两个"实体(n)"之间通过"协议(n)"进行通信,而第 $n+1$ 层的两个"实体($n+1$)"之间则通过另外的"协议($n+1$)"进行通信(每一层使用的协议不同)。第 n 层向上面的第 $n+1$ 层所提供的服务包括第 n 层及其以下各层所提供的服务。对第 $n+1$ 层实体而言,第 n 层实体就相当于一个服务提供者。在服务提供者的上一层的实体又称为服务用户,因为它使用下层服务提供者所提供的服务。

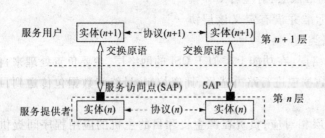

图 1-14　相邻两层之间的关系

图 1-15　五层协议的体系结构

如图 1-14 所示,不同层次之间通过原语(Primitive)实现信息交换,把不同层次之间对话的语言称为原语。原语是由若干机器指令构成的完成某种特定功能的一段程序,不可分割。即原语必须连续执行,在执行过程中不允许中断。原语分为四类:请求(Request)型原语,用于高层向低层请求某种业务;证实(Confirm)型原语,用于低层向请求业务的高层报告业务的执行情况;指示(Indication)型原语,用于提供业务的层向高层报告通信对端实体有一个业务请求;响应(Response)型原语,用于应答,表示高层已收到来自低层的提示型原理,并回复响应。

OSI 七层协议体系结构概念清楚、理论完整,但没有在实际中得到广泛应用。TCP/IP 却正好相反,其模型本身实际上并不存在,但其协议却广泛使用。因此,在学习计算机网络原理时应综合 OSI 和 TCP/IP 的优点,采用五层协议的体系结构进行讨论,如图1-15所示。

1.6　计算机网络的安全隐患

计算机网络安全是指计算机信息系统资产（包括网络）的安全，即计算机信息系统资源（硬件、软件和信息）不受自然和人为有害因素的威胁和危害。然而，随着计算机网络技术的日益成熟和广泛应用。开放自由的网络产生海量信息的同时，也为网络黑客破坏或侵犯私有信息和数据提供了条件。因此，网络安全问题日益严重。由于网络内部管理不当，网络黑客攻击等行为使网络存在各种安全隐患，具体有以下几个方面的原因：

（1）Internet 所用的 TCP/IP 网络协议本身易受到攻击，该协议本身的安全问题极大地影响到上层应用的安全；

（2）Internet 上广为传播的黑客和解密工具使得很多网络用户轻易地获得了网络攻击的方法和手段；

（3）快速的软件升级周期会造成软件更新不及时等问题，经常使操作系统和应用程序存在新的漏洞，如 0day（软件发行后很快就出现破解版本）漏洞等；

（4）现行法规政策和管理方面存在不足。目前，我国针对计算机及网络信息保护的条款不够细致，网络信息保密的法规制度可操作性不强，执行不力。同时，不少单位在管理制度、人员和技术上缺乏相应的安全防范和安全检查保护措施。

ISO 7498-2 规定的"开放系统互连安全体系结构"（GB-T 9387.2-1995 信息处理系统开放系统互连基本参考模型第 2 部分：安全体系结构），给出了基于 OSI 参考模型的七层协议之上的信息安全体系结构，如图 1-16 所示。它定义了开放系统的五大类安全服务，以及提供这些服务的八大类安全机制及相应的 OSI 安全管理，并可以根据具体系统适当地配置于 OSI 模型的七层协议中。

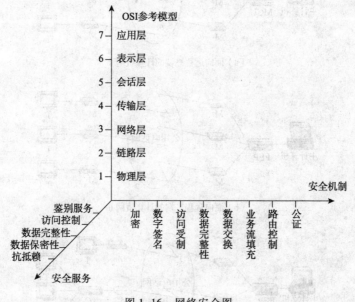

图 1-16　网络安全图

为了不断增强信息系统的安全防御能力，必须充分理解系统内核及网络协议的实现，真正洞察对方网络系统的"细枝末节"，同时应该熟知针对各种攻击手段的预防措施，只有这样才能尽最大可能保证网络的安全。

1.7 计算机网络和因特网的历史及进展

计算机网络的发展过程是计算机与通信的融合过程。计算机网络的发展过程经历了 20 世纪 60 年代萌芽,20 世纪 70 年代兴起,20 世纪 70 年代中期到 80 年代发展和网络互联,20 世纪 90 年代网络计算和国际互联网,以及最近出现的云计算、物联网等几个阶段。

1. 20 世纪 60 年代:面向终端分布的计算机系统

计算机–终端系统是计算机与通信结合的前驱,把多台远程终端设备通过公用电话网连接到一台中央计算机以构成所谓的面向终端分布的计算机系统,解决远程信息收集、计算和处理问题。根据不同的信息处理方式,终端分布的计算机系统可分为实时处理系统、批处理系统和分时处理系统。计算机–终端系统提供计算机通信的许多基本技术,成为计算机网络发展的组成部分,称为第一代的计算机网络,如图 1-17 所示。其中,M 表示调制解调器,T 表示终端。图 1-17(a)中每个终端占有一条通信线路。在主机边通过线路复用控制器(MCU)和各终端相连。图 1-17(b)设置了前置通信处理机(FEP),由 FEP 专门负责与远程终端的通信,减轻主机的负担,让主机专门负责数据处理、计算任务。图 1-17(c)在远程终端比较集中的地方设置终端集中器(TC),在一端用多条低速通信线路与各终端相连,在另一端通过一条高速线路与主机相连,可以减少通信线路的数量和成本。

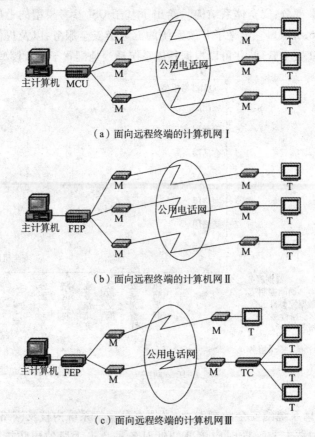

(a)面向远程终端的计算机网Ⅰ

(b)面向远程终端的计算机网Ⅱ

(c)面向远程终端的计算机网Ⅲ

图 1-17　第一代计算机网络模型

2. 20 世纪 70 年代:分组交换数据网出现

由于计算机的数据突发和间歇出现在传输线路上,因此传统的电路交换技术不适合计算机数据的传输。

1972 年,美国国防部高级研究计划局(Defense Advanced Research Project Agency,DARPA)的 ARPANET 首次在计算机通信国际会议上向公众演示,它采用"存储转发－分组交换"原理,标志着计算机网络的兴起。ARPANET 开创了第二代计算机网络,它所采用的一系列技术为计算机网络的发展奠定了基础,它的 TCP/IP 协议族已成为事实上的国际标准。

ARPANET 是由一种通信子网和资源子网组成的两级结构的计算机网络,如图 1-18 所示。由接口报文处理机(Interface Message Processor,IMP)和它们之间互连的通信线路一起负责主机之间的通信任务,构成了通信子网,实现信息传输与交换。由通信子网互联的主机组成资源子网,负责信息处理、运行用户应用程序、向网络用户提供可共享的软硬件资源。当某主机(如 H_1)要与远地另一主机(如 H_2)通信、交换信息时,H_1 首先将信息送至本地直接与其相连的 IMP 暂存,通过通信线路沿着适当的路径(按一定原则静态或动态地选择)转发至下一 IMP 暂存,依次经过中间的 IMP 中转,最终传输至远地的目的 IMP,并送入与之直接相连的目的主机。

ARPANET 中存储转发的信息基本单元是分组,它将整个要交换的信息报文分成若干信息分组,对每个分组按存储转发的方式在通信子网上传输,因此这种以存储转发方式传输分组的通信子网称为分组交换数据网(PSDN)。

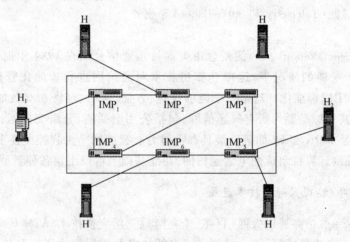

图 1-18　存储转发的计算机网路

3. 20 世纪 80 年代:局域网和互联网发展

1)局域网

20 世纪 70 年代中期,随着微电子和微处理机技术的发展及在短距离局部地理范围内计算机间进行高速通信要求的增长,计算机局域网应运而生。进入 20 世纪 80 年代,随着办公自动化(OA)、管理信息系统(MIS)、工厂自动化 CAD/CAM 系统等各种应用需求的扩大,局域网蓬勃发展。由于巨大的市场和工业界的大规模介入,局域网产品不断涌现,其标准都在 IEEE 802(或 ISO 8802)范围内。典型的局域网产品如总线网(Ethernet)、3COM 网、IBM 的令牌环型网(Token Ring)、光纤局域网(FDDI)等。

2)互联网与 OSI 的提出

20 世纪 80 年代中期,大量出现的第二代计算机网络促进计算机网络的发展和应用。这些网络大多由研究单位、大学、应用部门或计算机公司各自研制开发利用,没有统一的网络体系结构。因此,有必要在更大范围内互联这些网络,实现信息交换和资源共享,这在客观上必须使计算机网络体系结构由封闭转为开放。

1984 年,国际标准化组织(ISO)及下属的计算机与信息处理标准化技术委员会(TC97)正式颁布 ISO/OSI 7498,计算机网络开始了走向国际标准化网络的时代。

3)综合业务数字网

综合业务数字网(ISDN)是以提供端到端的数字连接的综合数字电话网为基础发展而成的通信网,用以支持包括话音和非话音的一系列广泛的业务,它为用户进网提供一组用户—网络接口。ISDN 的中心思想是数字位管道(Digital Bit Pipe)。位流能够在管道中双向流动。

自 1984 年起,德国、英国、法国、美国和日本先后建立了 ISDN 实验网,并于 1988 年开始逐步商用化。至今,以 64Kbit/s 为基础的窄带 ISDN 技术已趋于成熟。其传输速率可达 1.5Mbit/s(或 2Mbit/s)。

以异步传输模式(ATM)、同步数字系列(SDH)/同步光纤网(SONET)为核心技术的宽带 IS-DN 传输速率从几兆(Mbit/s)到几千兆(Gbit/s),ISDN 网仅用一条用户线就可以将多种业务终端接入,按照统一的规程进行通信,提供传真(Faxsimile)、智能用户电报(Teletex)、电视数据(Teletext)、可视图文(Videotex)、可视电话(Video Phone)、视频会议(Video Conference)、电子邮件(E-mail)、遥控遥测(Telemetry 和 Survelliance)等业务。

4)智能网

智能网(Intelligent Network,IN)的概念由美国贝尔通信公司在 1984 年提出,智能网在通信网多种新业务不断发展的情况下,运用计算机技术对通信网进行智能化管理的形势下产生。1992 年,由 CCITT 予以标准化。这是一个能够快速、方便、灵活、经济和有效地生成和实现各种新型业务的系统,其目标是要为所有的通信网,包括公用电话网、分组交换网、ISDN 以及移动通信网等服务,尤其是 ISDN 和 IN 的融合最具有吸引力。智能网是由程控交换节点、NO.7 公共信道信令网和业务控制计算机组成的电话通信网,在此基础上可以组建各种新型业务系统。

4. 20 世纪 90 年代:现代网络技术进展

现代网络技术一般指高速以太网(百兆、千兆网)、三层交换技术、ATM 技术和 VLAN(Virtual Local Area Network,虚拟局域局)等一批技术。光纤技术的发展解决了线路传输速度慢的问题,同时新应用要求网络能够提供速度更快且支持多种业务的网络服务。因此共享式的 10Mbit/s 速率的网络需要向更高速的网络升级,FDDI 网络、快速以太网、高速以太网、交换式以太网及 ATM 网络应运而生。IP 方面出现了三层交换等众多网络新技术。

1)云计算

"云计算"(Cloud Computing)概念由 Google 提出,这是一个出色的网络应用模式。狭义的云计算是指 IT 基础设施的交付和使用模式,通过网络以按需、易扩展的方式获得所需的资源;广义的云计算是指服务的交付和使用模式,通过网络以按需、易扩展的方式获得所需的服务。这种服务可以是信息、软件等互联网相关的服务,也可以是任意其他的服务,它具有超大规模、虚拟化、可靠安全等独特功效。云计算旨在通过网络把多个成本相对较低的计算实体整合成一个具有强大计算能力的完美系统,并借助软件即服务(Software as a Service,SaaS)、平台即服务(Platform as a Service,PaaS)、基础设施即服务(Infrastructure as a Service,IaaS)、成功的项目群管理(Managing Successful Programme,MSP)等先进的商业模式把强大的计算能力分布到终端用户手中。云计算的一个核心理念就是通过不断提高"云"的处理能力,进而减少用户终端的处理负担,最终使用户终端简化成一个单纯的输入输出设备,并能按需享受"云"的强大计算处理能力。

2)物联网

物联网(The Internet of Things)即把所有物品通过射频识别(RFID)、红外感应器、全球定位系统、激光扫描器等信息传感设备与互联网连接起来,进行信息交换和通信,实现智能化识别、定位、跟踪、监控和管理。

国际电信联盟 2005 年的一份报告描绘了"物联网"时代的图景:当司机出现操作失误时汽车会自动报警;公文包会提醒主人忘带了什么东西;衣服会"告诉"洗衣机对颜色和水温的要求等。

2005 年 11 月 17 日,在突尼斯举行的信息社会世界峰会(WSIS)上,国际电信联盟发布了《ITU 互联网报告 2005:物联网》。报告指出,无所不在的物联网通信时代即将来临,世界上所有的物体从轮胎到牙刷、从房屋到纸巾都可以通过因特网主动进行通信。射频识别技术、传感器技术、纳米技术、智能嵌入技术将到更加广泛的应用。

毫无疑问,如果物联网时代来临,人们的日常生活将发生翻天覆地的变化。然而,不谈隐私权和辐射问题,单把所有物品都植入识别芯片这一点现在看来还不太现实。人们正走向物联网时代,但这个过程可能需要很长一段时间。

1.8 本章小结

计算机网络是通过通信网络将地理上分散的多个自主的计算机系统通过网络软件互联起来,进行信息交换,实现资源共享、互操作和协同工作的系统。Internet 是一种特殊的计算机网络,是由互相通信的计算机连接而成的全球网络,目前有超过二十亿人在使用 Internet。

计算机网络连接的计算机系统群体在地理上是分布的,可能在一个房间、一个楼群、一个或几个城市里,甚至在全国乃至全球范围内。计算机网络可以按照空间距离、传输介质、交换功能、网络的使用权、网络协议、传输速率、网络的带宽等进行分类。

计算机网络在工业、农业、交通运输、邮电通信、文化教育、商业、国防及科学研究等各个领域、各个行业得到广泛的应用。目前应用最为广泛的有电子商务、电子政务、远程医疗、开放教育、网络战争等。

网络软件由协议组成,协议是进程之间通信的规则。大多数网络支持协议层次体系结构,在协议层次中,每一层向它的上层提供服务,并且使低层所使用的协议细节与上层隔离开来。协议栈基于 OSI 模型或者 TCP/IP 模型。目前,Internet 网络都使用 TCP/IP 协议栈。

网络为用户提供服务,在 Internet 中,无连接服务由网络层提供,面向连接的服务则由它上面的传输层提供。衡量网络性能的指标主要有带宽、时延、吞吐量、丢包率等。

计算机网络的发展过程经历了 20 世纪 60 年代萌芽,20 世纪 70 年代兴起,20 世纪 70 年代中期到 20 世纪 80 年代发展和网络互联,20 世纪 90 年代网络计算和国际互联网等几个过程发展到如今的全球网络。云计算、物联网等成为计算机网络当前研究的热点。

1.9 思考与练习

1-1 计算机网络可以向用户提供哪些服务？

1-2 简述分组交换的要点。

1-3 电路交换与分组交换相比存在哪些优势？

1-4 计算机网络发展大致可以分为几个阶段？试指出这几个阶段的主要特点。

1-5 网络协议的三个要素是什么？各有什么含义？

1-6 客户/服务器方式与对等通信方式的主要区别是什么？有没有相同的地方？

1-7 衡量计算机网络性能有哪些常用的指标？

1-8 协议与服务有何区别？有何关系？

1-9 简要说明因特网的面向连接服务如何提供可靠的传输。

1-10 无连接通信和面向连接的通信之间最主要的区别是什么？

1-11 两个可靠的网络都可以提供可靠的面向连接的服务。其中一个提供可靠的字节流，另一个提供可靠的报文流。试问二者是否相同？如果相同，为什么要有这样的区别？如果不同，试给出一个例子说明其如何不同。

1-12 Internet 所用的网际协议有哪儿层？

1-13 OSI 模型中的哪一层处理以下问题：

(1)把传输的位流分成帧。

(2)在通过子网时决定使用哪条路由路径。

1-14 TCP 和 UDP 之间最主要的区别是什么？

1-15 试列出读者每天使用计算机网络的活动情况。如果这些网络突然不再提供服务，各位的生活将会有什么样的变化？

1-16 试列出读者所在学校或者工作所在单位使用哪种网络？试描述此网络的类型、拓扑结构及所使用的交换方法。

1-17 在网络领域中，标准化非常重要。ITU 和 ISO 是最主要的标准化组织。试访问其 Web 站点 www.itu.org 和 www.iso.org，了解网络相关的标准化工作；试写一份简短的报告说明标准化过的网络协议的种类。

1-18 通过网络方式学习和了解计算机网络的安全问题。针对计算机网络的安全隐患写一份简短的报告。

1-19 对于带宽为 4000Hz 通信信道，信道的信噪比 S/N 为 30dB，按照香农定理，计算信道的最大传输率。

1-20 A、B 主机通过 10Mbit/s 的链路连接到交换机，每条链路的传播时延均为 $20\mu s$，交换机接收完一个分组为 $35\mu s$ 后转发该分组，计算 A 向 B 发送一个长度为 10000bit 的分组时，从 A 开始发送至 B 接收到该分组所需的总时间。

1-21 假设源节点要发送 x 位报文，从源节点到目的节点要经过 k 段链路，每段链路的数据率均为 b 位/秒，传播时延为 d 秒。若采用电路交换方法，则建立链路和释放链路的时间为 s 秒；若采用分组交换方法，则分组的长度为 p 位。请问，在什么条件下，分组交换的时延比电路交换要小？

1.10 实　　践

1.10.1　Windows 网卡配置实验

连接集线器和两台 PC 机,如图 1-19 所示。手工配置 PC 的 IP 地址,具体步骤如下:右击网络邻居的属性→本地连接→属性→选择 Internet 协议(TCP/IP)后单击属性→设置 IP 地址和子网掩码。

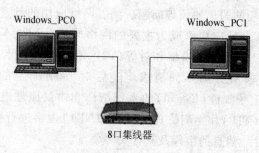

图 1-19　集线器和两台 PC 机连接

(1)向系统管理员申请 IP 地址,例如:PC$_0$ 机的 IP 地址设置如下

IP 地址:192.168.199.1

子网掩码:255.255.255.0

默认网关:192.168.199.1

(2)选择自动获取 IP 地址。

(3)使用 ping 命令查看 PC 之间是否能通,执行"开始"→附件→命令提示符→输入 ping IP(如,在 PC$_1$ 机上输入 PC$_0$ 的 IP 地址 192.168.199.1)。记录 ping 完后的结果。以下是 PC$_1$ 对 PC$_0$ 的 ping 操作结果:

reply from 192.168.199.1 : bytes = 32,time < 1ms, TTL = 128;

reply from 192.168.199.1 : bytes = 32,time < 1ms, TTL = 128;

reply from 192.168.199.1 : bytes = 32,time < 1ms, TTL = 128;

reply from 192.168.199.1 : bytes = 32,time < 1ms, TTL = 128;

PC$_1$ 向 PC$_0$ 传输了 32 字节的数据,PC$_0$ 全部接收;Lost(丢包率)为 0%,TTL(延迟时间)为 128ms。

1.10.2　学习使用 Wireshark

Wireshark 是开源网络分析软件,可以捕捉网络中传输的数据,提供关于网络和上层协议的各种信息。

登录 http://www.wireshark.org/download.html 网站学习使用 Wireshark。

第 2 章　应　用　层

丰富的网络应用是计算机网络迅速发展的关键,应用层直接面向用户,提供各种网络应用,是计算机网络体系结构的最高层。应用层涉及网络应用模型(即应用程序体系结构)、域名(Domain Name)解析及每类应用的通信协议等问题。随着网络应用的日益丰富,应用层协议也逐渐扩充和增加。由于 Internet 上的应用已成为主要的网络应用,因此,本章从 Internet 的应用层概念出发,首先介绍客户/服务器(C/S)模型和对等(P2P)模型的特点和应用、应用进程和端口号的概念、网络应用对于传输服务的不同要求。随后对 Internet 上的典型应用——域名系统(DNS)、万维网(WWW)、电子邮件(E-mail)的系统结构和协议原理进行描述,对于传统的因特网协议——文件传输协议(FTP)和终端仿真协议(TELNET)也将进行扼要介绍。协议原理涉及协议包含的消息及交互顺序、消息的字段及其含义等要点。

2.1　应用层协议的基本原理

本节对于应用层通信涉及的普遍问题进行综述,包括应用程序通信采用的两种模型(C/S 模型和 P2P 模型)的特点和应用、应用进程和端口号的概念、网络应用对于传输服务的不同要求等内容。

1. 网络应用模型

任何一个 Internet 应用都通过两台或多台计算机的应用程序之间的通信实现。应用程序之间的通信主要有两种体系结构(模型):客户/服务器(Client/Server,C/S)模型和对等(Peer-to-Peer,P2P)模型。

1)客户/服务器模型

在 C/S 模型中,通信双方的角色分别是客户和服务器。服务器提供服务,服务可能是数据、管理、软件、硬件等,如文件存储管理、网页浏览服务(WWW)、文件下载服务、存储空间、计算能力、打印机等。服务器一般使用存储容量大、速度快、性能好的计算机,通过高性能、高带宽的网络设备连接到网络。客户通过网络从服务器方获取服务,前提是使用普通的个人计算机和较简单的客户端程序。随着 Web 应用的普及,客户端程序更多地使用更简单的 Web 浏览器,传统的 C/S 模型正在被 B/S(Browser/Server)模型取代。

在 C/S 模型下,服务器进程保持联网运行状态,等待客户的请求,收到请求后进行处理并返回响应数据。客户进程在需要使用网络服务时运行,客户进程向服务器进程主动发起建立连接或服务请求,服务器进程接受连接请求或服务请求,数据传输结束后客户进程主动断开和服务器之间的连接。图 2-1 说明用户访问一个网页的通信过程。

C/S 模型采用的是集中式的体系结构,资源和服务由服务器统一保存,便于管理和维护,主要的任务执行和数据处理工作在服务器端完成,软件的修改和升级主要在服务器上完成,客户端程序简单、开销低,安全管理也由服务器端统一实现,易于实现加密、认证等安全措施。

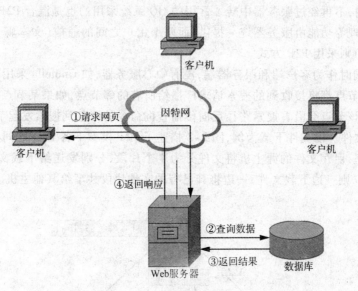

图 2-1   C/S 模型下的通信过程

数据传输量双向不对称,从服务器到客户端下载的数据量一般远大于从客户端到服务器上传的数据量,服务器端成为提供应用的瓶颈。当用户访问量剧增时,会出现因服务器端过载而导致访问速率急剧下降、甚至无法访问的问题;服务器自身的故障也会导致服务中断。为了解决这一问题,可以由位于不同地点的多个服务器实现任务分担,即建立内容分发网络(Content Distributed Network,CDN),增强服务的可靠性。

自 20 世纪 70 年代计算机网络出现以来,网络应用一直采用 C/S 模型,如 WWW 应用、电子邮件(E-mail)、文件服务(FTP)、BBS、域名系统(DNS)、IP 电话、视频会议等,直到 20 世纪 90 年代 P2P 模型的出现。

2)对等模型

1999 年初,波士顿东北大学的一年级学生 Shawn Fanning 建立了 Napster 共享 MP3 音乐的文件系统,这是第一个采用 P2P 模型的网络应用系统。与 C/S 模型不同的是,P2P 模型没有明确的客户和服务器的角色划分,文件、处理能力等资源不是集中保存在服务器中,而是分散在网络边缘的各个计算机(Peer,对等体)中。每个 Peer 同时承担客户和服务器的功能,既从其他 Peer 获取资源,也向其他 Peer 提供自己的资源。P2P 模型的核心理念是资源共享。

Internet 上各类 P2P 应用的流量已占 Internet 流量的 60% 以上,典型的应用系统有支持文件和内容共享的 Napster、Gnutella 和 BitTorrent 等;支持 P2P 计算的 Entropia、SETI@home、Genome@home、Folding@home 等;支持广域网存储共享的 CFS、OceanStore 和 PAST 等;支持即时通信、流媒体视频及语音的 ICQ、OICQ、MSN Messenger、Skype、PPlive、PPStream 等。

在 P2P 模式下,首先是找到需要的资源,然后是获得需要的资源,根据资源的管理策略分为混合 P2P(Hybrid P2P)模型和纯 P2P(Pure P2P)模型。混合 P2P 模型混合了 C/S 与 P2P 两种技术,系统存在一个或多个中心服务器或一些"超级节点",用户将资源信息发布到中心服务器,并通过中心服务器搜寻所需资源,然后各个节点直接交换数据。文件共享应用分为查找文件和下载文件两个步骤,如 Napster 系统在查找文件阶段使用 C/S 模型,从一个集中的索引服务器中查询出保存文件的 Peer 地址;在下载文件阶段使用 P2P 模型,请求文件的 Peer 和保存文件的 Peer

直接进行文件传输,不再经过服务器中转。常用的 QQ 系统采用的也是混合 P2P 体系结构,用户登录、好友列表管理等功能由服务器统一提供,而两个用户之间的通信(文本聊天、音频通话、视频通话、文件传输)则采用 P2P 方式。

纯 P2P 节点同时作为客户端和服务器端,没有中心服务器,如 Gnutella 采用受限泛洪技术进行资源搜索,每个节点都将接收到的搜索请求广播给所有的邻节点,如果某节点发现本地有符合搜索条件的资源,该节点会沿着搜索路径反向传播查询命令的消息到搜索发起节点,然后两个节点之间直接传输文件。以文件下载为例,图 2-2 描述了 P2P 模型下各 Peer 之间的通信关系。为加快文件传输速率,保存文件的源主机将文件分为 4 个片段,分别发送给下载文件的主机 A、B、C 和 D。A、B、C、D 则一边下载文件,一边将其已有的文件片段共享给其他主机。

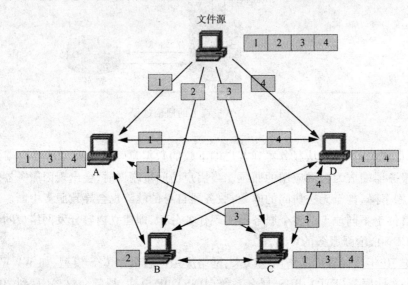

图 2-2　P2P 模型下的通信

在 P2P 模型中,资源分布存储,因此消除了 C/S 模型中的瓶颈问题,同时各个计算机中的资源可以得到充分利用;与 C/S 模型不同的是,随着访问服务人数的增加,P2P 模型中服务访问的效率反而更高,访问时延更短。但是,P2P 模型下的数据在 Peer 中分散存储和管理,需要解决数据的一致性问题,如同一个文件可能有不同的版本问题。由于 P2P 模型下的系统是开放的,任何个人计算机均可以加入系统,各个计算机的安全措施也不同,因此服务的安全很难保障。

2. 进程与端口号

网络应用软件运行在主机上,通过两台主机上的程序(更确切地说是进程)之间进行通信向用户提供服务,如 WWW 应用是通过浏览器(IE)进程和 Web 服务器进程之间的通信提供网页浏览等服务。进程是程序的一次执行,如果一个用户在计算机上打开了两个浏览器,则运行了两个浏览器进程,这两个进程拥有不同的进程标识(Process ID,PID)。进程标识由计算机的操作系统统一分配和管理,只限于计算机内部使用。

Internet 上的每台主机都有一个唯一的 IP 地址,数据包在网络中传输时,通过包中携带的 IP 地址,网络可以将包传输给目的主机。一台计算机可能有多个网络应用进程同时在运行,如用户可以在浏览网页的同时发送 E-mail。为了将数据交付给正确的应用进程,数据除了携带目的主机的 IP 地址之外,还应该携带进程的标识,这个标识称为端口号(Port Number)。目的主机收到数据后,根据端口号,将数据交给对应的进程处理。TCP/IP 在传输层把发出数据的应用程序的端口作为源端口,把接收数据的应用程序的端口作为目的端口,添加到数据的头中,从而使主机能够同时维持多个会话的连接,使不同应用程序的数据不至于混淆。端口号是一个 16 位的整数值。服务器进程一般采用和应用相关的固定端口号,称为熟知端口(Well-known Port)。熟知端口号的取值范围是 0 ~ 1023,常用的网络应用的熟知端口如表 2-1 所示。客户端进程的端口号则由操作系统分配,取值范围一般是 49152 ~ 65535。

表 2-1　网络应用的熟知端口

应用名称	协议名称	服务器端的熟知端口
WWW 应用	HTTP	80
文件传输	FTP	21、20
BBS	Telnet	23
E-mail	SMTP	25
	POP3	110
DNS	DNS	53

　　两个主机的一对应用进程之间的通信关系①可以由一个四元组(源主机 IP 地址、源端口号、目的主机 IP 地址、目的端口号)唯一标识,如图 2-3 所示,IP 地址为 1.2.3.4 的主机上有两个客户端应用进程,IP 地址为 4.3.2.1 的主机上有两个服务器进程。

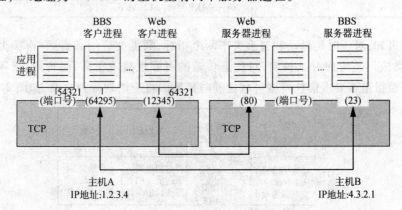

图 2-3　应用进程间的通信

3. 网络应用对传输服务的要求

1) 应用的传输性能指标要求

一个网络应用对于网络传输的性能要求通常以下面三个指标衡量。

(1) 端到端的时延(Delay):应用层消息从源进程发出到目的进程接收到所需的时间;

(2) 时延抖动(Delay Variation):同一个通信关系的各个消息的时延差的最大值。例如,用户访问某 Web 服务器时,浏览了三个网页,网页返回的时延分别是 1.5s、2.5s 和 2s,则时延抖动

---

　　① 　有些文献将这种通信关系称为"连接"(Connection),实际上这种一对应用进程之间的通信可以面向连接,也可以无连接。

是 $2.5s - 1.5s = 1s$；

（3）信息丢失：一般以数据包丢失率衡量。

ITU-T G.1010 标准归纳了常见的各种应用的传输性能指标要求，如表 2-2 所示。

表 2-2　应用的传输性能指标要求

应用	媒体类型	数据对称性	典型数据率	传输性能指标要求		
				时延	时延抖动	包丢失率
WWW 应用	数据	单向①	10KB②	2~4s	无	0
文件传输	数据	单向	10KB~10MB	15~60s	无	0
电子商务	数据	双向	10KB 以下	2~4s	无	0
E-mail(发送③)	数据	单向	10KB 以下	2~4s	无	0
静态图像传输	数据	单向	100KB 以下	15~60s	无	0
远程控制	数据	双向	1KB	250ms 以下	无	0
BBS	数据	单向	1KB 以下	200ms 以下	无	0
交互式游戏	数据	双向	1KB 以下	200ms 以下	无	0
IP 电话	音频	双向	4~64KB	150~400ms	1ms 以下	3% 以下
语音消息	音频	单向	4~32KB	1~2s	1ms 以下	3% 以下
在线音频播放	音频	单向	16~128KB	10s 以下	远小于 1ms	1% 以下
可视电话	视频	双向	16~384KB	150~400ms		1% 以下
视频点播	视频	单向	16~384KB	10s 以下		1% 以下

　　由表 2-2 可知，对于时延抖动和包丢失率两个指标，数据类应用和音频/视频类应用有明显的差别：数据类应用不考虑时延抖动，对信息传输的可靠性要求很高，而音频/视频类则恰好相反。因此可以根据是否要求信息传输可靠性和时延范围将应用划分为 8 类，如图 2-4。

可容忍差错	可视电话视频会议	多媒体即时消息	流媒体	传真
不可容忍差错	命令/控制类（Telnet、交互式游戏）	事务类（电子商务、网页浏览、E-mail）	即时消息类、下载类（FTP、图像传输）	背景类（论坛、文本短消息）
时延要求	交互式（1s内）	响应式（2s左右）	即时（10s左右）	时延不敏感（远超过10s）

图 2-4　ITU-T G.1010 规定的应用类别

2）Internet 传输层提供的服务

因特网的传输层提供了面向连接的 TCP 服务和无连接的 UDP 服务。

TCP 服务的特性是：收到应用数据时，首先由客户端进程建立到服务器端进程的连接，然后在此连接之上传输数据，数据传输结束之后释放连接和相关资源。数据传输的可靠性由 TCP 保

---

　　①　"单向"指的是一般下行(服务器到客户)的数据量远远大于上行(客户到服务器)的数据量；"双向"则是上行和下行的数据量基本一致。

　　②　应用层数据类业务的数据率一般以每秒发送的字节数衡量，10KB 即每秒 10K 字节。

　　③　从发件人的邮件客户端发送到收信人的邮件服务器。

证,源应用进程交给 TCP 的消息可以无差错地交付给目的应用进程,收到数据的顺序和发送顺序能够保持一致。因此,可靠性要求高的应用往往选择 TCP 传输数据,如图 2-5 所示,HTTP、FTP 和 Telnet 都使用 TCP。

UDP 的特性则是:客户端进程和服务器进程端无须建立连接,UDP 收到源应用进程的数据时,立即打包(加上 UDP 报头,把应用层的数据封装在其数据包里)传输,目的主机的 UDP 收到数据后,一般不检查,拆包后即将应用数据交给目的应用进程。由于因特网传输不可靠,数据可能出错,可能丢失,收到数据的顺序和发送顺序可能不一致,因此 UDP 的服务不可靠。由于 UDP 的控制简单、效率较高,强调快速传输高于可靠性要求的应用往往选择 UDP 传输数据,DNS、网络管理协议(SNMP)和视频应用传输协议(RTP)都使用 UDP。

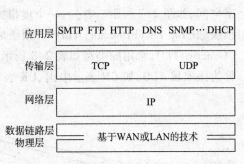

图 2-5 因特网应用对传输层协议的选择

2.2 域名系统

Internet 的每一台主机都有一个唯一的 IP 地址, IP 地址是一个 32 位数字,以点分十进制的方式表示,如 202.112.125.24。IP 地址和主机的功能及位置无关,为便于理解和记忆,在 Internet 上提供服务的主机通常都有一个唯一的名字(称为域名),如北京邮电大学的 Web 服务器的域名是 www.bupt.edu.cn。用户通过域名访问网络资源,而 Internet 上的通信设备(路由器等)则使用 IP 地址将数据从源主机发送到目的主机,域名和 IP 地址之间的转换由域名系统(Domain Name System,DNS)完成。

DNS 采用 C/S 模型,域名由 DNS 服务器分配、管理和维护;客户机运行域名解析程序(Resolver),需要解析域名时,Resolver 向 DNS 服务器发送请求消息,DNS 服务器响应请求并返回对应的 IP 地址。

DNS 不提供面向用户的应用,而是由 HTTP、SMTP、FTP 等应用层协议使用,是应用层协议的支撑协议。Web 应用中 DNS 对于 HTTP 的支持如图 2-6 所示,浏览器根据访问请求,先通过 DNS 得到 Web 服务器的 IP 地址,再向 Web 服务器发送网页请求。

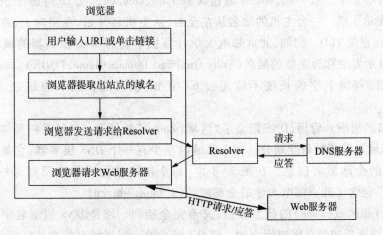

图 2-6 Web 应用中 DNS 对于 HTTP 的支持

1. DNS 的名字空间和分级管理

DNS 包含很多服务器,每个服务器维护一部分域名。为便于管理,DNS 采用树型的分级名字空间,如图 2-7 所示。首先,一个虚拟的根(Root)以"."表示。根下面第一级分支(子域)称为顶级域(Top Level Domain,TLD)。顶级域名分为两类:一类表示域名对应的机构类型,称为类属(Generic)TLD,常用的类型如表 2-3 所示;另一类是用两个字母缩写表示国家名称或地区名称,称为国家域 TLD,如 CN 表示中国、UK 表示英国等。

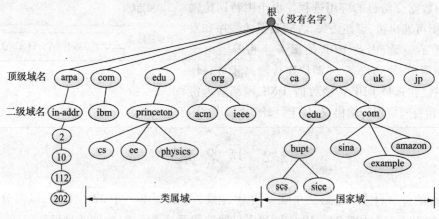

图 2-7　DNS 的名字空间示例

表 2-3　主要的类属 TLD

域名	含义	域名	含义	域名	含义
com	商业类	edu	教育类	gov	政府部门
int	国际组织	mil	军事类	net	网络机构
org	非营利组织	biz	公司企业	travel	旅游业
jobs	招聘	info	信息服务	name	个人

顶级域名含有多个二级子域,如. cn 域包含 edu. cn、com. cn、net. cn 等多个子域,以此类推,最底层的叶子表示主机。一台主机的域名从左至右,从主机名开始,逐层向上,在不同级的名字之间用"."分隔,直至 TLD。例如,北京邮电大学计算机学院的 Web 服务器的域名为 scs. bupt. edu. cn。这种表示方法称为完整的域名(Fully Qualified Domain Name,FQDN)。域名在需要时可以继续向左扩展,每级名字的长度不应超过 63 字节,域名总长度不应超过 255 字节[RFC 1034]。

为便于域名的组织和管理,DNS 定义了"区域(Zone)"的概念。区域是树型体系结构的一部分(子树),根据域名管理的角度划分。每个区域内至少有一个 DNS 服务器,它负责分配和管理本地(区域内)的全部域名信息。在图 2-8 中,每个由虚线构成的图形就是一个区域,区域". bupt. edu. cn"包含了北京邮电大学的全部域名(x. bupt. edu. cn)。

域(Domain)和区域(Zone)的概念类似,又不完全相同。域是 DNS 树型名字空间中的一个非叶子结点;区域则是树型名字空间中的一部分(即子树),根据域名管理的需要划分,一个区域

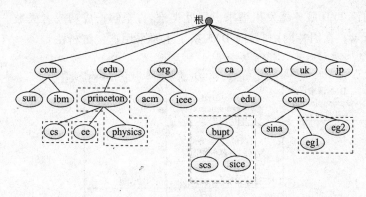

图 2-8 "区域"的概念

的域名信息由该区域的权威服务器维护。区域按照权威服务器的管理范围划分。例如,在图 2-8 中,Princeton 大学的域(.princeton.edu)根据需要划分为三个区域:计算机学院域(.cs.princeton.edu)和电子工程学院域(.ee.princeton.edu)各自单独建立一个区域,其他的学院域名信息则属于另一个区域。此外,对于一些中小型机构,不需要单独管理域名,而是委托 ISP 管理域名,此时该 ISP 管理的全部域都属于一个区域。如图 2-8 中,eg1.com.cn 域和 eg2.com.cn 属于同一个区域。

根据区域的划分可知,DNS 实际上是一个分布式的联机数据库,域名由多个服务器分布式进行管理,每个服务器管理和维护一部分域名空间信息。从实现的角度看,DNS 可以看做由层次化的域名服务器构成。域名服务器包括下列三种类型。

(1)根域名服务器:Internet 一共有 13 个 DNS 管理根级别的域名,称为根服务器。非营利公司 ICANN(Internet Corporation for Assigned Names and Numbers)负责协调和管理根服务器,以及建立新的 TLD。

(2)TLD 域名服务器:负责管理和维护顶级域名,如.cn 域名由中国互联网信息中心(CNNIC)负责维护。

(3)权威域名服务器(Authoritative Name Server):除了各 TLD 区域之外,其他的每个区域都有一个权威服务器,负责分配、保存和管理该区域内的域名及 IP 地址映射等信息,并对域名解析请求进行响应。由权威 DNS 提供的域名映射信息称为权威数据,如.bupt.edu.cn 是北京邮电大学的权威 DNS。

2. DNS 的域名解析原理

将域名映射为对应的 IP 地址的域名解析过程在 DNS 系统内完成。Resolver 向本地 DNS(Local Name Server,在客户机中已配置了 IP 地址)发送查询请求。如果本地 DNS 能够解析域名,则直接返回对应的 IP 地址,否则本地 DNS 沿着 DNS 层次体系向其他 DNS 发出请求。中间的某个 DNS 或权威 DNS 成功解析后返回与域名对应的 IP 地址;如果找不到权威 DNS 或权威 DNS 没有对应的域名信息,则返回解析失败信息。

本地 DNS 向其他 DNS 服务器发送请求的解析过程主要有迭代解析(Iterative Resolution)和递归解析(Recursive Resolution)。

在迭代解析中,本地 DNS 服务器发送请求给根 DNS 服务器,如果根 DNS 服务器能完成解析,则返回请求结果,否则根名字服务器将返回域名对应的 TLD 服务器的 IP 地址。然后,本地

DNS 服务器将向该 TLD 服务器发出请求。以此类推,直至解析成功或者失败。迭代解析过程的示例如图 2-9 所示。在因特网中,目前 DNS 系统主要采用迭代解析法。

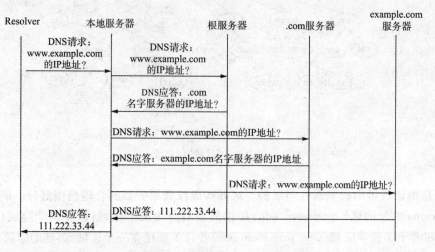

图 2-9 迭代域名解析原理

在递归解析中,在本地 DNS 服务器请求根 DNS 服务器后,如果根 DNS 服务器也无法完成域名解析,则代理本地 DNS 服务器向对应的 TLD 服务器发出请求。以此类推,解析过程相关的 DNS 服务器都将代理上一个服务器进行解析请求。递归解析过程示例如图 2-10 所示。

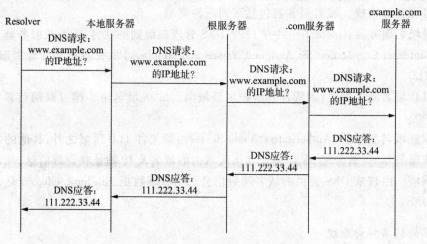

图 2-10 递归域名解析原理

除了将域名映射为 IP 地址这一主要工作之外,DNS 也根据 IP 地址查找域名,称为逆向解析 (Inverse Resolution)。in-addr. arpa 域用于逆向解析。

DNS 注重解析效率,因此 DNS 请求/响应消息采用 UDP 传输,同时采取一些措施改进性能:

(1)主备用服务器。在一个区域内,出于容错考虑,一般至少有两个权威服务器:主 DNS 服务器(Primary Name Server)和备用 DNS 服务器(Secondary Name Server)。这两个服务器保存的区域信息完全一致。正常时由主名字服务器响应域名解析请求;在主服务器出现问题时,备用服务器替代主服务器工作。

（2）缓存（Cache）技术。各级服务器都具有缓存，收到查询请求时，首先查找缓存；找不到映射时再查找数据库。用户的计算机也有缓存，Resolver 在发出 DNS 查询请求之前首先查找缓存。

（3）减少迭代次数。在目前的 DNS 系统中，当本地服务器不能完成解析时，可以跳过根服务器，直接请求域名对应的 TLD 服务器，以减少迭代次数，加快解析速度，其代价是每个区域的本地服务器都要保存常用的 TLD 服务器的 IP 地址，以便直接发送请求。

3. DNS 的资源记录

DNS 系统的域名地址映射信息以资源记录（Resouce Records）资源记录包含 IP 地址、主机的所有者或者提供服务的类型等与特定主机有关的信息。Resovler 发出解析请求时，由服务器返回一条或多条资源记录。常用的资源记录有四种类型：

（1）A 记录，即地址资源记录，记录一个主机的 IP 地址，是实现域名解析的重要记录；

（2）MX 记录，即邮件服务器资源记录，记录一个域的邮件服务器的域名；

（3）NS 记录，即名字服务器资源记录，记录一个域的权威域名服务器的域名；

（4）CNAME 记录，即规范名称（Canonical Name）资源记录，记录一个主机的标准名称（规范名），该主机的所有者名（Owner Name）实际上是别名（Alias）。规范名即 Owner Name 用于网络内部的管理，也便于将旧的主机名转换成新名字。

一个资源记录主要包含下列字段［RFC1035］。

• Name：即 Owner Name 资源所有者名或域名，是资源记录引用的域对象名，可以对应一台单独的主机也可以是整个域。字段值"."是根域，@ 是当前域。

• TTL：生存时间字段（Time-to-Live），单位为 s，定义该资源记录的信息存放在 DNS 缓存中的时间长度。

• Class：分类字段，目前唯一的合法分类是 IN，表示 Internet。

• Type：类型字段，用于标识当前资源记录的类型。

• RLength：资源记录包含的信息（RData 字段）的长度（字节数）。

• RData：资源的相关信息。

表 2-4 给出了一些资源记录示例。其中，域 . bupt. edu. cn 的权威域名服务器是 ns. bupt. edu. cn，邮件服务器是 mail. bupt. edu. cn。dns. bupt. edu. cn 的规范名是 ns. bupt. edu. cn，其 IP 地址是 202. 112. 10. 37。

表 2-4 区域文件和资源记录示例

Owner name	TTL	Class	RRType	RData
bupt. edu. cn	86400	IN	NS	ns. bupt. edu. cn
ns. bupt. edu. cn	86400	IN	A	202. 112. 10. 37
Owner name	TTL	Class	RRType	RData
dns. bupt. edu. cn	86400	IN	CNAME	ns. bupt. edu. cn
bupt. edu. cn	86400	IN	MX	mail. bupt. edu. cn
mail. bupt. edu. cn	86400	IN	A	211. 68. 71. 7

使用 DOS 命令 nslookup 可以查询一个资源记录，如 C：\ > nslookup-query = nsbupt. edu. cn 用

于查询域 bupt.edu.cn 的域名服务器的名字。

```
C:\>nslookup www.bupt.edu.cn
服务器: dialdns.bta.net.cn
Address: 202.106.46.151

非权威应答:
名称:     www.bupt.edu.cn.bupt.ebupt.net
Address: 202.106.195.30


C:\>nslookup -query=ns bupt.edu.cn
服务器: dialdns.bta.net.cn
Address: 202.106.46.151

非权威应答:
bupt.edu.cn      nameserver = ns.buptnet.edu.cn
bupt.edu.cn      nameserver = gus.buptnet.edu.cn

C:\>nslookup -query=mx bupt.edu.cn
服务器: dialdns.bta.net.cn
Address: 202.106.46.151

非权威应答:
bupt.edu.cn      MX preference = 5, mail exchanger = mail.bupt.edu.cn
```

4. DNS 的消息格式

在域名解析过程中,Resolver 和本地 DNS 服务器之间、两个 DNS 服务器之间使用 DNS 请求/响应(Query/Response)消息进行通信。Resolver 或本地 DNS 服务器发出解析请求,被请求 DNS 服务器返回响应。请求和响应消息采用相同的消息格式(参见 RFC1035),如图 2-11 所示。

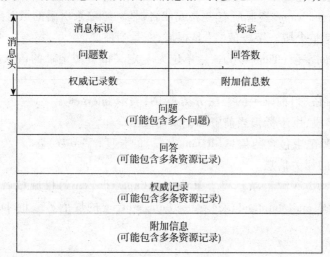

图 2-11 DNS 请求/响应的消息格式

DNS 请求/响应消息分为五部分,其中消息头占 12 字节,其主要字段说明如下。

● 消息标识:16 位,用于将响应消息与请求消息相关联,即 DNS 请求和返回的响应采用相同的标识;

● 标志:16 位,包含请求/响应标志、查询类型、是否权威数据(数据来自权威域名服务器还是来自缓存)、是否允许递归查询、递归查询是否可用、解析失败原因代码等多个字段;

● 问题数:16 位,表示请求消息中的"问题"字段所包含的问题数量;

● 回答数:16 位,表示响应消息中的"回答"字段所包含的资源记录数量;

- 权威记录数:16 位,表示响应消息中的"权威记录"字段所包含的资源记录数量;
- 附加记录数:16 位,表示响应消息中的"附加记录"字段所包含的资源记录数量。

DNS 请求/响应消息的其他四部分说明如下。

- 问题:包含查询的域名和查询类型等参数,一个 DNS 请求消息可以包含多个问题,问题数量由消息头的"问题数"字段标识。
- 回答:包含解析返回的资源记录,一个 DNS 响应消息可以包含多个回答(资源记录),回答数量由消息头的"回答记录数"字段标识。
- 权威记录:包含权威服务器的信息。来自某个非权威 DNS 服务器的缓存(而不是权威 DNS 服务器的数据库)的响应称为非权威数据,此时响应消息头的标志字段中的"是否权威数据"标志置为 0,权威记录可能包含权威服务器的域名,以便本地 DNS 服务器继续查询。"权威记录"字段可以包含多个资源记录,其个数由消息头的"权威记录数"标识。
- 附加记录:包含一些辅助信息,例如,在非权威数据的响应中,"权威记录"字段包含权威服务器的域名,"附加记录"字段则包含权威服务器的 IP 地址。"附加记录"字段也可以包含多个资源记录,其个数由消息头的"附加记录数"标识。

例如,Resolver 要查询主机 www.bupt.edu.cn 的 IP 地址时,所发送的 DNS 请求消息的主要字段如表 2-5 所示。

表 2-5 DNS 请求消息示例

消息头:请求/响应标志 = 0(表示请求消息)
问题字段:请求的域名 = www.bupt.edu.cn,查询类型 = A
回答字段:空
权威记录字段:空
附加记录字段:空

由权威域名服务器 ns.bupt.edu.cn 返回的响应消息的主要字段如表 2-6 所示。

表 2-6 DNS 响应消息示例

消息头:请求/响应标志 = 1(表示响应消息),授权响应标志 = 1(表示响应来自权威域名服务器)
问题字段:请求的域名 = www.bupt.edu.cn,查询类型 = A
回答字段:www.bupt.edu.cn86400 IN A 123.127.134.10
授权字段:空
附加字段:空

2.3 WWW 应用及 HTTP

万维网(World Wide Web,WWW)是一个覆盖全球的分布式信息仓库,信息存储在遍布全球各地的 Web 服务器上。用户使用浏览器,通过 URL 或者超链接可以访问任一台 Web 服务器上的信息。WWW 应用(Web 应用)是迄今为止 Internet 上最广泛的应用之一。

1. WWW 应用的基本概念

1）WWW 应用的体系结构

WWW 应用以 Web 网页（Web Page）的方式呈现给用户文本、图形、图像、音频、视频等各种类型的超文本或超媒体信息。Web 网页使用超文本标记语言（HyperText Markup Language, HTML）编写，网页之间通过超链接（Hyperlink）组织在一起。单击超链接，可以从一个网页跳到另一个网页，通过这种链接可以访问到世界上任何一台 Web 服务器。为了方便查找信息，一些 Web 网站提供了搜索引擎（Searching Engine），如百度、Google 等。

WWW 应用采用浏览器/服务器模型（B/S 模型）。Web 服务器（也称为网站）负责存储和管理网页，并响应访问请求；客户端安装网页浏览器，如微软的 IE、火狐（Firefox）等，浏览器向服务器发出请求，并根据收到的响应将网页呈现给用户。WWW 服务器和浏览器通信使用的协议是超文本传输协议（HyperText Transport Protocol, HTTP），如图 2-12 所示。由表 2-2 可知，WWW 应用对于数据传输的可靠性要求很高，要求传输层提供面向连接的服务，在使用 HTTP 进行通信之前，浏览器首先要和 Web 服务器建立 TCP 连接，在网页传输结束后拆除 TCP 连接。

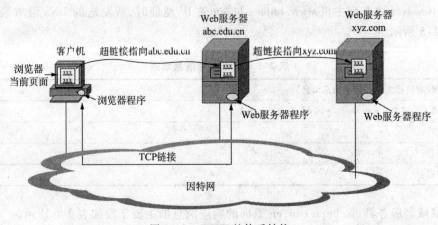

图 2-12　WWW 的体系结构

2）网页的编址

任何 Web 网页都有一个全球唯一的统一资源定位符（Universal Resource Locator, URL）标识，网页中的链接也与一个 URL 相对应。在浏览器的地址栏里输入 URL 或单击链接，通过 URL 就可以定位到相应的网页。URL 由 4 部分组成：协议名://服务器域名:端口号/文件路径及文件名，如 http://www.abc.edu.cn:80/index.html。

- 协议名：双方应用程序通信使用的协议，包括 http、ftp、mailto、telnet 等，默认的协议名为 http；
- 服务器域名：提供服务的服务器域名；
- 端口号：服务器进程的标识，默认的端口号是 80；
- 文件路径及文件名：网页文件的路径和名称，默认的文件名是 index.html 或者 default.html。

协议号、端口号和文件名可以省略，浏览器按照对应的默认值解析。例如，www.abc.edu.cn 的完整 URL 是 http://www.abc.edu.cn:80/index.html。

根据 URL 找到对应网页的过程分为两步：首先根据服务器的域名将请求传输到服务器，然后再根据文件路径及文件名在服务器中找到对应的文件。

3）网页的类型

一个 Web 网页包含一个基本网页文件（其中包含网页的文本信息）和其他类型数据的相关文件（如 JPEG 图像文件），其他类型数据文件的 URL 嵌入在基本网页文件里，浏览器在解析基本网页文件时，根据嵌入的 URL 请求对应的文件。

最初的网页由网站开发者使用 HTML 预先编辑产生源文件，并存储在 Web 服务器上。在用户请求时，服务器将整个文件数据发送给用户。这种网页称为静态网页（Static Web Page）。由于网页以静态文件的方式保存，不同的用户在不同的时间访问时，获得的都是同一个网页文件，如图 2-13 所示，静态网页文件的扩展名是 htm 或者 html。

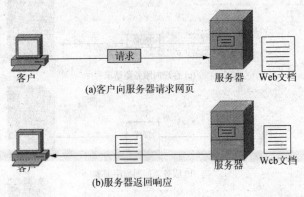

图 2-13　静态网页示例

随着 Web 应用的发展，有些网站要求为用户提供个性化的网页，静态网页不能满足要求，因而产生动态网页（Dynamic Web Page）。动态网页不在服务器上预先生成，而是当服务器收到请求时，运行生成网页文件的小程序，根据请求产生不同的网页返回给用户，如图 2-14 所示。公共网关接口（Common Gateway Interface，CGI）是一种常用的动态网页生成语言。

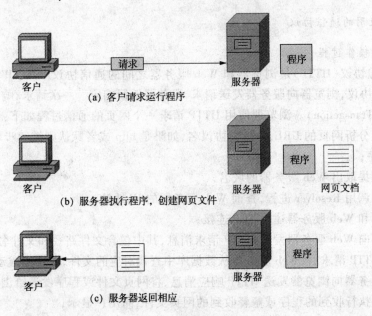

图 2-14　动态网页示例

出现动态网页后,Web 应用的功能得以显著增强,但仍然有一些缺陷。一方面,动态网页和静态网页相同,都由服务器将整个 Web 文档传输给用户,大容量网页传输的开销较大;另一方面,用户浏览器上的一些操作无法实现,如捕获用户的鼠标移动操作,并根据其鼠标位置显示不同的结果。活跃网页(Active Web Page)解决了上述问题。与动态网页类似的是,活跃网页也根据用户的访问请求动态产生;与动态网页不同的是,活跃网页不由服务器端生成,而是在服务器收到用户请求时,向用户返回生成网页的小程序,在用户浏览器端运行并生成对应的网页。图 2-15 描述了活跃网页的基本原理。Java 脚本语言(Java Script)是生成活跃网页的一种常用语言,网页文档又称为 Applet。

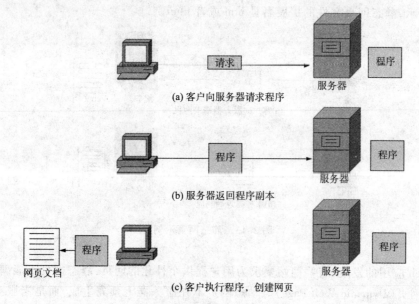

图 2-15　活跃网页的基本原理

2. WWW 应用的通信协议

1)HTTP 的操作过程

超文本传输协议(HTTP)是浏览器和 Web 服务器之间的通信协议。HTTP 是基于 ASCII 文本的请求/响应协议,浏览器向服务器发送请求,服务器返回响应。一次请求/响应的过程称为一个 HTTP 事务(Transaction)。浏览器使用 HTTP 请求一个网页的通信过程如下:

(1)浏览器分析网页的 URL,分析其协议名,如果是 http 或者默认则继续步骤(2),否则调用对应协议的程序;

(2)浏览器提取出 Web 服务器的域名;

(3)浏览器调用 Resolver 进程,查询 Web 服务器的 IP 地址;

(4)浏览器和 Web 服务器建立 TCP 连接;

(5)浏览器向 Web 服务器发送 HTTP 请求消息,其中包含文件路径和文件名;

(6)收到 HTTP 请求后,Web 服务器从数据库中查找对应的文件,或者生成动态网页;

(7)Web 服务器向浏览器发送 HTTP 响应消息,将网页文件或程序发送给浏览器;

(8)浏览器执行收到的程序或解释收到的网页文件,向用户显示;

(9)如果网页文件嵌有其他类型的数据,则向对应的服务器发送请求。

假定用户要访问网页的 URL 是 http://www.abc.com/example.html,HTTP 的通信过程如图 2-16 所示。

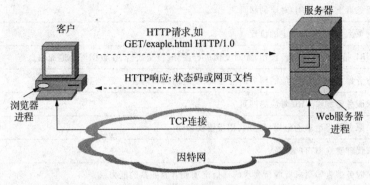

图 2-16　HTTP 的操作过程示例

(1)浏览器分析 URL,提取出 Web 服务器的域名 www.abc.com;

(2)浏览器通过 DNS 获得 Web 服务器的 IP 地址;

(3)浏览器建立到 Web 服务器的 TCP 连接;

(4)浏览器发送 HTTP 请求:GET /example.html HTTP/1.0;

(5)服务器返回 HTTP 响应,其中包含状态码和网页文件数据;

(6)TCP 连接关闭;

(7)浏览器解释网页文件并显示。

2)HTTP 的消息格式

HTTP 只包含两种消息:HTTP 请求和 HTTP 响应。浏览器向服务器发送 HTTP 请求消息,服务器返回 HTTP 响应消息。

(1)HTTP 请求消息的格式。

HTTP 请求消息可以包含请求行、消息头和消息体三部分,如图 2-17 所示。其中,第一行为基本请求行,包含 HTTP 方法、网页文件的 URL 和 HTTP 版本三部分,以空格分隔。

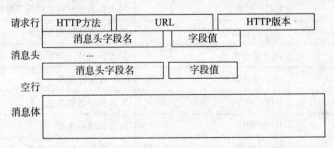

图 2-17　HTTP 请求消息的格式

HTTP 方法(Method)即为浏览器向服务器请求的操作命令。HTTP 应用"面向对象"的概念,将操作命令命名为"方法"。主要的 HTTP 方法及其功能如表 2-7 所示。

表 2-7 HTTP 方法

HTTP 方法	功能描述	版本
GET	从服务器上下载 URL 对应的网页	HTTP1.0
PUT	将网页上传到 URL 指定的位置	HTTP1.1
POST	对 URL 指定的资源进行操作,如对文档进行注释、提交表格、在数据库中追加信息等	HTTP1.0
HEAD	向服务器请求 URL 对应的网页的消息头,不返回网页内容	HTTP1.0
DELETE	请求服务器删除 URL 对应的网页	HTTP1.1
TRACE	要求服务器将请求消息原样返回,用于错误诊断	HTTP1.1
CONNECT	请求代理建立 HTTP 隧道	HTTP1.1
OPTIONS	请求服务器告知请求资源所要求的通信选项或者服务器的能力	HTTP1.1

HTTP 请求可以包括消息头选项,这些选项遵循 E-mail 系统的扩展邮件格式规范(Multipurpose Internet Mail Extension,MIME)的规定。常用的消息头如表 2-8 所示。

表 2-8 HTTP 常用的消息头选项

消息头	包含的消息	内 容
User-Agent	HTTP 请求	浏览器及其平台的信息
Accept	HTTP 请求	浏览器能处理的网页类型
Accept-Charset	HTTP 请求	浏览器可接受的字符集
Accept-Encoding	HTTP 请求	浏览器能处理的网页编码类型
Accept-Language	HTTP 请求	浏览器能处理的自然语言
Host	HTTP 请求	Web 服务器的域名
Authorization	HTTP 请求	客户的身份认证凭证
Cookie	HTTP 请求	以前保存的 Cookie
If-Modified-Since	HTTP 请求	网页在某个时间之后是否被修改
Date	两个消息都有	消息发送的日期和时间
Upgrade	两个消息都有	发送方要使用的协议
Connection	两个消息都有	TCP 连接的类型
Server	HTTP 响应	Web 服务器的类型
Content-Encoding	HTTP 响应	内容的编码类型
Content-Language	HTTP 响应	网页中的自然语言类型
Content-Length	HTTP 响应	网页的长度(字节数)
Content-Type	HTTP 响应	网页的 MIME 类型
Last-Modified	HTTP 响应	网页最后一次修改的日期和时间
Location	HTTP 响应	通知客户将请求发给别的服务器
Set Cookie	HTTP 响应	服务器要求客户保存 Cookie

HTTP 请求消息的示例：

```
请求行    GET /somedir/page.html HTTP/1.1
消息头    Host:www.abc.edu.cn
         User-Agent: Mozilla/4.0
         Accept-Language: zh-cn
         Connection: Keep-Alive
```

空行（回车符＋换行符），表示消息结束

在上述示例中，用户浏览器请求下载网页文件/somedir/page.html，采用 HTTP1.1 协议。消息头部分说明：要访问的 Web 服务器的域名是 www.abc.edu.cn；用户浏览器的程序版本是 Mozilla/4.0（IE7.0 兼容）；可接受的语言是中文；网页传输完毕后继续保持 TCP 连接 Keep-Alive，即采用持久连接。

GET 方法的请求消息只有请求行和消息头，对于需要向服务器上传数据的方法，例如 POST 和 PUT，在空行之后是消息体（Message Body）部分，其中包含要上传的数据。

（2）HTTP 响应消息的格式。

HTTP 响应消息也包含三部分：状态行、消息头和消息体，如图 2-18 所示。

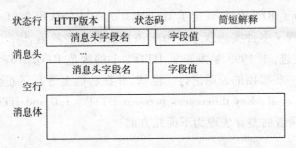

图 2-18　HTTP 响应消息的格式

响应消息的第一行是状态行，包括 HTTP 版本、状态码和简短解释三部分，中间以空格分隔。常用的状态码及其简短解释如表 2-9 所示。

表 2-9　HTTP 响应的状态码和简短解释［RFC2616］

状态码	简短解释	含　义
200	OK	网页请求成功，消息体包含所请求的数据
204	No content	网页请求成功，但无须返回消息体，网页不用刷新，如对用户提交信息的确认
301	Moved Permanently	请求内容已经移到另一个服务器，响应的消息头将包含该服务器的域名
304	Not Modified	网页没有修改，用户可以继续使用缓存的网页，此响应不包含消息体
403	Forbidden	用户没有权限访问请求的网页
404	Not found	没有找到请求网页，可能是由于用户提供的 URL 错误
500	Internal Server Error	服务器内部故障
503	Service Unavailable	服务器由于临时过载，不能响应用户的请求
505	HTTP Version Not Supported	服务器不支持请求消息的 HTTP 版本

HTTP 响应消息中消息头的定义同样遵循 MIME 规范，主要的消息头如表 2-9 所示。消息头

和消息体之间用空行分隔。消息体的内容是服务器要传送的网页数据或用于生成网页的程序。

HTTP 响应消息的示例：

```
状态行    HTTP/1.1 200 OK
消息头    Date: Thu, 03 Mar 2011 09:28:24 GMT
          Server: Microsoft-IIS/6.0
          Content-Length: 1819
          Content-Type: text/html; charset=gb2312
          Connection: Keep-Alive
空行
消息体    网页数据…
```

在上述示例中，状态行部分说明服务器采用 HTTP1.1 协议，状态码 200 表示可以返回请求的网页。消息头部分说明：服务器返回响应的时间是 2011 年 3 月 3 日 9 点 28 分 24 秒，服务器的软件版本是 Microsoft-IIS6.0，网页数据是一个 HTML 静态网页，采用中文简体 GB2312 编码，网页文件长度是 1819 字节，网页传输完毕后依然保持 TCP 连接。

3）HTTP1.0 和 HTTP1.1

1995 年，IETF 发布了 RFC1945，规定了 HTTP1.0 的一些公认概念（Common Usage），但没有规定如何实现，因此出现了多种实现版本。由于该协议有一些缺陷，因此 Web 研究人员和开发人员经过多次讨论和改进，于 1999 年发布了 HTTP1.1 的规范 RFC2616。HTTP1.1 对 HTTP1.0 的缺陷进行了修正，对一些模糊的说明进行了澄清，并在功能上进行了扩张（详细内容参阅 Balachander Krishnamurthy et al, Key differences between HTTP=1.0 and HTTP=1.1, Elsevier Science B. V., 1999.）。两者的差异表现为下面几方面：

（1）HTTP 方法。

HTTP1.0 规范 RFC1945 只定义了 3 个方法：GET、POST 和 HEAD，而 HTTP1.1 扩充了 PUT、DELETE、TRACE、CONNECT 和 OPTIONS 等 5 个方法。此外，对于状态码和消息头选项，HTTP1.1 也都进行了扩充，提供了更多的功能。

（2）连接的持久性。

这是 HTTP1.0 和 HTTP1.1 最显著的区别之一。HTTP1.0 采用非持久连接，即一个 TCP 连接只用于传输一个文件，文件传输结束后即拆除连接。如图 2-19 所示，如果一个网页包含一个

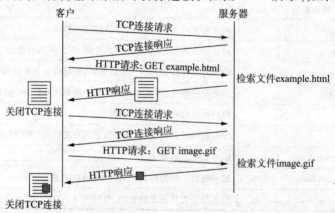

图 2-19　非持久连接示例

HTML 文本文件和一个图像文件,则需要建立两次 TCP 连接。由此可知,一方面由于每次传输文件都要重新建立连接,这就增加了 WWW 应用的响应时间(Response Time),即用户单击链接到网页完整呈现给用户所需的时间;另一方面,服务器需要维护大量的连接,增加了服务器的开销。

HTTP1.1 对这个问题进行了改进,采用持久连接,一个文件传输结束后继续保持 TCP 连接,因此一个 TCP 连接可以传输多个文件。如图 2-20 所示,一个 TCP 连接传输 HTML 文件和图像文件。浏览器和 Web 服务器可以通过请求/响应消息头中的 Connection 选项协商是否采用持久连接。Connection 选项值 Keep-Alive 表示采用持久连接,Connection 选项置为 close 则表示要求在文件传输结束之后关闭 TCP 连接。

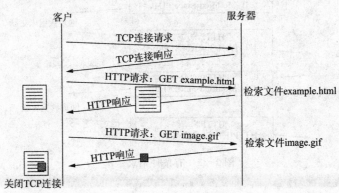

图 2-20　持久连接示例

(3)流水线机制(Pipelining)。

在持久连接的基础上,HTTP1.1 允许在一个请求消息的响应未返回之前,浏览器可以继续发送多个请求消息。这种流水线机制减少了传播时延的影响,进一步提高了网页的传输效率。图 2-21 对非流水线机制和流水线机制进行了对比。

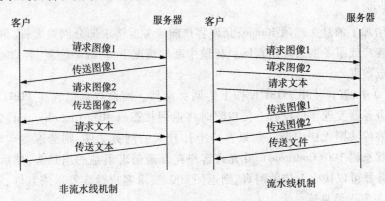

图 2-21　非流水线机制和流水线机制

(4)缓存策略。

为了加快响应速度,减少网络传输开销,浏览器通常将 Web 服务器返回的网页数据保存在缓存 Cache 中。对于如何判断缓存信息是否过期及更新缓存,HTTP1.0 和 HTTP1.1 采用了不同的策略。

HTTP1.0 采用一种简单的策略:保存网页数据的服务器(称为原始服务器)在 HTTP 响应中

包含 Expires 消息头选项,说明该网页到期的时间。如果在此时间前,用户再次请求此网页,浏览器无须发送 HTTP 请求,而是将缓存的数据直接呈现给用户。如果缓存信息到期,浏览器则发送条件请求(Conditional Request)消息,即消息头包含 If-Modified-Since 选项,其值为到期时间,即向服务器询问缓存的网页是否更新。如果网页没有更新,服务器返回状态码 304(Not Modified),而无须返回网页数据;如果网页更新,服务器返回状态码 200(OK),并在消息体中包含更新的网页数据。图 2-22 描述了条件请求的示例。

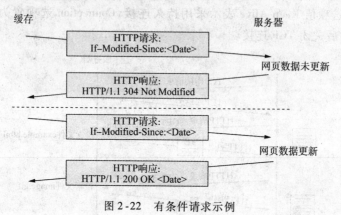

图 2-22   有条件请求示例

上述缓存机制目前依然在应用。HTTP1.0 由于对 Cache 机制没有规范要求,可能会出现问题。例如,HTTP1.0 的 If-Modified-Since 中携带的时间是浏览器本机时间,如果本机时间和服务器时间不同步,服务器出现重复发送网页数据,或者没有响应已更新的网页数据的情况。针对这个问题,HTTP1.1 在响应中增加 Entity 标签(Tag),具有相同的 Entity 标签的网页数据一定相同,由此消除了由时间戳带来不可靠缓存的问题。此外,HTTP1.1 还增加 If-None-Match、If-Unmodified-Since 和 If-Match 等条件的消息头选项,以进一步增强缓存机制的功能。

(5)带宽优化。

HTTP1.1 增加了消息头选项 Range,允许客户向服务器请求部分网页文件,因此可以节省传输带宽。在因客户或服务器故障出现网页传输中断的情况下,待故障恢复,客户可以使用此选项请求余下的网页数据。

在 HTTP1.0 中,客户使用 POST 操作上传网页文件。网页数据包含在 POST 请求消息的消息体中。如果服务器发现客户没有上传权限时将返回状态码 401(Unauthorized),但客户请求中的消息体数据的传输则无法中断。如果客户上传较大的网页文件,则会浪费传输带宽。为此,HTTP1.1 增加状态码 100(Continue),并允许客户先发送请求消息的消息头,然后等待服务器的响应。如果服务器可以接收上传的网页,则返回 100,要求客户继续发送消息体;否则,服务器返回 401,客户则不发送消息体。

(6)消息传送机制。

网页数据传输没有结束标志,服务器在发送网页数据时,以消息头 Content-Length 说明网页文件的字节数。但对于由 CGI 脚本产生的动态网页,要获得文件长度,必须缓存整个文件,这样将增加传输的时延。HTTP1.0 由于一个 TCP 连接只传输一个文件,在传输结束后由服务器拆除连接,由此可以解决这个问题。对于 HTTP1.1,一个连接要传输多个文件,服务器关闭连接的方法不可行。HTTP1.1 使用的方法是:将网页文件数据分成多个块(Chunks)。服务器端只需缓存较短的数据块,并在每个数据块前面加上块长度,以块长度为 0 标志文件传输结束。

3. Cookies

HTTP 协议无状态,即 Web 服务器不保存用户的访问状态,也不记录以前的操作,每个 HTTP 请求消息都单独处理。这种无状态特性降低了 Web 服务器的实现复杂度,提高了服务器的处理速度。但是,很多应用需要对用户的访问情况进行记录,并据此提供对应的响应。例如,电子商务网站的购物车记录了用户选择的商品名称、数量和价格,并根据来自用户的请求消息不断增加或删除商品。无状态的 HTTP 无法提供这个功能。为此,HTTP 采用 Cookie 机制,实现在 HTTP 消息中承载状态相关信息。Cookie 是一个小文本文件(40KB 左右),如表 2-10 所示,其中包含服务器的域名和用户在该服务器上的 ID 等信息。通过在 HTTP 请求和响应消息中包含 Cookie 信息,服务器可以确定用户的访问状态记录。

表 2-10   Cookie 文件的内容示例

域名	路径	内 容	失效时间	是否安全
taobao. com	/	CustomerID = 497793521	15 – 10 – 11 17;00	是
dangdang. com	/	Cart = 1 – 00501;1 – 07031;2 – 13721	11 – 08 – 11 14;22	否
360buy. com	/	Cart = 2 – 08004;3 – 54321	31 – 05 – 11 23;59	否
China-pub. com	/	UserID = 3627239101	20 – 09 – 11 20;20	否

在用户第一次访问某电子商务网站时,服务器即生成用户的记录信息,包括用户 ID,以及以 ID 为索引在数据库中建立用户记录,保存用户名、密码、购物记录、兴趣爱好等信息;在 HTTP 响应消息中包含 Cookie 消息头 Set-Cookie,其值包含用户 ID、到期时间等信息。收到此响应后,浏览器将这些信息及服务器的域名保存到 Cookie 文件中。用户下一次访问该网站时,HTTP 请求消息将包含 Cookie 消息头 Cookie,其值为用户 ID。根据用户 ID,服务器可以找到用户记录,从而实现购物车、产品推荐、发货地址记录等功能。

在电子商务网站中使用 Cookie 的一个示例如图 2-23 所示。

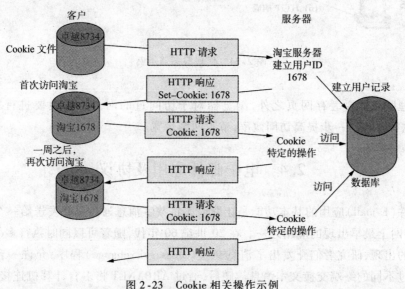

图 2-23   Cookie 相关操作示例

除了购物车之外,Cookie 还可以用于提供身份认证、定制网页、保存用户会话状态等功能。

4. 代理服务器

由于 WWW 应用采用的是集中式的 C/S 模型,服务器负责文件的统一存储和管理。当大量的客户访问同一个服务器时,可能因服务器负载过重(Overload)而导致响应速度减慢、访问时延增加,甚至使客户无法接收到响应。增加代理是针对此问题的一个解决方案。代理(Web Proxy),又称为网关,是放在 Web 服务器和客户之间的服务器,代替服务器接收来自客户的请求,如果本地(缓存或数据库)中能够找到所请求的数据,则直接返回给客户;否则,代理向服务器发送请求,将服务器返回的响应转发给客户,并同时将响应数据保存在本地。因此,针对一个来自浏览器的请求,代理有两个进程,服务器进程与浏览器通信及客户进程与 Web 服务器通信。图2-24描述了代理的功能。客户 1 向代理发送 HTTP 请求,代理在本地没有找到所请求的网页,因此向 Web 服务器发送 HTTP 请求,同时接收 Web 服务器的响应,然后将 HTTP 响应转发给客户 1,并将收到的网页存放在本地。之后,客户 2 向代理请求同一个网页,代理无须请求 Web 服务器,而将本地缓存的网页发送给客户 2。一个代理往往为多个 Web 服务器服务。例如,在浏览器上设置成通过代理访问,则浏览器对所有 Web 服务器的访问都将首先向代理请求。除了减轻服务器负担及减少访问时延之外,代理还可以增强 WWW 应用的可靠性和安全性。在代理服务器上,可以设置根据 IP 地址或者协议进行过滤,屏蔽来自不安全网站的数据。

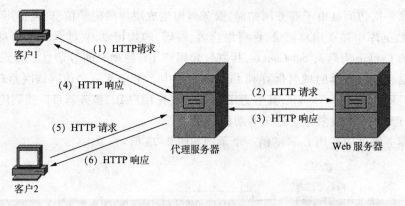

图 2-24　代理服务器示例

除了代理服务器要缓存网页之外,浏览器对于访问过的网页一般也要进行缓存(存放在 Cache 中),这样可以进一步提高访问效率,节省网络带宽。

2.4　电子邮件应用及协议

电子邮件(E-mail)应用的基本功能是让发信人将数字消息通过网络发送给一个或多个收信人,它是因特网上最早出现的应用之一。在 20 世纪 60 年代,随着可以同时执行多个程序的分时计算机系统的出现,研究者们开发出了消息交换(MessageExchange)程序,允许一台计算机上的多个用户通过不同的终端交换文本消息。随后,通过 ARPANET 将多台计算机连接到一起时,人们自然考虑将消息交换应用扩展到多台计算机上。1971 年,Ray Tomlinson 通过在本机 E-mail 程序上增加计算机之间复制文件的功能,设计出第一个网络 E-mail 应用程序,实现 E-mail 的核心功能,即将邮件消息发送到另一台计算机上的用户邮箱中。和其他应用不同的是,电子邮件是一个异步应用,即发信人在发信时不要求收信人同时在线。类似传统的邮件系统,邮件保存在邮箱中,收信人在需要时取信即可。

1. 电子邮件系统的构成

如图 2-25 所示,电子邮件系统也是基于传统的 C/S 模型,由用户代理(UserAgent,UA)和邮件服务器构成。用户代理是运行在用户计算机上的客户端软件(如 Foxmail、Outlook 等),是用户访问 E-mail 系统的接口,提供邮件编写、发送邮件、接收邮件、显示邮件和处理邮件等功能。邮件服务器则提供邮件的存储转发功能,并负责反馈邮件传送状态信息。

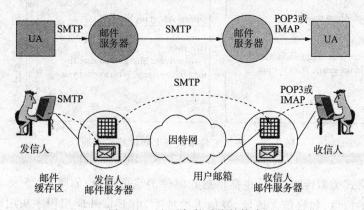

图 2-25 电子邮件系统的构成

图 2-25 描述了一封邮件的传输过程。首先,发信人使用用户代理程序编辑邮件并发送给其注册的邮件服务器(简称发信人邮件服务器)。发信人邮件服务器将邮件保存在缓存区中,并检查收信人地址,如果收信人邮件账户也在本服务器上,则将邮件保存到收信人的邮箱中;否则将邮件转发到收信人账户所在的邮件服务器(简称收信人邮件服务器),该服务器将邮件保存到收信人的邮箱。收信人使用用户代理程序从邮件服务器中下载邮件,并向用户显示,用户可以对邮件进行回复、转发、删除、另存等操作。

如图 2-25 所示,E-mail 系统包含两个应用层通信协议。将邮件从发信人用户代理发送到邮件服务器,以及邮件从发信人邮件服务器传输到收信人邮件服务器所使用的协议是简单邮件传送协议(Simple Mail Transfer Protocol,SMTP);收信人用户代理从收信人邮件服务器接收邮件使用的协议是 POP3 或者因特网消息访问协议(Internet Message Access Protocol,IMAP)。为保证邮件可靠传输,SMTP、POP3 和 IMAP 均使用 TCP。

2. 邮件地址和电子邮件的格式

电子邮件程序用@分隔用户账户和主机名,即"用户账户@邮件服务器域名",如 alice@bupt. edu. cn。这种地址格式简单易记,并且能够保证一个地址全球唯一。发信人邮件服务器使用收信人邮件地址中的邮件服务器域名部分解析出 IP 地址,以便建立到收信人邮件服务器的 TCP 连接。当邮件传输到收信人邮件服务器后,服务器使用用户账户部分确定收信人邮箱,以保存邮件。

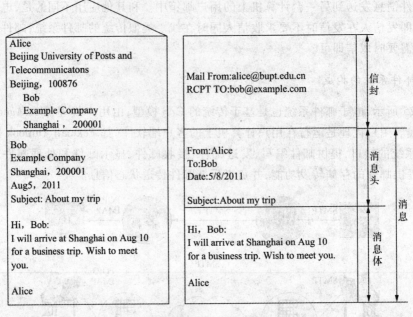

图 2-26 传统信件格式与 E-mail 格式对照

电子邮件的格式类似传统信件,包括信封和邮件消息两部分,如图 2-26 所示。信封部分包含邮件传输需要的信息,如收信人地址、发信人地址等,由 E-mail 应用程序从用户提供的邮件消息头里提取出来,用户看不到信封;邮件消息则由发信人填写和编辑,包括消息头和正文两部分,由空行分隔。

早期的 E-mail 应用只支持基于 ASCII 字符集的文本邮件,电子邮件的基本格式在 RFC5322 中定义。图 2-27 是一封典型的 ASCII 文本邮件示例。

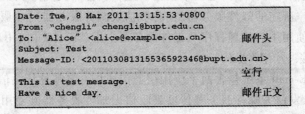

图 2-27 基于 ASCII 字符集的文本邮件示例

RFC5322 定义的消息头包含很多字段,每个字段占一行,主要的消息头字段见表 2-11。

表 2-11 常用的消息头字段

消息头字段分类	字段	含义描述
发信人相关字段	From:	建立邮件的用户 E-mail 地址
	Sender:	发送邮件的用户 E-mail 地址
	Reply-to:	回邮地址
收信地址相关字段	To:	一个或多个收信人地址
	Cc:	抄送地址

消息头字段分类	字段	含义描述
收信地址相关字段	Bcc：	暗送地址
发信时间	Date：	邮件发送的日期和时间
标识字段	Message-Id：	邮件的唯一标识
	References：	其他相关标识
信息字段	Subject：	邮件摘要
	Keywords：	发信人设置的关键字
跟踪字段	Received：	邮件所经过的邮件服务器列表
	Retum-Path：	回邮路径

RFC5322 只定义了基于 ASCII 字符集的文本邮件,局限性很强,只支持英文等少数语言,不支持除了文本之外的其他数据类型。针对这个问题,Nathaniel Borenstein 和 Ned Freed 在 1991 年共同提出了多用途因特网邮件扩展(Multi-purpose Internet Mail Extension, MIME)建议,IETF 在 1993 年发布 MIME 标准草案,目前的标准文档是 RFC2045 和 RFC2046。MIME 对基本的消息头进行扩展,增加多种类型的消息头字段,从而增强对于多种语言的支持,允许邮件包含图像、音频、视频等多种数据类型,允许一个邮件包含不同的数据类型,并支持将二进制数据作为附件随邮件发送(详细内容参阅 http://www. networkworld. com/news/2011/020111-mime-internet-email. html? page = 1)。MIME 扩充的主要消息头字段如表 2-12 所示。

表 2-12　MIME 扩展的消息头字段

消息头字段	含义描述
MIME-Version：	标识 MIME 的版本
Content-Id：	邮件消息内容的唯一标识符
Content-Type：	邮件中的数据类型
Content-Transfer-Encoding：	邮件传输的编码方式
Content-Description：	关于邮件内容的英文描述

如表 2-12 所示,Content-Type 字段用于描述邮件中数据的类型,MIME 对这一字段进行扩充,定义子类型,以描述更丰富的数据类型。Content-Type 及子类型的定义如表 2-13 所示。

表 2-13　MIME 定义的 Content-Type 及子类型

类型	子类型	含义描述
Text	Plain	无格式文本
	Richtext	有简单格式的文本
Image	Gif	GIF 格式静态图像
	Jpeg	JPEG 格式静态图像
Audio	Basic	音频
Video	Mpeg	MPEG 格式视频

类型	子类型	含义描述
Application	octet-stream	字节序列
	Postscript	PostScript 文档
Message	RFC5322	RFC 5322 格式的消息
	Partial	部分消息（消息被拆分，以便于传输）
	External-body	访问外部数据的机制（访问方法、URL 等）
Multipart	Mixed	消息的多个独立部分按顺序组织在一起
	Alternative	相同消息的另一种格式
	Parallel	消息的多个部分必须同步
	Digest	每个部分都是完整的 RFC 5322 消息

以下是一个典型的 MIME 格式的邮件示例：

```
Date: Tue, 8 Mar 2011 17:10:37 +0800
From: "chengli" <chengli@ bupt.edu.cn>
To: "chengli" <chengli@ bupt.edu.cn>
Subject: MIME Message
Message-ID: <201103081710371330466@ ebupt.com>
X-mailer: Foxmail 6, 15, 201, 23 [cn]
Mime-Version: 1.0
Content-Type: multipart/mixed;
  boundary = "= = = = =001_Dragon736704835806_= = = = ="
This is a multi-part message in MIME format.
- - = = = = =001_Dragon736704835806_= = = = =
Content-Type: text/plain;
  charset = "gb2312"
Content-Transfer-Encoding: base64
1f3OxLK/t9ajutXiysfSu7j2TUINRc/7z6K1xMq + wP2how0K
- - = = = = =001_Dragon736704835806_= = = = =
Content-Type: application/octet-stream;
  name = "aliedit.exe"
Content-Transfer-Encoding: base64
Content-Disposition: attachment;
  filename = "aliedit.exe"
```

在邮件示例中，主要的消息头字段的含义如下：

- Mime-Version：1.0，说明 MIME 的版本是 1.0；
- Content-Type：multipart/mixed，说明邮件正文包含多个部分，按照顺序组织在一起；
- boundary = "= = = = =001_Dragon736704835806_= = = = ="，说明邮件正文各部分之间以 = = = = =001_Dragon736704835806_= = = = =分隔；
- Content-Type：text/plain；charset = "gb2312"，说明这部分的数据类型是无格式文本，采用

的字符集是 GB2312；

● Content-Transfer-Encoding：base64，说明传输的编码方式是 Base64[①]，下一行的 1f3OxLK/t9ajutXiysfSu7j2TUINRc/7z6K1xMq＋wP2how0K 即是经过 Base64 编码之后的正文；

● Content-Type：application/octet-stream；name＝"aliedit.exe"，说明这部分的数据类型是字节流格式的应用程序，并指出应用程序名；

● Content-Disposition：attachment；filename＝"aliedit.exe"，说明文件 aliedit.exe 应作为附件处理。

邮件示例在 Foxmail 中的显示如图 2-28 所示。

图 2-28　MIME 邮件示例

3. 邮件传输协议

在邮件传输的过程中，发信人用户代理和发信人邮件服务器之间、发信人邮件服务器和收信人邮件服务器之间通信所使用的协议都是简单邮件传输协议（Simple Mail Transfer Protocol，SMTP）（RFC2821）。SMTP 使用 C/S 模型。在发信人用户代理和发信人邮件服务器通信时，用户代理是 SMTP 客户，发信人邮件服务器是 SMTP 服务器；在发信人邮件服务器和收信人邮件服务器通信时，发信人邮件服务器则是 SMTP 客户，收信人邮件服务器是 SMTP 服务器。

由表 2-2 知，E-mail 应用要求可靠无差错的传输，因此 SMTP 使用 TCP 作为传输层协议，在邮件传输之前，SMTP 客户首先要建立到 SMTP 服务器的 TCP 连接。SMTP 服务器的访问端口是 25。

类似于 HTTP，SMTP 也采用基于 ASCII 文本的命令/应答（Command/Reply）消息。客户向服务器发送 SMTP 命令，而服务器则以状态码和解释短语作为应答。SMTP 的常用命令如表 2-14 所示。

表 2-14　SMTP 的常用命令

SMTP 命令	含　义
EHLO 或 HELO	通知发信人的邮件服务器域名
MAIL FROM	通知服务器写信人的邮件地址，并开始邮件事务（Mail Transaction）[②]
RCPT TO	通知收信人的地址
DATA	通知邮件正文开始
RSET	要求中止邮件事务
QUIT	要求关闭传输信道，即关闭 TCP 连接

SMTP 服务器收到命令后，将以状态码来应答，附带状态码的解释短语。状态码是一个 3 位十进制数，第一位表示命令成功/失败，第二位表示命令的类型（信息类、连接类等），第三位将类型相同的状态码进一步划分。常用的状态码如表 2-15 所示。

---

① Base64：一种常用的编码方式，将数据 6 位分为一组，映射成一个 8 位 ASCII 字符。http://www. motobit. com/util/base64-decoder-encoder. asp 提供了一个在线 Base64 编码/解码器。

② 邮件事务可以理解为传输一个邮件（包括消息头和正文）的过程，SMTP 服务器收到 MAIL FROM 命令时，邮件事务开始；接收到 RSET 命令或新的 EHLO 命令时，SMTP 服务器中止当前的邮件事务。

表 2-15　SMTP 应答的状态码

状态码	短语解释	含义描述
220	Service Ready	可以提供邮件服务
221	Bye	服务器端结束传输,关闭 TCP 连接
421	Service unavailable, closing transmission channel	服务不可用,服务器端关闭 TCP 连接
250	OK	命令成功执行
450	Requested mail action not taken; mailbox unavailable	由于临时故障(如服务器繁忙),邮箱不可用,命令执行失败①
550	Requested mail action not taken; mailbox unavailable	由于地址错误、权限不足等原因,邮箱不可用,命令执行失败
354	Start mail input; end with < CRLF > . < CRLF >	通知客户端开始发送邮件,以只包含".”的一行作为结束

SMTP 的一个命令/应答以回车符(< CR >)和换行符(< LF >)结束,不区分大小写。邮件消息数据可以分成多段传输,只包含英文字符".”的一行(即字符序列" < CR > < LF > . < CR > < LF > ”)表示结束。图 2-29 给出了发送邮件过程中 SMTP 客户和 SMTP 服务器交互的示例。其中,状态码的含义必须遵守 SMTP 规范,但之后的英文短语解释可以由邮件服务器程序自行设置。

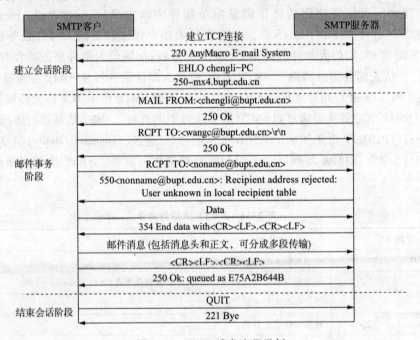

图 2-29　SMTP 消息流程示例

SMTP 本身只支持传输 ASCII 文本邮件,对于其他语言、包含其他类型数据的邮件,则根据 MIME 规范,在邮件消息头增加数据编码、传输方式等相关字段说明,由客户和服务器双方协商处理。

4. 邮件访问协议

SMTP 用于传输邮件,即将邮件消息从发信人的计算机传输到收信人邮件服务器的邮箱中。

---

① 状态码的第一位为 4 表示问题是临时的,可以通过重发解决;第一位为 5 则表示命令失败是持续的,该问题不能通过重发来解决。

收信人通过 UA 访问邮件服务器,下载到本地计算机则要遵循邮件访问协议。目前,常用的邮件访问协议是 POP3 和 IMAP。

1) POP3

邮局协议(Post Office Protocol,POP)为用户提供从远程服务器下载、删除邮件等基本功能。1984 年,IETF 发布 POP 规范版本 1。之后经过数次修改,目前在因特网上普遍应用的是在 RFC1039 中定义的版本 3:POP3。类似于 SMTP,POP3 也采用 C/S 模型,使用 TCP 传输数据,邮件服务器的访问端口是 110。POP3 使用的也是基于 ASCII 文本的命令/应答消息。UA 作为客户端,首先建立到邮件服务器的 TCP 连接,然后发送 POP3 命令,服务器端则返回应答消息。主要的 POP3 命令如表 2-16 所示。POP3 应答消息则包含命令执行状态提示符和 ASCII 文本信息两部分,其中状态提示符"+OK"表示命令执行成功,"-ERR"则表示命令执行失败。

表 2-16 常用的 POP3 命令

POP3 命令	含义描述
USER	指定用户名
PASS	指定访问密码
STAT	查询邮箱状态,服务器返回邮件个数和邮件总长度
LIST	查询邮件列表,服务器返回每个邮件的长度
RETR	下载邮件,参数为邮件在列表中的编号
DELE	将邮件标记为"可删除",收到"QUIT"命令之后,服务器从邮箱中删除被标记的邮件
RSET	取消"可删除"标记
QUIT	请求服务器删除被标记的邮件,并结束会话

图 2-30 描述了使用 POP3 从邮箱下载邮件的消息流程,其中的状态提示符"+OK"之后的英文短语解释由邮件服务器程序自行设置,没有统一的规范。

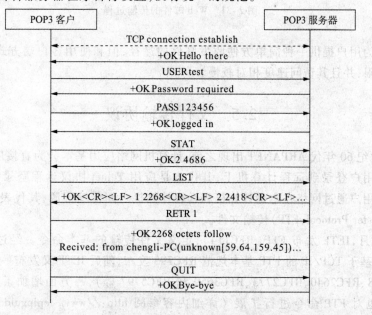

图 2-30 POP3 的消息流程示例

2) IMAP

POP3 提供的功能有限,只支持简单的邮件下载和删除功能,且用户在邮件服务器上的邮箱只有一个文件夹,保存所有收到的邮件。另一个广泛应用的邮件访问协议 IMAP 则提供了更强的邮件处理和邮箱管理功能。1986 年,Mark Crispin 设计了 IMAP,目前最新的版本是 IMAP4(RFC3501)。IMAP 除了和 POP3 相同的基本功能之外,还具有以下功能:

- 在服务器的用户邮箱中建立多个文件夹,提供类似本地的目录和文件管理功能;
- 在服务器上阅读邮件;
- 只下载部分邮件,更适合低带宽的手机用户;
- 在邮箱中搜索满足条件(如特定日期、关键字)的邮件;
- 在邮箱中追加新的邮件。

POP3 允许用户选择下载邮件时在服务器上保留副本,但其默认的设置是下载时从服务器上删除邮件;IMAP 的默认设置是将邮件保存在服务器上,因而为经常需要从不同终端访问邮件的用户,或者出差在外的用户提供更好的支持。IMAP 提供更灵活的邮件访问和管理功能,但操作主要在服务器上进行,增加了服务器的开销,因此很多 ISP 不愿意支持该协议。

3) Web 邮件

由于浏览器使用方便、应用广泛,因此很多网络应用都提供基于浏览器的访问方式。对于 E-mail 应用,用户同样也可以使用浏览器访问邮件服务器,称为 Web 邮件(Web Mail)。在这种情况下,用户无须运行 E-mail 客户端程序,可以通过浏览器使用 HTTP 与邮件服务器进行交互,实现邮件的编辑、发送、接收、阅读和其他邮件处理功能。要注意的是,在邮件服务器之间传输邮件时使用的仍然是 SMTP,如图 2-31 所示。

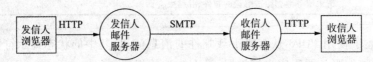

图 2-31 Web 邮件的传输过程

Web 邮件为用户提供一种简单方便收发邮件的途径,但和使用客户端方式相比,Web 邮件的功能特性有限,并且其访问速度相对较慢。

2.5 文件传输协议

早在 20 世纪 60 年代 ARPANET 出现之前,计算机网络应用基本分为直接应用和间接应用。直接应用是让用户登录到远程计算机上,其代表是应用 Telnet 协议远程登录(Remote Login)。间接应用是让用户通过网络在本地计算机和远程计算机之间传输资源,其代表是应用文件传输协议(File Transfer Protocol,FTP)传输文件。

1971 年 4 月,IETF 发布 FTP(RFC114),定义文件传输的基本命令。经过数次改动之后,1985 年 10 月,基于 TCP/IP 的 FTP 基本规范 RFC795 发布,随后 IETF 又发布一些 FTP 扩展规范(包括 RFC2228、RFC2640、RFC2773、RFC3659 和 RFC5797 等),一方面增加了与安全相关的特性,另一方面也对 FTP 命令进行扩展(详细内容参阅 http://www.tcpipguide.com/free/t_FT-POverviewHistoryandStandards.htm)。

1. FTP 的操作模型

FTP 的基本功能是允许用户从远程计算机上下载文件,或者上传文件到远程计算机,同时还提供类似本地目录操作和文件操作的功能,如目录和文件的复制、删除、重命名等。FTP 采用 C/S 模型。用户在客户端,远程计算机是服务器端。FTP 需要可靠的传输服务,在文件传输之前,客户端要首先建立到服务器的 TCP 连接,服务器端的开放端口号为 21。FTP 的操作模型定义了FTP 的基本概念和整体操作过程,如图 2-32 所示。

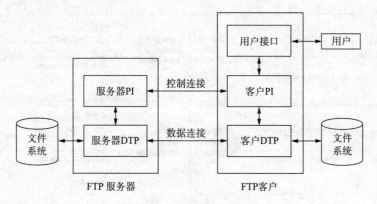

图 2-32　FTP 的操作模型

图 2-32 中的用户接口向客户端用户提供访问 FTP 应用的方式,即使用 FTP 用户命令访问远程计算机,主要的用户命令如表 2-17 所示。

表 2-17　主要的用户命令

FTP 用户命令	命令参数	含义描述
ftp	远程主机域名	连接到远程主机
user	用户名,密码	登录到远程主机
get	远程文件名,本地文件名	下载文件
put	本地文件名,远程文件名	上传文件
dir		显示当前目录
ls		显示当前目录中的子目录和文件
delete	文件名/目录名	删除文件
rename	文件名	文件重命名
quit	无	拆除与远程主机的连接,退出 FTP 会话

在图 2-32 中,FTP 服务器和客户都包含下列两个组成部分:

● 协议解释器(Protocol Interpreter,PI),客户端 PI 和服务器端 PI 之间建立控制连接,交互FTP 命令/响应,完成对于远程主机文件的访问操作。

● 数据传输进程(Data Transfer Process,DTP),该进程的任务是控制和管理数据连接;DTP受控于 PI,在需要传输文件数据时,PI 调用 DTP 建立数据连接。

2. 数据连接和控制连接

FTP 最显著的特性是其数据传输需要建立专门的 TCP 连接,因此一次 FTP 会话[①]可能包括两个连接:控制连接用于传输 FTP 命令和响应,而数据连接则用于传输文件数据。FTP 的控制连接是持久的,在整个 FTP 会话期间始终保持;数据连接则是临时的,一次数据传输(如一个文件传输)结束后,数据连接即拆除。当再需要传输数据时,则再次建立数据连接。用户从 FTP 服务器上下载一个文件的操作过程如图 2-33 所描述。

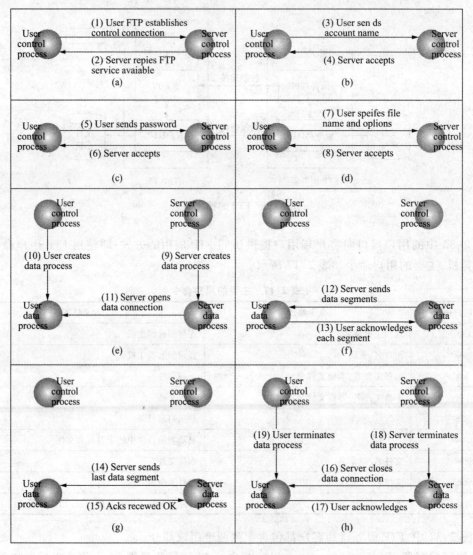

图 2-33　FTP 的操作过程示例

- 用户 PI 发起建立到服务器 PI 的控制连接。

---

① FTP 会话(Session):从 FTP 客户连接到 FTP 服务器开始,到用户发送 quit 命令拆除与服务器的连接为止的整个通信过程称为一次 FTP 会话。

- 在控制连接上,用户 PI 发送 FTP 命令,服务器 PI 返回相应的响应。
- 如果用户通过用户接口要求下载文件,则用户 PI 和服务器 PI 分别创建新的进程:用户 DTP 和服务器 DTP,用户 DTP 和服务器 DTP 之间建立数据连接,在此连接上服务器 DTP 将文件数据传输给用户 DTP;传输完毕后数据连接拆除,服务器 DTP 和用户 DTP 终止。
- 用户发送 quit 命令给用户 PI,用户 PI 拆除与服务器 PI 的控制连接,FTP 会话结束。

FTP 的数据连接分为主动数据连接与被动数据连接两类。由服务器 DTP 发起建立到用户 DTP 的数据连接称为主动(Active)连接,在建立连接之前,用户 PI 需要发送命令给服务器 PI,告知客户端开放的连接端口号,而服务器端的连接端口号是 20,图 2-33 采用的即是主动连接;相反,由用户 DTP 发起到服务器 DTP 的数据连接称为被动(Passive)连接,此时服务器 DTP 会在响应消息中携带其连接端口号。由于服务器端更容易实现安全措施,被动连接的安全程度优于主动连接。

3. FTP 命令和响应

类似于 HTTP 和 SMTP,FTP 采用的也是基于 ASCII 文本的命令/响应消息。在 FTP 的控制连接上,用户 PI 向服务器 PI 发送 FTP 命令,要求进行文件/目录操作;服务器 PI 则返回相应的响应状态码和英文短语解释。主要的 FTP 命令如表 2-18 所示,表 2-19 则列举了常用的响应状态码。

表 2-18 主要的 FTP 命令

FTP 命令	功　能
USER	发送用户名
PASS	发送用户密码
PORT	客户端用于建立数据连接的端口号
PASV	要求采用被动数据连接
LIST 或 NLST	显示当前目录列表
RETR	下载文件
STOR	上传文件
CWD	改变当前工作目录
MKD	建立新目录
RMD	删除目录
DELE	删除文件
QUIT	要求服务器拆除控制连接,结束 FTP 会话

表 2-19 常用的 FTP 响应状态码

状态码	含义描述
125	数据连接已经建立,数据传输开始
150	文件状态正常,准备建立数据连接
220	控制连接已经建立,服务器准备好
221	控制连接已经拆除
226	请求的操作成功,关闭数据连接

状态码	含义描述
230	用户已经登录
250	文件数据传输操作成功
257	目录建立成功
331	用户名正确,要求提供密码
425	数据连接建立失败
450	请求的操作失败,文件不可用(如文件系统繁忙);状态码以 4 开头表示发生临时故障,重试后可能成功
500	命令不能识别
550	请求的操作失败,文件不可用(如文件没有找到、用户没有访问权限等);状态码以 5 开头表示永久故障,不能通过重试解决问题

图 2-34 描述一个典型的 FTP 会话的消息流程,用户登录到 FTP 服务器,显示当前目录并下载了一个文件。一个数据连接只进行一次文件传输,在收到显示目录的命令(LIST)时,服务器和客户之间建立一个数据连接,用于传输目录列表数据,传输完毕之后该数据连接关闭;在收到下载文件的命令(RETR)时,服务器和客户之间再次建立数据连接,文件传输结束后,数据连接关闭。

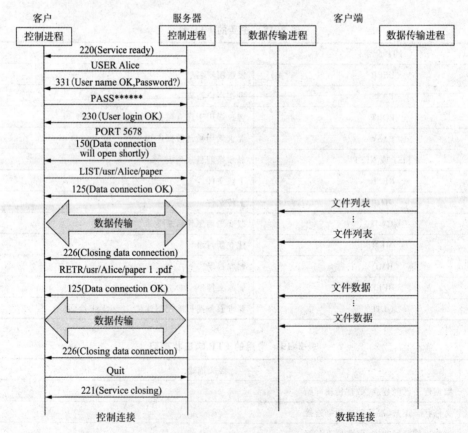

图 2-34　FTP 消息流程示例

为保证文件系统的安全,传统的 FTP 访问要求用户提供用户名和密码进行身份认证,因此只有合法的注册用户才能访问。为了方便用户访问,FTP 提供匿名(Anonymous)FTP 的访问方式,此时,用户无须事先注册,以 anonymous 为用户名,以其 E-mail 地址为密码,就可以访问 FTP 服务器。匿名访问通常只能下载文件,不允许上传文件、建立目录等操作。

除了使用专门的 FTP 客户端程序(如 CuteFTP)访问 FTP 服务器,浏览器也可以提供 FTP 的客户端功能,此时在 URL 中,应注明协议名为 ftp,如 ftp://byr.edu.cn。使用 HTTP 也可以下载文件,但只能提供下载功能。而且在传输大量数据(下载大文件或者多个小文件)的情况下,使用 FTP 的下载速度快于 HTTP。

2.6 终端仿真协议

早在计算机网络出现之前,人们已经开始使用终端远程连接到计算机上进行操作。终端只具有输入部分(如键盘)和输出部分(如显示器),而没有 CPU 和存储设备。终端不能单独工作,必须连接到计算机(即主机)上。用户在终端键盘输入的指令需要传输到主机,主机处理后将结果返回到终端的显示器上呈现给用户。在 ARPANET 出现之后,一台计算机可以仿真成终端,通过网络连接到远程另一台计算机上进行操作,这种应用称为远程登录(Remote Login)。目前,远程登录依然是对于重要的小型计算机(如银行、电信系统的服务器)进行维护操作的一种主要方式。远程登录所使用的应用层协议称为 Telnt(终端仿真协议)。此外,目前应用很广泛的 BBS(Bulletin Board System)系统也使用 Telnet 协议。

Telnet 协议采用 C/S 模型,Telnet 客户发送 Telnet 命令给 Telnet 服务器,服务器执行命令后将处理结果返回给客户。由于 Telnet 要求数据传输可靠,因此使用 TCP 作为传输层协议,服务器端的开放端口号是 23。

1. NVT 概念

RFC854 定义了 Telnet 的基本规范。Telnet 提供两台计算机之间一种双向通用且面向字符的通信规程。就"通用"而言,一方面 Telnet 协议可以通过终端能力协商,实现任何两台计算机之间的通信;另一方面,使用基于 Telnet 协议的 Telnet 程序(包含在 TCP/IP 应用软件中),用户可以用命令行的方式与其他应用的服务器进行通信,如使用命令

c：> telnet mail. bupt. edu. cn 25

可以连接到域名为 mail. bupt. edu. cn 的邮件服务器,并使用 SMTP 命令与邮件服务器进行交互。

"双向"则是指 Telnet 客户与 Telnet 服务器之间的交互是双方的,任一端都可以发送命令。Telnet 的通信消息面向字符,即一条 Telnet 消息由数个八位字符组成,可包含命令字符、参数字符,也可以包含数据字符。

由于计算机产品的多样性,不同厂商生产的终端硬件能力、数据表示方式也不同(如采用不同的字符集),因此不能兼容。为了解决不同厂商产品的互通问题,Telnet 提出了网络虚拟终端(Network Virtual Terminal,NVT)的概念。NVT 是一种标准的通信格式,所有的计算机和终端设备都必须支持,即在通信时使用 NVT 格式,而在本地处理时使用其特定的格式,本地格式和 NVT 格式的转换在计算机/终端本地完成。由此,不同格式的计算机之间采用 NVT 格式通信的情形如图 2-35 所示。以 Telnet 客户发送一条消息为例,Telnet 客户负责将要发送的数据从终端本地

格式转换成 NVT 格式,然后传输到网络上;Telnet 服务器则将收到的 NVT 格式的数据转换成服务器本地格式,再交给系统处理。这种简单的 NVT 机制解决了异构系统互联的问题。

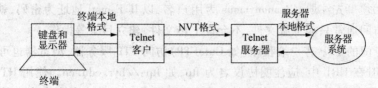

图 2-35　基于 NVT 的通信

NVT 采用八位字符,规定两类字符格式,数据字符最高位为 0,后 7 位采用标准的 ASCII 码;控制字符最高位为 1。主要的控制字符及其含义如表 2-20 所示。

表 2-20　主要的 NVT 控制字符

控制字符	十进制值	含义描述
IAC	255	解释字符,表示随后的字符是命令字符
DONT	254	要求对端不采用某个选项
DO	253	要求对端采用某个选项
WONT	252	本端不采用某个选项
WILL	251	本端采用某个选项
SB	250	开始子选项协商
EL	248	删除一行
EC	247	删除一个字符
SE	240	子选项协商结束

为了允许支持八位字符集(如中文字符集 GB2312),Telnet 定义了转义字符 IAC,用来表示随后的字符是命令字符,而不是数据字符。因此,Telnet 的一条控制命令中至少包含两个字符:第一个字符是 IAC,第二个字符开始是命令字符。例如,要求 Telnet 服务器删除一行的命令是:IAC EL。如果数据字符的值和 IAC 相同(也是 255),则用两个 IAC 表示。

2. 选项协商

在 Telnet 出现初期,终端能力有限,如显示器只支持单色(黑或白)、字符界面、ASCII 字符,随着计算机技术的发展,终端的能力越来越强,而且能力各异,可能支持不同的语言和不同的分辨率。为实现通用性,并保持向上兼容,Telnet 采用一种简单的能力协商机制,在数据传输之前,Telnet 客户和服务器通过交互选项协商命令,协商出双方公认的终端能力。常用的 Telnet 选项如表 2-21 所示。

表 2-21　常用的 Telnet 选项

选项	名 字	参考标准
0	Binary Transmission	RFC856
1	Echo	RFC857
3	Suppress Go Ahead	RFC858

选项	名　字	参考标准
5	Status	RFC859
6	Timing Mark	RFC860
10	Output Carriage-Return Disposition	RFC652
11	Output Horizontal Tab Stops	RFC653
12	Output Horizontal Tab Stop Disposition	RFC654
13	Output Formfeed Disposition	RFC655
14	Output Vertical Tabstops	RFC656
15	Output Vertical Tab Disposition	RFC657
16	Output Linefeed Disposition	RFC658
17	Extended ASCII	RFC698
24	Terminal Type	RFC1091
31	Negotiate About Window Size	RFC1073
32	Terminal Speed	RFC1079
33	Remote Flow Control	RFC1372
34	Linemode	RFC1184
37	Authentication	RFC1416

以下是一个选项协商的示例。

服务器发送的消息：

```
IAC DO Terminal-Type              服务器要求客户端告知终端类型
IAC SB Terminal-Type
IAC SE
IAC WILL ECHO                     服务器使用 ECHO,即将收到的数据字符
                                  回送给客户
IAC WILL Binary-transmission      服务器使用二进制传输
IAC DO Negotiate-about-window-size 服务器要求协商终端窗口大小
IAC DO Binary-transmission        服务器要求客户使用二进制传输
```

客户回应的消息：

```
IAC WILL Terminal-Type                    客户同意协商终端类型
IAC WILL Negotiate-about-window-size      客户同意协商终端窗口大小
IAC SB Terminal-Type "ANSI"               客户的终端类型为 ANSI
IAC SE
IAC DO ECHO                               客户要求服务器使用 ECHO
IAC DO Binary-transmission                客户要求服务器使用二进制传输
IAC WILL Binary-transmission              客户使用二进制传输
IAC SB Negotiate-about-window-size 80 25  客户的终端窗口大小为 25 行 80 列
IAC SE
```

2.7 应用层的安全隐患

应用层的程序都以守护进程的形式以 root 权限运行且代码较大,可能出现安全漏洞,漏洞被黑客利用就有可能取得系统控制权并攻入系统内部;同时它们都采取简单的身份认证方式,且信息以明文的方式在网络中传输,容易被黑客窃取以非法访问各种资源和数据,从而危及整个系统的安全。

1. DNS 的安全问题

DNS 是各种网络应用的支撑系统,一旦名字解析错误,则无法访问网络应用,因此 DNS 的安全尤为重要。DNS 协议本身并没有考虑安全,很容易受到攻击。主要的攻击包括:DNS 欺骗(Spoofing)、缓存毒化(Cache poisoning)、DOS(拒绝服务)、重放(Replay)攻击等。针对前两种攻击,DNSSEC(RFC 3090)是一种常用的改进策略,通过使用公共密钥和数字签名,对 DNS 请求/应答消息进行身份认证,从而能识别出攻击者提供错误的域名解析。

2. HTTP 的安全

HTTP 采用明文传输,其连接是无状态的,存在较大的安全隐患。为了解决 HTTP 的安全问题,Netscape 向 W3C 组织推荐了 HTTPS 标准。

HTTPS(HTTP Secure)(RFC 2818)将 HTTP 与 SSL(Secure Socket Layer)协议相结合,实现对 HTTP 消息的加密和对 Web 服务器/客户的身份认证,从而在不安全的网络上建立一条安全的通道,可以防止窃听和中间人攻击(Man-in-the-middle attack, MITM)。在使用代理服务器的情况下,SSL 数据(加密方式、认证信息等)封装在 HTTP 消息内,代理对于消息中的数据不作处理,直接转发。这种将一个协议数据封装在另一个协议内透明传输的方法称为隧道(Tunneling)。要建立 HTTP 隧道,客户端应向代理发送 CONNECT 方法的 HTTP 消息。

3. SMTP 的安全问题

SMTP 本身对安全考虑不足。首先,协议没有强制要求对发信人的身份进行认证,因此很容易伪造发信人发送恶意、欺诈邮件。扩展的 AUTH 命令可以将发信人的用户名和密码发送给服务器进行验证,但用户名和密码只是用 Base64 进行转换,传输时没有加密,很容易被窃取。同时,邮件数据也以明文进行传输。SSL 协议为 SMTP 提供了安全的传输通道,用户可以选择与 SMTP 服务器的 465 端口(而不是 25 端口)进程建立 TCP 连接,所有数据在加密后再进行传输。

4. POP3 的安全问题

类似于 SMTP,POP3 本身也没有考虑安全。由图 2-30 可知,用户名和密码都以明文传输。RFC5032 对 POP3 的身份认证机制进行扩展,采用简单认证和安全层(Simple Authentication and Security Layer, SASL)安全机制。

POP3 也可以使用 SSL 协议传输,此时用户需要与 POP3 服务器的 995 端口(而不是 110 端口)进程建立 TCP 连接,所有数据在加密后再进行传输。

5. FTP 的安全问题

基本的 FTP（RFC795）没有考虑安全问题，用户名、密码、命令和数据都采用明文传输。RFC2228 对于 FTP 的安全方面进行扩展，增加了安全措施协商、身份认证、加密传输相关的 FTP 命令。FTP 可以选择使用 SSL 建立安全的传输通道，即 FTPS（FTP over SSL）。

6. Telnet 的安全问题

在传统的 Telnet 协议中，所有数据都以明文传输，很容易被窃取。1995 年，芬兰学者 Tatu Ylönen 设计出 Telnet 的替代协议 SSH（Secure SHell）协议（SSH-1）。该协议要求对通信双方进行身份认证，并对所有数据加密。2006 年，SSH-2 发布，并成为 IETF 的标准。

2.8　本章小结

应用层是网络拓扑结构的最高层，为实现网络应用提供面向用户的通信协议。应用层通信的体系结构有 C/S 和 P2P 两种模型，传统应用采用的是 C/S 模型（如 WWW 应用、E-mail 应用、BBS 等），而 P2P 模型则主要用于文件共享和即时消息等应用。

DNS 向各种网络应用提供了将域名转换为 IP 地址的服务，因而又称为网络应用的支撑协议。除 DNS 之外，应用层没有通用的协议，每个网络应用均采用特定的应用层协议。

由于应用层面向用户，因此很多协议（如 HTTP、SMTP、POP3、FTP 等）采用基于 ACSII 文本的请求/应答消息，由客户端发送请求/命令，服务器端返回应答。协议的消息流程简单且易于理解。

随着网络应用的发展，传统应用逐渐增加，协议不断扩展，新的应用和协议也不断出现。在学习和研究应用层协议时，应注意协议采用的是集中式模型还是分布式模型，协议要求可靠的数据传输还是方便快捷的数据传输，协议的控制信息和数据信息是否在同一条连接上传输，连接是持久的还是临时的，协议是有状态的还是无状态的等。

2.9　思考与练习

2-1　试比较 C/S 和 P2P 的异同。

2-2　在 Internet 上如何标识相互通信的两个应用进程？

2-3　简述 DNS 的作用、服务的主要目和 DNS 服务器中资源记录的作用。

2-4　一台计算机是否可有两个属于不同的顶级域的 DNS 名字？如果可以，试举一例。如果不可以，试解释原因。

2-5　在访问一个网站时，若 DNS 服务器出故障不能工作，而用户知道该网站的 IP 地址，能否访问该网站？

2-6　比较 DNS 迭代解析过程和递归解析过程的特点。

2-7　给出一些可以用 URL 指定的协议的例子。

2-8　在 HTTP 中，持久连接和非持久连接有什么不同？

2-9　在 HTTP/1.1 规范中，客户机、服务器是否都能通知连接关闭？

2-10　简述 SMTP 的工作过程。

2-11　SMTP 中的 MailFrom：与邮件消息中的 From：之间有什么区别？

2-12　说明 MIME 如何处理新的特定文本格式或图像格式？

2-13　POP3 允许用户从一个远程邮箱获取和下载电子邮件。这是否意味着邮箱的内部格式必须标准化，使得客户方的 POP3 程序可以阅读服务器上的邮箱？给出答案并分析。

2-14　从一个 ISP 的观点看问题，POP3 和 IMAP 有一个重要的不同点。一般而言，POP3 用户每天都腾空其邮箱，IMAP 用户则可以无限期地保存其邮件于服务器上。假定用户在建议 ISP 支持某一个协议时会考虑哪些因素？

2-15　Webmail 使用 POP3 还是 IMAP？还是两者都不用？若回答"使用二者之中的一个"，试说明理由。若回答"两者都不用"，试说明两者哪个比较接近。

2-16　FTP 支持 ASCII 和 Binary 两种类型的文件，在两个不同的系统之间使用 FTP 传送一个声音文件，应该为这个文件传送指定什么样的文件类型？

2-17　简述 FTP 的主要工作过程，FTP 的主动数据连接与被动数据连接各起什么作用？

2-18　简述 Telnet 引入 NVT 的主要作用和功能。

2.10　实　　践

1. DNS

使用 Wireshark 抓取 DNS 报文，能够依照相应的报文标准结构读懂实际抓包软件中抓取的数据包，从而深刻理解报文如何在网络中传输。

(1)可以自由选择一个网站在浏览器中输入后抓取数据包，然后对照标准报文结构进行分析。

(2)搜集至少 3 个网站的不同域名和地址。例如，www. baidu. com 的另一个域名为 www. a. shifen. com，其解析后的地址为 119.75.217.109。

2. HTTP

使用 Wireshark 抓取 HTTP 报文，能够依照相应的报文标准结构读懂实际抓包软件中抓取的数据包，从而深刻理解报文如何在网络中传输。

(1)要求在百度搜索框中输入姓名＋学号作为提交表单的内容（如张三＋20090113289）。然后在 Wireshark 中抓取数据包分析 HTTP 报文的结构和内容。

(2)尝试抓取 HTTPS 加密信道上的提交表单内容，如邮箱登录就是加密信道提交表单登录。有兴趣的同学可以了解下 HTTPS 的原理和其使用的加密算法，可以尝试从网上下载相应的解密算法和数据字典然后进行暴力破解，看是否能对 HTTPS 进行攻击。

3. SMTP

使用 Wireshark 抓取 SMTP 报文，能够依照相应的报文标准结构读懂实际抓包软件中抓取的数据，从而深刻理解报文如何在网络中传输。

(1)可以通过登录邮箱，然后在 Wireshark 中抓取数据包分析 SMTP 报文协议的内容和格式。

(2)输入不同的 SMTP 命令，抓取不同命令对应的报文，对比相应的标准结构，理解报文格式。具体命令在指导手册中已经列出。

（3）尝试在 CMD 命令行没有图形化界面的条件下使用 Telnet 远程连接，使用 SMTP 服务给对方发送邮件。指导报告中有本实验的范例。

4. POP3

使用 Wireshark 抓取 POP 报文，能够依照相应的报文标准结构读懂实际抓包软件中抓取的数据，从而深刻理解报文如何在网络中传输。

（1）抓取登录邮箱的 POP3，分析报文。

（2）输入不同的 POP3 命令，抓取不同命令对应的报文，对比相应的标准结构，理解报文格式。

（3）通过在 CMD 命令行下使用非图形化界面，通过 POP3 服务管理查看邮箱的统计信息。

第 3 章　传　输　层

传输层(Transport Layer)是整个网络体系结构中的关键层次之一,为一个对话或连接提供可靠的传输服务,在单一网络连接上实现该连接的复用,提供端到端的序号与流量控制、差错控制及恢复等服务,使系统间高层资源共享不必考虑数据通信方面和不可靠数据传输方面的问题。

传输层通过用户数据报协议(UDP)和传输控制协议(TCP)为应用层提供无连接服务和面向连接服务。本章从传输层的功能与服务出发,首先介绍实现可靠传输的原理,随后介绍传输层协议 UDP 和 TCP。传输层重点解决可靠服务的实现、流量控制、拥塞控制等问题。

3.1　传输层的功能及服务

从网络体系结构的角度来看,应用层和传输层位于高层,面向应用进程,提供进程与进程之间的可靠通信。针对性能各异的网络服务,传输层的目的是弥补不同网络层服务的差距,向应用层提供统一的数据传输服务。因此,传输层实现的复杂度取决于网络层服务的性能。如果网络层提供可靠的服务,传输层的实现比较容易;反之,如果网络层提供的服务不可靠,传输层就必须增强可靠的数据传输功能,实现相对复杂。

应用层协议不关注两个主机的应用进程之间数据传输的实现,进程之间的可靠通信由传输层实现,因此要求传输层提供下列主要功能:

- 保证来自发送进程的应用层消息可靠地到达接收进程,消息不会改变也不会丢失;
- 接收进程收到的消息顺序应该和发送方发送的顺序一致;
- 对于发送进程发送的一个消息,接收进程应收到且仅收到一次;
- 不应限制消息的长度;
- 发送进程和接收进程之间应保持消息的同步;
- 应允许接收进程控制发送进程的发送速率,同时实现流量控制;
- 应允许每台主机同时运行多个网络应用进程。

可见,传输层应提供可靠的面向连接的服务(Connection Oriented Service),如 Internet 的传输层协议 TCP(Transmission Control Protocol)实现可靠的数据传输、流量控制、拥塞控制等功能。但是,相对于数据传输的可靠性,有的网络应用更注重传输的实时性,如语音通信应用。因此,传输层也提供简单快捷的无连接服务(Connectionless Service),由 Internet 的 UDP(User Datagram Protocol)实现。

传输层提供的一个最基本功能是允许每台主机同时运行多个网络应用进程,即允许多个应用进程同时传输消息,换言之,在一个主机 - 网络的连接(更确切地说,主机 - 网络接口)上传输多个应用层进程的消息,这种功能称为"多路复用"(Multiplexing)。在源主机,传输层实体将来自多个应用进程的消息进行复用,即增加发送进程和接收进程的标识,然后交给网络层;在目的主机,传输层实体须将从网络层接收到的消息进行解复用,根据消息携带的接收进程的标识将消息交付对应的应用层进程。众所周知,操作系统为每个进程分配一个唯一的进程标识 PID,并以 PID 调度和执行进程。因特网的传输层则使用了一个抽象的 16 位数字地址——端口号(Port

Number)作为发送进程和接收进程的标识。如图 3-1 所示，主机 A 有浏览器和 BBS 等三个网络应用进程在运行，主机 B 则运行着对应的服务器端进程。主机 A 的传输层（以 TCP 为例）收到来自浏览器的 HTTP 消息，则在 HTTP 消息前面（即 TCP 的报文段头部）加上源进程端口号（12345）和目的进程端口号（80），然后交给网络层。网络层通过路由选择和数据转发，将数据传送给 B 主机的传输层。根据 TCP 头部携带的目的端口地址（80），B 主机的传输层实体将 HTTP消息交给 Web 服务器进程处理。

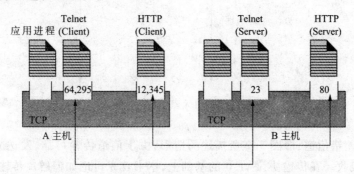

图 3-1　传输层的复用示例

　　端口号的分配有下列两种情形：为方便客户端应用进程的消息顺利交付给对应的服务器进程，服务器端应使用由 IANA 规定的标准端口号（RFC1700），称为公认端口或熟知端口（Well-known Port Numbers），例如 Web 服务器进程的熟知端口号为 80。熟知端口号值的范围一般是[0,1023]。在客户端，则通常采用由本地操作系统分配的临时端口号，称为短暂端口（Ephemeral Port Numbers），其值一般较大，通常在 5000 以上。常用的熟知端口号参见 3.3 节和 3.4 节。

3.2　可靠数据传输的原理

　　传输层的核心功能是实现可靠的数据传输[①]。可靠的数据传输服务应包括下列特性：
- 数据在传输过程中不会改变，接收方收到的数据与发送方发出的数据完全相同。
- 数据在传输过程中不会丢失，数据丢失可能有两方面原因：一是由于网络或信道不可靠而导致接收方无法收到数据；另一个原因是由于接收方的处理速率远低于发送方的发送速率，造成接收方暂存数据包的缓存溢出，因而导致新到的数据包被接收方丢弃。
- 数据不会重复，源主机发送一个数据包，目的主机仅收到一个数据包，不会收到相同的多个数据包。
- 数据不会失序，接收方收到的数据顺序与发送方的发出顺序完全一致。

　　如果网络层提供可靠的传输服务，传输层则不用考虑可靠问题。以两台主机的通信为例，其通信情形如图 3-2 所示，发送方连续地发送，接收方连续地接收。

　　在实际的网络中，通信常常不可靠，数据在传输中可能出现传输差错、数据丢失、数据重复和数据失序等错误。针对这些问题，本节按照协议的演进思路，逐一讨论解决方案。最基础的传输

---

①　数据链路层协议也提供可靠的数据传输，但与传输层的环境不同。传输层提供的是两台主机之间的端到端的可靠传输；数据链路层提供的则是相邻两个设备（主机－路由器、路由器－路由器、主机－主机）之间的可靠传输。两者实现可靠传输的原理类似，本节以两台主机之间的通信情形进行描述。将通信的双方统一称为发送方和接收方。

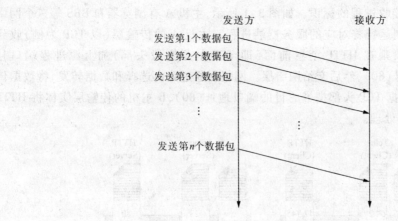

图 3-2 信道无差错的传输情形

协议 v1.0 基于无差错信道,即图 3-2 所描述的情形,由于信道传输可靠,发送方可以连续发送,接收方可以连续接收。在传输协议 v1.0 的基础上,本书首先讨论如何解决传输差错问题。

1. 差错控制和 ARQ 机制

解决数据传输中的差错问题通常称为差错控制,分为两个步骤:差错检测和差错纠正。差错检测的目的是发现传输中出现差错,普遍使用的检测方法是由发送方在数据包中增加校验信息,接收方根据校验信息进行计算,由计算结果判断传输是否出现差错。在检测到差错后,差错纠正则有下列两种方法:

- 发送方重传出错的数据包,传输层使用这种纠正方法;
- 接收方直接纠错,即数据包中包含的校验信息足够多,根据这些信息不但能发现错误,而且能够发现哪些位出错,因此接收方可以直接更正。这种直接纠错的方法在物理层和数据链路层有所应用,如汉明码(Hamming Code)可以直接纠正一位传输差错。

1)差错校验方法

传输层协议通常采用的是通过校验和(Checksum)信息检查传输差错的方法。数据包中包含 n 位的校验和字段。发送方计算校验和的方法如下:

- 发送方首先将校验和字段的值设为全 0;
- 然后将整个数据包分成 n 位一组的多个部分,最后一部分如果不够 n 位,则以全 0 补齐;
- 各部分按二进制加法累加,如果最高位有进位,则累加到和的最低位上;
- 将累加和取反码的值填入校验和字段。

接收方收到数据包后,按照下列方法进行差错校验:

- 将整个数据包分成 n 位一组的多个部分,最后一部分如果不够 n 位,则以全 0 补齐;
- 各部分按二进制加法累加,如果最高位有进位,则累加到和的最低位上;
- 如果最终的累加和为全 0,则认为数据包传输正确,否则即判定传输出现差错。

因特网的传输层协议和网络层协议均采用上述差错校验方法。

差错检测的另一种常用方法是循环冗余码(CRC)校验,这种方法在数据链路层广泛采用。和 CRC 相比,校验和方法较简单,且易于用软件实现,但检错能力相对较弱。校验和方法可以检测出长度小于 16 位的全部突发错误。所谓"突发错误"指的是连续的多位数据(即一组数据)中有两位以上发生错误。对于均匀分布(Uniform Distribution)的数据,在发生其他类型的错误时,校验和方法检测失败的概率是 $1/2^{16}$。

2）ARQ 机制

接收方在发现传输差错之后，最常用的差错纠正方法是通知发送方重新传送数据，这种方法称为自动重传请求（Automatic Repeat Request，ARQ）[①]。基本的 ARQ 机制的要点是：

- 发送方在数据包中增加校验信息，然后发送数据包；
- 接收方收到数据包之后根据校验信息进行检查，如果没有传输差错，则向发送方发送确认信息 ACK，否则发送否认信息 NAK；
- 发送方收到 ACK，则继续发送下一个数据包；
- 发送方收到 NAK，则重传数据包。

本书将支持基本的 ARQ 机制的协议称为传输协议 v2.0，图 3-3 描述此协议的操作过程。

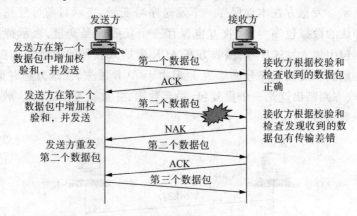

图 3-3　传输协议 v2.0 的操作过程

在上述协议中，发送方在发送完一个数据包之后必须停止发送，等待收到接收方的 ACK 之后才能继续发送下一个数据包，因此这种协议也称为停止 - 等待（Stop-and-Wait）协议。

3）数据丢失处理

信道传输差错可能导致数据包丢失，网络节点/主机缓存不足可能导致数据包丢弃，这两种情况都导致接收方无法收到发送方发送的数据包，因此统称为数据丢失问题。数据丢失又分为发送方发送的数据包丢失和接收方发送的反馈信息（ACK 和 NAK）丢失两种情形。对于传输协议 v2.0，在数据丢失时，由于发送方和接收方都在等待对方的信息而处于阻塞状态，这会导致通信中断。为解决此问题，传输协议 v2.1 在发送方增加了超时重传机制。发送方首先预设一个超时时间，发送方每发送完一个数据包之后启动一个定时器，如果超时时间到达时仍没有收到 ACK，发送方重新发送数据包。此协议的操作过

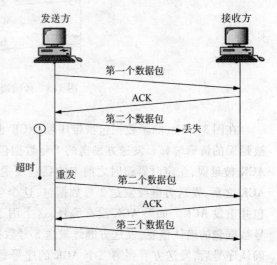

图 3-4　传输协议 v2.1 的操作过程

---

① ARQ 机制既在传输层采用，也在数据链路层采用。

程如图 3-4 所示。

由传输协议 v2.0 和 v2.1 可知,解决数据包传输差错和数据包丢失的策略都是重传。因此,在一些实际应用的协议(如 TCP)中,为简化协议的实现,在通过校验信息发现传输差错时,接收方不回复 NAK,而是由发送方超时重发出错的数据包。

4) 数据重复处理

超时重传机制解决了数据包丢失的问题,但在 ACK 丢失时,使用传输协议 v2.1 则出现故障。ACK 丢失说明接收方已经成功收到数据包,但发送方仍然在定时器超时后重发数据包,这会导致接收方收到重复的数据包。由此,需要一个机制让接收方能够判断出重复的数据包。传输协议 v2.2 采用序号机制解决这个问题,即发送方在数据包中增加一个序号,接收方根据收到的数据包中的序号可以判断出这是新的数据包还是已经收到过的重复包。传输协议 v2.2 的操作过程如图 3-5 所示。发送方在本地保存一个发送序号变量,表示目前可发送的数据包序号或者已发送但未经确认的数据包序号;接收方也保存一个接收序号变量,表示待接收的数据包序号。发送方在数据包中填入发送序号,接收方在 ACK 中填入收到的包序号。在图 3-5 中,接收方收到序号为 2 的数据包后接收序号递增为 3,但由于 ACK 丢失,发送方超时重发 2 号数据包。根据包的序号,接收方判断出这是一个重复包,丢弃数据,并重新发送 ACK。收到 ACK 后,发送方继续发送下一个数据包。

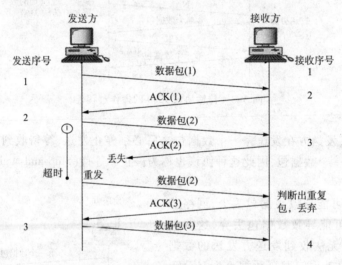

图 3-5　传输协议 v2.2 的操作过程

在图 3-5 中,除了数据包携带序号,ACK 也包含序号,其要性这可以通过图 3-6 示例的 ACK 被延误的情形解释。发送方发送的 1 号数据包,接收方正确收到;但因为处理时间较长等原因,ACK 被延误,在定时器超时之前未能到达发送方,因此发送方重发 1 号数据包。收到被延误的 ACK 之后,发送方继续发送 2 号数据包,这个包在传输中丢失;在接收方,丢弃重复的 1 号数据包并重发 ACK。如果 ACK 没有编号,这个用于确认 1 号数据包的 ACK 被发送方误判为是对 2 号数据包的确认信息,发送方继续发送 3 号数据包,2 号数据包丢失的问题无法解决。ACK 增加确认序号后,发送方看到第二个 ACK 的序号是 2,可以判断出 2 号数据包传输出现问题,即重发该包,而不是继续发送 3 号数据包,由此可以保证协议继续正确操作。

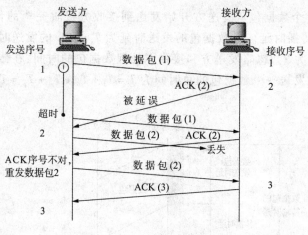

图 3-6　ACK 被延误的情形

2. 停止 – 等待 ARQ 协议

在传输协议 v2.2 中,发送方在发送完一个数据包之后停下来等待接收方的 ACK,收到 ACK 之后才能继续发送下一个数据包。这种一次只发送一个数据包的协议称为停止 – 等待协议(简称为"停等"协议)。在停止 – 等待协议中,接收方在判断重复数据包时,只需和上一个收到的数据包进行比较,因此序号最少采用 1 位就可以区分(即相邻两个数据包的序号分别是二进制 0 和 1)。按照惯例,ACK 携带的序号通常定义为待接收的下一个数据包的序号,而不是已经收到的数据包序号。传输协议 v3.0 描述一个完整的停止 – 等待 ARQ 协议,其操作过程如图 3-7 所示。在数据包出现传输差错时,接收方丢弃数据包,并可以有两个选择:向发送方回送 NAK,或者不发任何回复而等待发送方超时重发。大多数协议在默认情况下都采用由发送方超时重发的策略,NAK 则作为可选策略。

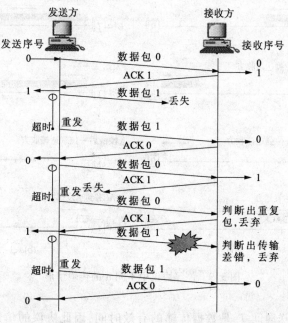

图 3-7　传输协议 v3.0——停止 – 等待协议的操作过程

由1.4.2可知,一个数据包从发送方开始发送到接收方接收完毕的传输时延主要由两部分组成:发送时延和传播时延。设数据包的发送时延为 T_t,ACK的发送时延为 T_a,发送方和接收方之间的传播时延为 T_p,忽略发送方和接收方处理数据包的时间,在传输无差错的情况下,采用停止 – 等待协议发送一个数据包的总时间为 $T = T_t + T_p + T_a + T_p = T_t + T_a + 2T_p$,如图3-8所示。

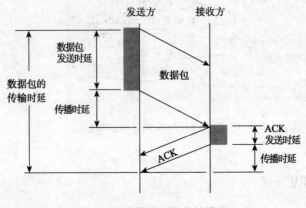

图3-8　停等协议的传输模型

由于 ACK 的长度通常比数据包的平均长度短很多(数据包的长度一般是 ACK 长度的数十倍),故在计算协议的性能时往往忽略 ACK 的发送时间,因此传输一个数据包的总时间大约是 $T = T_t + 2T_p$

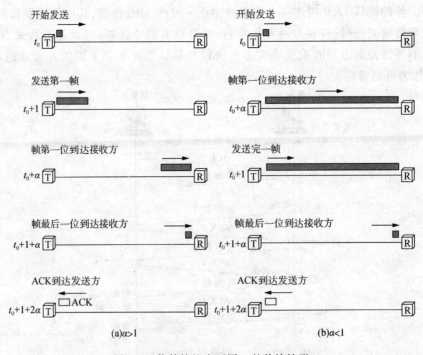

图3-9　停等协议中不同 α 的传输情形

在 T 时间段内,发送时间 T_t 是数据传输的有效时间,因此协议的信道利用率可以定义为发

送时延和传输时延的比值，即

$$U = \frac{T_t}{T} = \frac{T_t}{T_t + 2T_p} = \frac{1}{1 + 2\alpha}$$

其中，参数 $\alpha = T_p / T_t$，表示传播时延对于数据传输的影响，α 越大，信道利用率越低。图 3-9 将发送时延 T_t 归一化为 1，描述 $\alpha > 1$（即传播时延大于发送时延）和 $\alpha < 1$（传播时延小于发送时延）的数据传输情形。

3. Go-back-N ARQ 协议

在停止等待协议中，发送方一次只发送一个数据包就停下来等待，收到来自接收方的 ACK 之后才继续发送下一个数据包。对于传播时延相对比较长的信道，停等协议的信道利用率较低。例如，卫星信道的典型传播时延为 270ms，假设信道的数据率为 1Mbit/s，要发送一个 1000 字节长的数据包，信道的性能参数

$$\alpha = \frac{T_p}{T_t} = \frac{0.27}{(1000 \times 8)/10^6} = 33.75$$

此时的信道利用率

$$U = \frac{1}{1 + 2\alpha} = 0.015 \times 100\% = 1.5\%$$

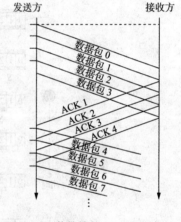

由此可知，停止等待协议的信道利用率非常低，对信道资源造成浪费。如果在等待 ACK 的时间内，允许发送方继续发送后续的数据包，则可提高信道利用率和收发双方的通信效率。这种允许发送方在收到 ACK 之前连续发送多个数据包的协议称为连续 ARQ 协议（或流水线协议），本书以传输协议 v4.0 为代表，该协议的操作过程示例如图 3-10 所示。

在图 3-10 的示例中，发送方在收到对数据包 0 的 ACK 之前，可以连续再发送 3 个数据包，即在一个数据包的传输时延 T 时间间隔内，发送方共发送 4 个数据包。此时，信道的利用率为

$$U = \frac{4T_t}{T} = \frac{4}{1 + 2\alpha} = 0.06 \times 100\% = 6\%$$

图 3-10 传输协议 v4.0——连续 ARQ 协议的操作过程

由此可见，采用连续发送数据包的流水线协议可以显著提高信道利用率。

在连续 ARQ 协议中，为减小序号的开销，一般循环使用固定长度的序号。例如，使用 n 位序号时，序号的范围是 $[0, 2^n - 1]$，在序号为 $2^n - 1$ 的数据包之后的下一个数据包的序号是 0。

在传输协议 v4.0 中，数据包传输一旦出现错误（如数据差错、数据丢失等），发送方需重传出错的数据包，因此发送方必须缓存已经发送但尚未确认的多个数据包。这种缓存机制称为滑动窗口（Sliding Windows）。如图 3-11 所示，发送方维护一个发送窗口，窗口内的序号对应的数据包可以发出，即发送方可以连续发出序号为 4、5、6、7、0 和 1 的数据包。在某一时刻，发送窗口内序号对应的数据包可能分为两种情形：一部

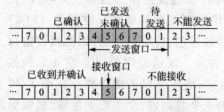

图 3-11 连续 ARQ 协议的滑动窗口

分数据包已经被发出但尚未确认收到,如图 3-11 中的 4~7 号数据包;另一部分数据包尚未发出,如图 3-11 中的序号为 0 和 1 的数据包。序号在发送窗口尾沿之后的数据包已经被确认,无须再保存,如图 3-11 中的窗口左侧序号为 3 及以前的各个数据包;序号在发送窗口前沿之前的数据包则不允许发送,如图 3-11 中发送窗口右侧序号为 2 及以后的数据包。

接收方也有一个滑动窗口,称为接收窗口。传输协议 v4.0 的接收窗口大小为 1,即只能接收窗口内的序号对应的数据包,在图 3-11 的示例情况下,接收方只能接收序号为 5 的数据包,收到其他序号的数据包则只能丢弃。换句话说,采用连续 ARQ 协议的接收方只能按顺序接收数据包。由于这个特点,在数据传输过程中,某个数据包一旦出现传输错误,发送方需退回几步,从出错包开始重发,并需重发出错包之后已经发送的各个数据包。因此,连续 ARQ 协议又称为 Go-Back-N(回退 N 步)协议。图 3-12 描述 Go-Back-N 协议中数据包丢失的情形。在图 3-12 中,在收到 ACK2(表示确认序号为 1 及以前的各个数据包,准备接收序号为 2 的数据包)之后,连续发送两个数据包(序号分别为 2 和 3),但序号为 2 的数据包丢失;接收方收到序号为 3 的数据包,由于其序号和待接收序号不一致,该包被丢弃。发送方则在定时器超时后重发序号为 2 和 3 的数据包。此时,发送方回退两步。

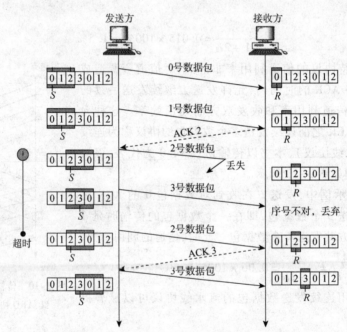

图 3-12 连续 ARQ 协议中数据包丢失的示例情形

对于 n 位序号的连续 ARQ 协议,发送窗口的最大值是 $2^n - 1$。如果发送窗口的值达到 2^n,则出现差错。如图 3-13 所示,对于 2 位序号,图 3-13(a)描述发送窗口为 $2^2 - 1 = 3$ 的正常操作情形;图 3-13(b)则描述窗口大小为 $2^2 = 4$ 时,协议出现问题的情形。在图 3-13(a)中,发送窗口大小为 3,发送方先后发送了 0 号、1 号和 2 号数据包,传输均成功,因此接收窗口内的序号变为 3,准备接收序号为 3 的数据包,但 ACK 均丢失。发送方则超时重发 0 号数据包,接收方收到后,因为序号不对而丢弃,并重发 ACK。这样,协议可以正常操作。在图 3-13(b)中,发送窗口大小为 4,发送方连续发送序号为 0~3 的 4 个数据包,全部正确传输,接收窗口内的序号变为 0。由于 ACK 全部丢失,发送方超时重发序号为 0 的数据包,由于这个序号正是接收窗口内的序号,因此接收方将这个重发的数据包当成一个新的数据包接收下来,从而导致协议操作出现错误。

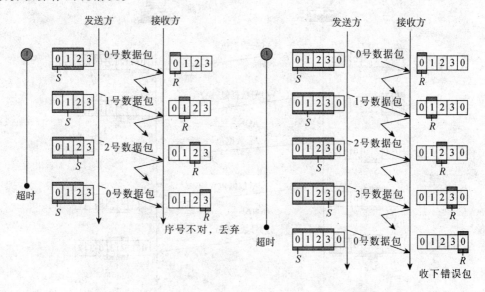

图 3-13 连续 ARQ 协议中不同发送窗口大小的情形

4. 选择重传 ARQ 协议

在连续 ARQ 协议中,某个数据包一旦传输出错,则从出错包开始重传,即序号出错包之后的所有数据包即使已经正确到达接收方也都需重传,因此增加了不必要的重传开销。针对这个问题,选择重传 ARQ 协议进行改进,允许接收方缓存序号在的正确到达的数据包。因此发送方只需重传出错的数据包,待接收方收到重传的包之后一并按顺序交付上层。本书将选择重传 ARQ 协议称为传输协议 v5.0。在此协议中,为缓存序号在出错

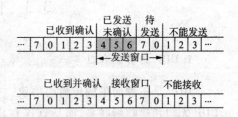

图 3-14 选择重传 ARQ 协议的滑动窗口

之后的数据包,接收窗口的值大于 1。滑动窗口更普遍的概念如图 3-14 所示,发送方窗口的含义与连续 ARQ 协议相同;接收方的窗口大小为 3,窗口的序号为 5、6、7,表示接收方可以接收这三个序号对应的数据包。

图 3-15 描述数据包没有按照发送顺序到达接收方的情形。发送方连续发送序号为 2 和 3 的数据包,2 号数据包丢失,3 号数据包正确到达。接收方暂存 3 号数据包,并可以发送否认包 NAK 以加快重传,等待 2 号数据包到达之后,再将两个数据包一起按顺序交付上层。

类似连续 ARQ 协议,选择重传 ARQ 协议的滑动窗口大小也有限制,若序号为 n 位,发送窗口的大小 W_S 和接收窗口的大小 W_R 应满足

$$W_S + W_R \leq 2^n,\text{且 } W_S \geq W_R$$

关于上述窗口大小限制的原因,读者可以参考图 3-13 加以理解。

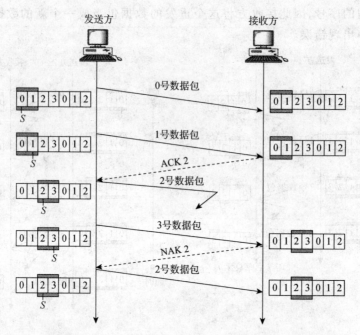

图 3-15 选择重传 ARQ 协议中数据包丢失的情形

3.3 传输层协议实例：UDP

1. UDP 的功能和服务

UDP 是一种简单的传输层协议，它基于无连接，换句话说，收到应用层的消息之后，发送端 UDP 无须和接收端联系，而是直接在应用层消息前面加上 UDP 报头，构成 UDP 的协议数据单元——用户数据报（User Datagram），然后交给网络层发送。UDP 提供基于端口号的复用功能，此外 UDP 本身只提供基于校验和的差错检测功能，不提供确认和重传机制，也不提供流量控制功能。因此，UDP 的服务不可靠，数据报在传输中可能丢失、破坏，或者出现消息顺序差错。

UDP 的数据传输服务虽然不可靠，但由于其数据报头简单、开销低、传输时延低等优点，有些应用仍然选择 UDP 传输消息，尤其是一些多媒体应用，如 IP 电话、语音和视频聊天、流媒体、网络电视等应用。相对于传输的可靠性而言，多媒体应用更注重实时性，即要求较低的时延和较小的时延抖动，因此快捷的 UDP 服务更能满足这些应用的需求。另外，有些应用的客户端和服务器端之间的数据传输比较频繁，但每次传输的数据量较少，如 DNS 和网络管理（SNMP），考虑到传输的高效性，两者在传输层也使用 UDP。

表 3-1 汇总基于 UDP 的主要应用和熟知端口。

表 3-1 UDP 的主要应用和熟知端口

端口号	应用协议名称	功能描述
7	Echo	将接收到的数据报原样发回发送端
13	Daytime	服务器端返回当前的日期和时间

端口号	应用协议名称	功能描述
53	DNS	域名服务
67	Bootps	DHCP 的服务器端口
68	Bootpc	DHCP 的客户端口
69	TFTP	简单邮件传输协议
111	RPC	远程过程调用
123	NTP	网络时间协议
161	SNMP	简单网络管理协议,SNMP 代理在此端口接收请求消息
162	SNMP	简单网络管理协议,SNMP 管理者在此端口接收消息 trap

UDP 提供面向消息(也称为面向报文流)的传输服务,在应用层消息前面直接添加数据报头组成 UDP 数据报,对于应用层消息即不拆分也不合并,因此能够保留消息边界,这是 UDP 的一个优点。与之相对,因特网的另一个传输层协议 TCP 则面向字节流,详见 3.4.1 小节。

2. UDP 的差错检测

UDP 的差错控制功能非常有限,只提供了基于校验和的差错检测功能,即在 UDP 数据报的报头附加一个校验和(Checksum)字段,接收方根据校验和字段的值判断数据在传输中是否被破坏。而且在默认情况下,UDP 只对数据报头进行校验,不对数据报包含的应用层消息进行校验。

校验和的计算非常简单,其算法如下:

- 发送方将要校验的数据按 16 位一组分成若干组,若最后一组不足 16 位则填充 0 补足;
- 各组对应位按二进制加法的原则相加;
- 最高位的进位累加到结果的最低位;
- 对最终结果取反码,即是校验和字段的值。

计算校验和时按位相加和累加进位的示例如图 3-16 所示。

图 3-16 校验和计算示例

接收方收到 UDP 数据报之后按照同样的方式将要校验的数据(包括校验和)分成每 16 位一组,按位累加,如果累加的最终结果为 0,则认为数据报传输正确,否则即认为传输出错。对于累加结果不为 0 的数据报,UDP 只是简单地丢弃,不通知对端,也不向应用层报告。如果要增强数据传输的可靠性,应用层协议须自行进行差错检测和纠正。

3. 用户数据报的结构

UDP 用户数据报的报头很简单,长度仅有 8 字节,如图 3-17 所示,其中包含下列四部分内容。

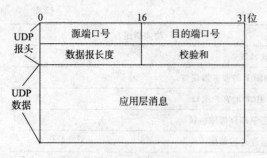

图 3-17　用户数据报的格式

- 源端口号：16 位，作为数据发送进程的标识；
- 目的端口号：16 位，作为数据接收进程的标识；
- 长度：16 位，表示整个 UDP 数据报的长度；
- 校验和：16 位，用于判断数据报的传输是否有错。

因特网的网络层使用 IP 地址进行数据包的选路和转发，如果 IP 地址在传输中发生差错，则数据包无法到达接收主机。因此，UDP 为强化对于 IP 地址的验证而采用伪报头（Pseudoheader）的概念。所谓"伪报头"，指的是发送进程和接收进程在计算校验和时须包含伪报头中的数据，但不用交付网络层，即伪报头不进行传输。如图 3-18 所示，在默认情况下，UDP 对伪报头和数据报头两部分进行校验，灰色部分（即 UDP 数据报）交给网络层进行传输。UDP 的伪报头一共 12 字节，包括源 IP 地址、目的 IP 地址、协议号和数据报长度四个字段。其中，协议号字段为 8 位，表示伪报头之后的数据报对应的协议，UDP 的协议号为 17，TCP 的协议号则为 6。

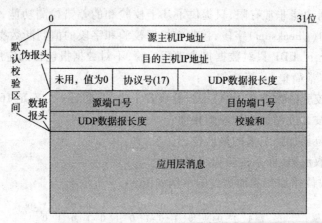

图 3-18　UDP 的伪报头格式

3.4　传输层协议实例：TCP

1. TCP 的功能和服务

相对于 UDP，TCP 在因特网中的应用更为广泛。由于 TCP 提供可靠的传输服务，应用层无须担心数据丢失或顺序差错，因此现有的大多数应用（如 WWW、文件下载、电子邮件等）都选择 TCP 为传输协议。TCP 的可靠性主要包括下列特点：

- TCP 采用面向连接的实现方式，在数据发送之前，两个 TCP 实体之间首先建立连接；在数据传输结束后，释放连接。
- TCP 使用校验和检测传输差错，并采用 ARQ 机制实现可靠的传输，确保不会出现数据丢失和数据重复等问题。

- TCP 提供流量控制功能,发送方根据接收方的反馈确定能够发送的数据量,因此不会出现因发送方发送速度过快而淹没接收方的情况。
- TCP 提供拥塞控制功能,在网络中的负载过大时,源主机的 TCP 实体减小发送速率,以缓解网络中的拥塞状况。拥塞控制的具体原理参见 3.5 节。

TCP 的传输面向字节流,即对于来自应用层的数据,TCP 根据流量控制和拥塞控制策略的要求确定可以发送的数据字节数,然后将这些数据封装成 TCP 的协议数据单元——报文段(Segment),交给网络层实体。这种处理的结果是,TCP 不能保留应用层的消息边界,一个应用层消息可能被拆成多个 TCP 报文段,也可能将多个应用层消息合并成一个 TCP 报文段。如图 3-19 所示,应用层先后交给 TCP 实体两个消息,其长度分别为 6 字节和 16 字节,TCP 实体将这些消息缓存,并封装成数据字段分别为 4 字节、8 字节和 10 字节的三个 TCP 报文段进行传输,最后目的主机的应用层收到的是三个"字节数据序列",而不是源主机应用层发送的两个消息。由于 TCP 不保证应用消息的边界,应用层协议必须自行设定消息的边界,如 HTTP GET 消息以字符 0x0a 和 0x0d 表示消息结束。

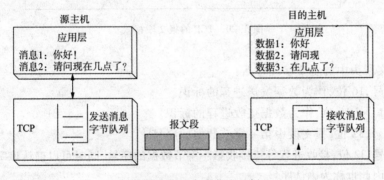

图 3-19　面向字节流示例

在一般情况下,网络应用有大量数据传输且要求传输的可靠性时,传输层应选择 TCP。基于 TCP 的主要应用及熟知端口如表 3-2 所示。

表 3-2　基于 TCP 的主要应用和熟知端口

端口号	应用协议名称	功能描述
7	Echo	将接收到的数据报原样发回发送端
13	Daytime	服务器端返回当前的日期和时间
20	FTP	文件传输协议数据连接的端口号
21	FTP	文件传输协议控制连接的端口号
23	Telnet	终端仿真协议
25	SMTP	简单邮件传输协议
53	DNS	域名服务
80	HTTP	超文本传输协议
110	POP3	邮局协议

2. TCP 报文段的结构

相对 UDP 而言,TCP 报文段的报头较长,至少有 20 个字节,其格式也较为复杂,图 3-20 描述 TCP 报文段的结构(RFC793)。

图 3-20　TCP 的报文段格式

TCP 的报文段头中的主要字段包括:

- 源端口号,16 位,作为数据发送进程的标识。
- 目的端口号,16 位,作为数据接收进程的标识。
- 发送序号,32 位,报文段中第一字节数据的序号。
- 接收序号,32 位,接收进程等待接收第一字节数据的序号,同时可以确认该字节之前的数据全部正确到达,因此也称为确认序号。
- 段头长度,4 位,TCP 报文段头的长度,其值以 4 字节为单位,段头固定部分(不包括可选项)的长度是 20 字节(长度值为 5);加上可选项,段头的最大长度是 60 字节(长度值为 15)。
- URG,1 位,紧急数据标志,表示报文段携带紧急数据(如要求中断数据传输的通知),接收方收到紧急数据时应尽快处理,而不必放在缓存中排队;URG 位为 1 时,段头的紧急数据指针指示紧急数据的位置。
- ACK,1 位,确认标志,表示报头的确认序号字段有效。
- PSH,1 位,快速提交标志,表示报文段的数据(如用户交互命令)应尽快交付应用层。
- RST,1 位,表示复位 TCP 连接,如取消半连接。
- SYN,1 位,表示连接建立的请求或响应。
- FIN,1 位,表示连接释放的请求或响应。
- 接收窗口,16 位,表示本端可以接收的字节数,用于通知发送端实现流量控制。
- 校验和,16 位,用于判断报文段的传输是否有错。
- 紧急数据指针,16 位,在 URG 位为 1 时,指示紧急数据的位置,即紧急数据的最后一个字节的序号。
- 可选项,长度可变(0 ~ 40 字节),用于 TCP 的增强功能,如要支持选择重传 ARQ 机制,则在可选项字段(SACK 选项)中包含需要重传的数据的字节序号区间(RFC2018,RFC2883)。
- 填充,长度可变,当可选项的长度不是 4 字节的倍数时,用填充补足。

3. TCP 的连接管理

TCP 提供面向连接的服务,在数据传输之前,通信的两个应用进程之间首先建立一个 TCP 连接;在 TCP 连接之上进行可靠的数据传输;在数据传输结束后释放连接。通常的连接建立过程参照电话网的模式:通信双方的一方(通信发起方)向另一方(通信响应方)发送连接建立请求消息,通信响应方返回连接确认消息,然后连接即建立,这种建立方式称为两次握手(Two Way Handshake)机制。但是,对于 TCP 而言,由于因特网内传输的数据量巨大,网络互联复杂,两次握手机制可能会出现问题。

图 3-21(a)显示采用两次握手机制时正常的通信过程。在因特网环境下,网络拥塞时,数据包的端到端传输时延很大,因此可能出现因连接确认消息延误而导致连接请求超时重发的情形,如图 3-21(b)所示。此时连接的响应方主机 2 无法判定这是一个重复消息,而认为是一个新的连接请求消息,并建立一个连接。由此可见,对于 TCP 而言,仅采用两次握手机制不能保证连接建立的可靠性。

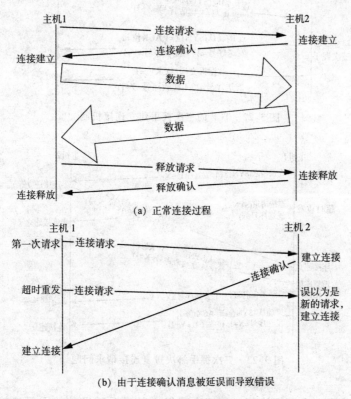

(a) 正常连接过程

(b) 由于连接确认消息被延误而导致错误

图 3-21　采用两次握手的连接建立过程示例

为解决这个问题,TCP 采用三次握手机(Three Way Handshave)制建立连接,如图 3-23 所示。主机 1 发出 TCP 连接请求(SYN 报文段),其中的 SYN 位值为 1(表示连接建立相关消息),发送序号的值表示此报文段的第一个数据字节序号为 X[①]。收到请求后,主机 2 建立半连接(Half-

---

① TCP 建立连接的前两个控制报文段(SYN 和 SYN/ACK)都不包含数据,但是都要消耗 1 字节序号;ACK 报文段则不消耗序号。

open Connection),即保存相关参数(如起始序号),但并未分配连接资源;并回送 TCP 连接响应[①](SYN/ACK 报文段),其中的 SYN 位值为 1,ACK 位值为 1(表示报文段携带接收序号),发送序号的值 Y 表示此报文段的序号,接收序号的值为 $X+1$ 表示确认收到主机 1 的序号为 X 的报文段,待接收的下一个字节的序号是 $X+1$。收到主机 2 的连接响应后,主机 1 的 TCP 实体进入连接状态,并向主机 2 发送连接确认(ACK 报文段),报文段头中 ACK 位设为 1,接收序号为 $Y+1$表示确认收到主机 2 的序号为 Y 的报文段,待接收的下一个字节的序号是 $Y+1$。收到这个第三次握手报文段之后,主机 2 才分配连接资源,进入连接建立状态。通过三次握手,两个 TCP 实体建立连接,并且协商确定数据传输的起始序号。对于图 3-22 的示例,连接建立后,在主机 1 发送的第一个数据报文段中,数据部分第一字节的序号是 $X+1$;主机 2 发送的第一个数据报文段中的第一个数据字节序号是 $Y+1$。

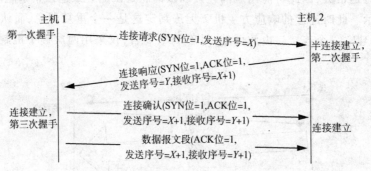

图 3-22　TCP 的三次握手建立连接机制

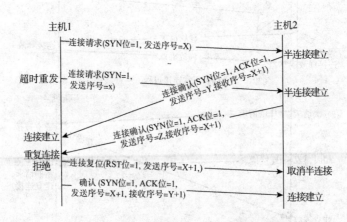

图 3-23　三次握手解决重复连接请求问题

图 3-23 显示采用三次握手机制如何解决因报文段延误而导致的重复连接请求问题。主机 1 发送连接请求 SYN 报文段(发送序号 $=X$),主机 2 的连接响应 SYN/ACK 报文段在传输时延误,导致主机 1 超时重发 SYN 报文段;主机 2 认为这是一个新的连接请求,因此回复连接 SYN/ACK 报文段(发送序号 $=Z$,接收序号 $=X+1$);主机 1 收到此报文段,判断是对重复连接的响应,发送连接复位 RST 报文段(RST 位 $=1$,发送序号 $=K+1$),通知主机 2 取消半连接。对于被延误的 SYN/ACK 报文段(发送序号 $=Y$,接收序号 $X+1$),主机 1 发送 ACK 报文段(发送序号 $=$

---

① 为和第三次握手的确认报文段相区分,本书将第二次握手的控制报文段命名为"连接响应"报文段。

$X+1$,接收序号 $=Y+1$)向主机 2 确认。

　　数据传输结束后,通信双方之一的 TCP 实体发起连接的拆除,释放相关资源。在连接释放阶段采用两次握手机制同样也会出现问题。如图 3-24 所示,主机 1 发起连接释放,主机 2 收到释放请求后释放连接相关资源,并回送释放确认;主机 1 在收到确认后释放连接相关资源。如果主机 2 的释放确认在传输中丢失,主机 1 无法释放连接资源。

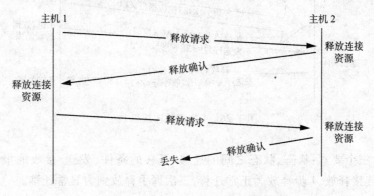

图 3-24　采用两次握手机制释放连接

　　TCP 实体可以采用下列两种方式之一释放连接:

　　● 三次握手机制,类似连接建立,图 3-25 显示三次握手释放连接的过程:主机 1 发起连接释放,发送释放请求 FIN 报文段(FIN 位 =1,发送序号 $=X$,接收序号 $=Y$);收到此请求后,主机 2 回送 FIN/ACK 报文段(FIN 位 =1,ACK 位 =1,发送序号 $=Y$,接收序号 $=X+1$)[①];收到释放响应后,主机 1 发送释放确认 ACK 报文段(ACK 位 =1,发送序号 $=X+1$,接收序号 $=Y+1$)。

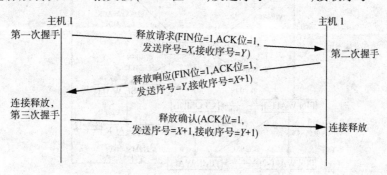

图 3-25　三次握手释放连接机制

　　● 4 步释放连接,如图 3-26 所示,允许一个方向先释放连接,即半关闭连接(Half-close Connection)。主机 1 向主机 2 的数据传输结束后,主机 1 发起释放请求 FIN 报文段;由于主机 2 还有数据要发送给主机 1,因此不回送 FIN/ACK 报文段,而是以 ACK 报文段响应;收到 ACK 报文段后,主机 1 释放用于数据发送的资源,保留接收数据的资源,即半关闭连接;主机 2 继续向主机 1 发送数据;数据传输结束后,主机 2 发送 FIN 报文段,通知主机 1 关闭整个连接;主机 1 以 ACK 报文段响应。

　　TCP 的连接管理机制可以用如图 3-27 所示的有限状态机(Finite State Machine)描述。有限

---

① FIN 报文段和 FIN/ACK 报文段都没有数据,但各自消耗一个字节序号。

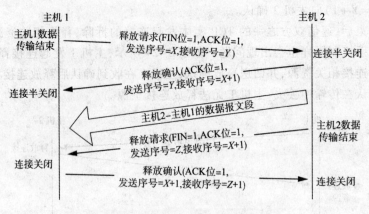

图 3-26 4 步释放连接机制

状态机主要包含三个要素:状态、状态之间的迁移、迁移的条件(发送/接收的报文段)。在大多数产品中,对于连接释放,4 步释放为正常迁移,三次握手释放则为异常迁移。

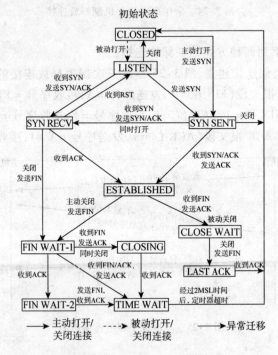

图 3-27 TCP 的有限状态机

在图 3-27 中,MSL 为最大报文段生命期(Maximum Segment Lifetime),即一个 TCP 报文段从源主机传输到目的主机的最长时间,其值最低为 30s,一般在实现中设置为 120s。

TCP 实体的各个状态如下所述。

- CLOSED:"连接关闭"状态,为连接建立之前的初始状态,连接关闭后也回到此状态;
- LISTEN:"侦听"状态,连接响应方等待连接请求;
- SYN SENT:"SYN 已发送"状态,连接请求方发送 SYN 报文段后进入此状态,等待对方响应;
- SYN RECV:"SYN 已接收"状态,连接请求方收到 SYN 报文段、并发送 SYN/ACK 报文段后进入此状态；

- ESTABLISHED："连接建立"状态，此时连接已打开，双方可以开始数据传输；
- FIN WAIT-1："结束等待 1"状态，主动关闭方发送 FIN 报文段后进入此状态，等待对方响应；
- FIN WAIT-2，"结束等待 2"状态，在 FIN WAIT-1 状态收到 ACK 后进入此状态，表示连接半关闭；
- CLOSING："正在关闭"状态，主动关闭方在 FIN WAIT-1 状态收到 FIN，则进入此状态，双方同时发起关闭连接；
- CLOSE WAIT："关闭等待"状态，被动关闭方在 ESTABLISHED 状态收到 FIN 报文段后进入此状态，此时连接半关闭；
- LAST ACK："最后一个 ACK"状态，被动关闭方发送 FIN 报文段，要求关闭连接，并等待对方的 ACK 报文段；
- TIME WAIT："等待超时"状态，关闭主动方要等待足够长的时间（一般为最大报文段发送时间的两倍），以确定对方能收到 ACK 报文段。

4. TCP 的可靠数据传输

在默认情况下，TCP 实体采用基于滑动窗口的连续 ARQ（Go-Back-N）机制实现可靠且按序的数据传输。通信双方也可以协商采用选择重传 ARQ 协议，使用 TCP 报文段的 SACK 选项指定重传的数据（RFC 2018，RFC2883）。本书只讨论连续 ARQ 的情形。

1）TCP 的序号管理

由于 TCP 基于字节流，发送序号和接收序号以字节为单位，而不是以报文段为单位。TCP 报文段中携带的发送序号是数据字段第一个字节的编号；接收序号则是要接收的下一个字节的编号，即已经收到的最后一个字节数据的编号加一。发送序号和接收序号的初始值在双方建立连接时约定，参见图 3-22。

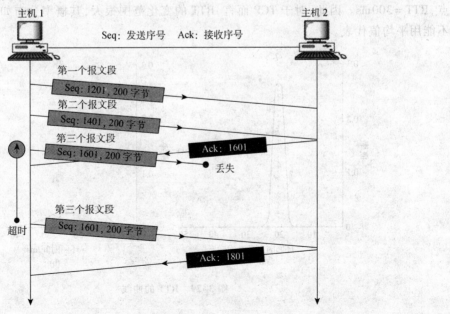

图 3-28　TCP 的可靠数据传输示例

图3-28 描述数据传输过程中发送序号和接收序号的应用示例。发送端首先发送一个有200 字节数据的报文段,其起始字节序号为 1201,即数据的字节序号是 1201~1400;随后又发送一个 200 字节的报文段,起始字节序号为 1401;接收端收到后回送确认报文段,其接收序号为 1601,表明接收端收到的最后一个数据字节的序号为 1600。注意,在连续 ARQ 协议中,接收端不必对收到的报文段逐个进行回复,一个报文段中的接收序号可以对之前的全部数据进行确认,这个机制称为累积 ACK(Cumulative ACK)。图 3-28 中的接收序号 1601 即是对收到的两个报文段进行确认。发送端的第三个报文段(起始序号为 1601)丢失,定时器超时后重发。

TCP 的序号为 32 位,序号空间为 $[0, 2^{32}-1]$。随着网络带宽的增加,有可能出现序号回卷(Wrap around)的情形,即在一个 TCP 连接中,一个序号为 X 的 TCP 报文段尚未到达接收端(且未达到报文段最大生命期 MSL),随着序号增加,后续的报文段的序号也达到了 X。由此,接收端收到序号重叠的两个不同的报文段。可以计算,对于带宽为 100Mbit/s 的快速以太网,大约5.7min 之后,序号回卷。对于连接千兆以太网的服务器,32 位序号很容易导致回卷问题。一种解决方案是在 TCP 报文段头中增加 32 位的时间戳选项,接收端可以通过时间戳判断收到的报文段是否已经过时(RFC1323)。

2)重传定时器超时间隔的设定

在可靠的数据传输机制中,超时时间是一个重要的参数。超时时间的设定一般和一个TCP 报文段能够正确传输需要的时间成正比,即从源进程发送报文段开始,到收到确认为止的时间。参照第 1 章的"时延"定义,这个时间包括发送时延、传播时延、主机和路由器的处理时延及排队时延,一般用环回时间 RTT(Round-trip Time)参数衡量。如果通信的两台主机位于同一个 LAN 中,RTT 基本不变,其概率分布如图 3-29(a)所示,因此可以将超时时间设为比RTT 的平均值略大,如图 3-29(a)中的 T;在因特网环境中,通信的两台主机之间可能相距很远,数据传输跨越多个网络,而且网络负载随时变化,不同主机之间、不同时刻的 RTT 相差很大。例如,位于北京的一台主机访问广州的 Web 服务器,在上午 8 点,RTT = 100ms;在晚上 8点,RTT = 300ms。因此,对于 TCP 而言,RTT 的变化范围很大,其概率分布如图 3-29(b)所示,不能用平均值代表。

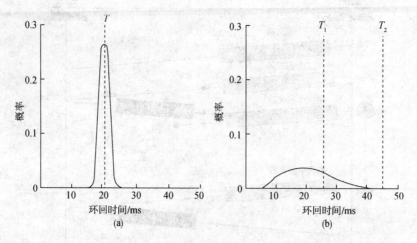

图 3-29 RTT 的曲线

因此,TCP 的 RTT 估值应该自适应,最初的算法采用下面的公式估计:

RTT 估值 = α × RTT 估值的历史值 + (1 - α) × RTT 的测量值

其中,RTT 的测量值 = ACK 到达时刻 - TCP 报文段发送时刻

式中的平衡因子 α 取值范围是 [0,1],表明 RTT 值对历史值的依赖程序。在实现中,α 通常的取值范围是 [0.8,0.9]。

TCP 发送数据时的超时重传时间(Retransmission Time-Out, RTO)的估计值则和 RTT 的估值成正比,其公式为 RTO = β × RTT 估值,β > 1,一般取值为 2。

在上述简单算法中,用常数值 β 计算 RTO 不够灵活,且在重传之后,RTT 的测量值容易出现偏差。如图 3-30 所示,重传时,很难判断 ACK 是对首次发送数据的确认还是对重传数据的确认,RTT 的测量值出现误差。图 3-30(a) 中 ACK 是针对重传报文段的确认,而 RTT 的测量值偏大,而图 3-30(b) 中 RTT 的测量值又偏小。因此,Karn 于 1987 年提出一种改进方案:RTT 只在首次发送数据时测量,并用于计算首次重传的超时时间;首次重传之后,后续的重传超时时间随重传次数呈指数级数增长,以便缓解网络中的拥塞状况,其公式为 RTO = γ × RTO 历史值,γ > 1,一般取值为 2。

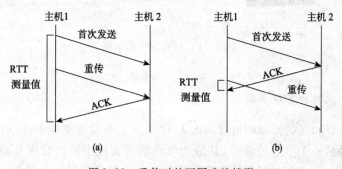

图 3-30 重传时的不同确认情形

由于 Karn 的算法对于 RTO 仅按指数级数增长,因此不够准确。1988 年,Jackson 提出一个改进算法:

RTT 差值 = RTT 测量值 - RTT 估值

RTT 估值 = RTT 估值的历史值 + ζ × RTT 差值

RTT 偏差 = RTT 偏差的历史值 + ζ × (|RTT 差值| - RTT 偏差的历史值)

其中,0 ≤ ζ ≤ 1。

RTO = μ × RTT 估值 + φ × RTT 偏差

通常,μ = 1,φ = 4。

3) ACK 定时器

TCP 实体之间的通信为全双工通信,因此支持捎带应答,即在数据报文段中携带接收序号来通知对端。如果在一段时间内没有数据发送给对端,则需要发送控制信息——确认报文段,以免让对端长时间等待确认。TCP 实体采用一个 ACK 定时器,在收到数据后,即启动该定时器,如果在定时器超时之前有数据要发送,则捎带确认;否则在定时器超时的时候要发送确认报文段。在实现中,ACK 的超时间隔一般设为 500ms。图 3-31 显示 ACK 定时器的应用示例。

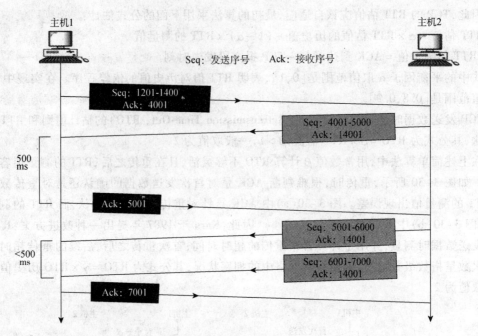

图 3-31　ACK 定时器示例

5. TCP 的流量控制和窗口管理

　　TCP 的发送窗口和接收窗口的概念如图 3-32 所示。在发送窗口中，LastByteAcked 指的是接收端已经确认的最后一个字节的编号，其值为收到的报文段中的接收序号减一；LastByteSent 是发送端发出的最后一个字节的编号，其值为报文段中的发送序号加上数据字段长度减一；LastByteWritten 是发送进程交给 TCP 数据的最后一个字节编号。当前发送窗口的字节范围是（LastByteAcked, LastByteWritten]，其中已经发送但尚未确认的数据范围是（LastByteAcked, LastByteSent]，待发送的数据范围是（LastByteSent, LastByteWritten]。对于接收窗口，NextByteExpected 指的是接收端可以接收的第一个数据字节的编号，其值为已收到的最后一个字节的编号（LastByteRcvd）加一；LastByteRead 指的是向接收应用进程交付的最后一个数据字节的编号，数据范围（LastByteRead, LastByteRcvd]指的是接收端已经收到但还没有交付应用层的数据。

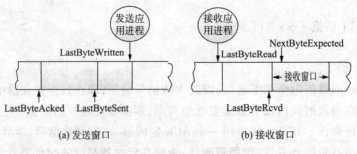

图 3-32　TCP 的发送窗口和接收窗口

　　在端到端通信时，两台主机的 CPU、处理速度、内存、所连接的链路数据率可能相差很大，如果一个进程的发送速率远远超过另一个进程的接收速率，接收端就会出现数据缓存溢出而导致数据丢失。为保证可靠的数据传输,TCP 采取流量控制,即限制发送端的发送速度以解决这个问题。TCP 的流量控制机制通过接收端的反馈限制发送方发送的数据量,这个反馈信息承载在报文段头中的接收窗口字段,接收窗口的值(Advertized Window)就是发送端在收到下一个窗口通知之前所能发送的最大数据字节数。如图 3-33 所示,发送端首先发送了一个包含 2048 字节数据的报文段,其报头的发送序号是 1000(数据的字节序号是 1000~3047);接收端原有空闲缓存 4KB,收到此报文段后空闲缓存只剩 2KB,因此接收方在返回的报文段头设置接收窗口字段的值为 2048,即通知发送端最多可以发送 2048 字节的数据。接收端在收到发送序号为 3048 的报文段之后,缓存全部被占用,因此回送的报文段将接收窗口值设为 0;由此发送端不能再发送,处于等待状态,在收到新的窗口通知(接收窗口值 = 2048)后,才继续发送。

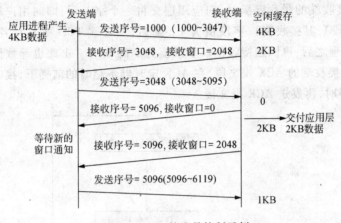

图 3-33 TCP 的流量控制示例

1)传输效率和 Nagle 算法

在 TCP 建立连接时,除了初始发送序号和接收序号,通信双方还会对另一个重要参数进行协商。这个参数是最大报文段长度(Maximum Segment Size, MSS),表示发送端发送的一个报文段可以携带的最长数据字节。MSS 值的协商通过 TCP 报文段头的选项字段完成。连接请求端在 SYN 报文段的选项字段包含其 MSS 参数;连接响应方则在回应的 SYN/ACK 报文段中填上其 MSS 选项。在数据传输阶段,发送端每次应尽可能发送长度为 MSS 字节的数据,以获得最大的传输效率。但实际上,发送端发送报文段的数据可能比 MSS 短,如对于诸如远程登录、在线游戏之类的交互式应用,用户的操作应尽快获得响应,应用层产生的数据应尽快发送出去。收到此类数据时,TCP 发送端在报文段头设置 PSH 位为 1,并尽快发送报文段;接收端收到后应尽快将数据交付应用层处理,并尽快进行回复确认报文段。

由此产生传输低效的问题。例如,对于采用 TELNET 协议的应用(如 BBS),通常的操作是用户输入一个字符(1 字节),通过网络传输给服务器进行判断处理,再返回到用户终端显示。在用户应用产生的 1 字节数据之前加上 20 字节的报头后,TCP 实体将该报文段(21 字节)交给网络层,网络层的 IP 包头也是 20 字节,因此 IP 包的长度为 41 字节。收到这个 IP 包后,TCP 接收端回复确认报文段(ACK),长度为 40 字节。TELNET 服务器回送一个字节的数据,产生的 IP 包也是 41 字节;用户端再回复长度为 40 字节且包含 ACK 报文段的 IP 包。由此可见,TELNET 用户输入的 1 字节字符在网络中传输的开销是 162 字节,传输效率仅有 0.6%。

为了平衡交互式应用和传输低效问题之间的矛盾,在实现中通常采用 Nagle 算法:

```
If    应用层数据长度≥MSS and 接收窗口≥MSS
         发送数据长度为 MSS 的报文段;
Else
    If    有未确认的数据
             将数据缓存等待接收端的确认
Else    立即发送全部数据
```

2) 傻瓜窗口问题

傻瓜窗口综合征(Silly Window Syndrome)[RFC813]仍然由于 TELNET 之类的交互式应用引起。该问题发生在接收端,如图 3-34 所示,由于 TELNET 的服务器每次只处理一个字符(即 1 字节数据),当 TCP 接收端的缓存已满时,向应用层交付一个字节后,即向用户端发送一个窗口更新通知(ACK 报文段),其接收窗口字段值为 1。随后,用户端 TCP 发送 1 字节数据,服务器端 TCP 交付应用层处理之后,再回送接收窗口字段值为 1 的 ACK。由此也导致低效的传输。常用的解决方法是延迟接收端的 ACK 报文段,在 ACK 定时器不超时的前提下,接收端在空闲缓存至少达到 MSS 的一半时,再发送 ACK 报文段。

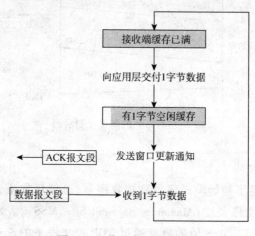

图 3-34   傻瓜窗口症状示例

仅靠接收方延迟 ACK 并不能彻底解决传输的低效问题,应结合发送方的 Nagle 算法,在网络应用允许的前提下,发送端尽可能在一个报文段中携带较多的数据,接收端尽可能在有较大空闲缓存时再回送确认消息,从而提高数据传输的效率。

3.5   拥塞控制原理

1. 拥塞与拥塞控制的概念

由于连接到因特网的用户数日众多,用户产生的数据量巨大,网络因此成为数据传输的瓶颈。在公共交通中,当驶入一条马路的车辆过多时就会产生交通拥堵,车辆行驶的速度变慢,严重时甚至出现无法行驶的情形。类似在网络中,如果网络负载(发送到网络中的数据包)对资源(链路带宽、路由器的内存和 CPU)的需求超过可用的资源数量,网络的性能劣化,即传输时延增长,吞吐量下降,如图 3-35 所示。这种情况称为网络拥塞(Congestion)。网络发生拥塞时,如果负载持续增加,最终导致网络的吞吐量为零,这种情况称为死锁(Deadlock)。

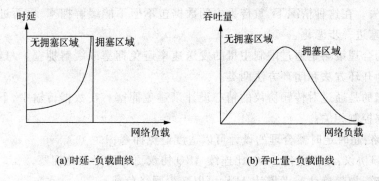

(a) 时延–负载曲线   (b) 吞吐量–负载曲线

图 3-35 网络拥塞时的性能

为了避免或缓解拥塞,保证网络的数据能够顺利传输,必须进行拥塞控制(Congestion control),即降低主机的发送速率,从而减少网络的负载。拥塞控制和流量控制有一定的相似之处,读者往往容易混淆。图 3-36 以一个形象的比喻说明二者的区别。发送数据的源主机类似一个水龙头,接收主机类似一个水桶,连接二者的水管就是网络。流量控制如图 3-36(a)所示,由于接收主机的容量(即缓存)较小,在发送速率较大时,导致数据在接收端溢出;图 3-36(b)则体现拥塞控制的情形,接收主机的容量足够,但由于中间的网络资源不足(即某段水管过细),导致网络拥塞(即水流缓慢),吞吐量较低。两者的相似之处在于都可以通过调节源主机的发送速率解决问题。因此,要实现数据传输畅通,源主机的发送速率不但受接收主机容量的限制,也要受网络容量的限制。

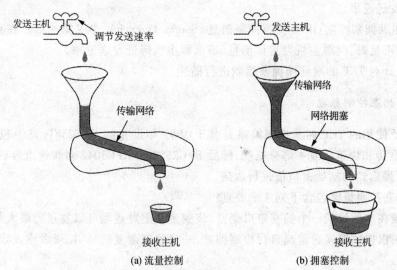

(a) 流量控制   (b) 拥塞控制

图 3-36 流量控制和拥塞控制

对于图 3-36(b)的情形,从表面上看,增加网络资源(即加粗水管)就能避免拥塞。但实际上,因特网的环境远比其中的示例复杂得多,发送数据的源主机数目巨大,还有数目繁多且性能各异的路由器和链路互相连接,故单靠增加网络资源无法解决拥塞问题。网络出现拥塞时往往伴随数据丢失或者传输时延增加两个特征。出现拥塞时,数据包在路由器中的排队时间增加,因此端到端的时延变长;网络负载的继续增加导致路由器的缓存溢出,后续的输入数据将路由器丢弃,即数据包丢失。在这种情况下,重传丢失的数据包不但不能缓解拥塞,反而进一步增加网络中的负载,使拥塞进一步恶化。

拥塞控制的合理策略是通过限制主机的发送速率避免拥塞或缓解拥塞。总体而言,拥塞控制策略可以分为开环方法和闭环方法两类。

开环方法指的是通过对传输协议的精心设计以避免拥塞。在数据传输中,下列环节的实现策略可能和拥塞控制相关。

- 重传策略:超时定时器合理的设计可以适度避免拥塞;
- 滑动窗口协议:选择重传 ARQ 比连续 ARQ 协议更有助于避免拥塞;
- ACK 策略:捎带确认或者累计 ACK 可以减少网络负载;
- 丢弃策略:对于某些应用(如话音业务)而言,适量的数据包丢弃不会影响整体的传输效果;
- 接纳控制(Admission Control):在提供面向连接服务的虚电路网络(参见第 4 章)中,在建立连接时可以使用接纳控制限制源主机的发送速率,以避免拥塞。

开环方法只能通过预先设计的传输策略试图避免拥塞。但实际上,对于基于无连接的因特网,由于无法预知可用资源的数量和预先分配资源,拥塞不可能避免。因此,拥塞控制主要采用闭环方法。所谓闭环方法,首先是检测拥塞,在可能出现拥塞时,调整主机的发送速率以避免或缓解拥塞;同时,在发生拥塞时,拥塞区域的路由器也辅助主机进行拥塞控制。

闭环方法根据拥塞的检测方法把拥塞控制分为两类。

- 端到端的拥塞控制:源主机自行检测数据传输情况,如果数据丢失,即认为可能出现拥塞,随之降低发送速率。
- 网络辅助拥塞控制:IP 提供源抑制消息(Source Quench),参见第 4 章。在路由器或者接收主机的缓存不足时,向源主机发送该消息,请求源主机降低发送速率。

本节主要针对 TCP 的端到端拥塞控制进行描述。

2. TCP 的拥塞控制原理

目前,广泛使用的 TCP 拥塞控制策略是基于 1999 年发布的 RFC2581,其中包含慢启动、拥塞避免、快速重传和快速回复 4 部分机制;随后 RFC2582 和 RFC3042 对快速重传机制进行改进,RFC3390 则对慢启动的初始窗口值进行改进。

TCP 的拥塞控制策略包含下列 4 个要点:

- 发送端在本地维护一个拥塞窗口变量,该变量确定发送端可以发送的最大数据量。
- 发送端根据数据发送情况自行检测拥塞,一旦收到重复的 ACK 或者重发定时器超时,即认为出现拥塞。
- 在出现拥塞时,急剧减小拥塞窗口的值;在无拥塞时,则逐渐增加拥塞窗口的值。
- 对收到重复的 ACK 及重发定时器超时两种情况采用不同的策略,以实现快速重传。

下面逐一描述上述要点。

1)拥塞窗口

拥塞窗口是发送端 TCP 实体对于网络可容纳数据量的一个估计值,用于限制 TCP 实体可以发送的数据量。结合流量控制策略,发送端可以发送的数据量受限于两个参数:接收端反馈的接收窗口和拥塞窗口,即发送窗口的最大值 = Min(接收窗口,拥塞窗口)。

某一时刻发送端可发送的最大数据量(有效窗口值)如图 3-37 所示。

图 3-37　有效窗口示例

为简化问题以便于理解,在后续对于拥塞策略的讨论中,假定接收端的接收窗口足够大,只讨论拥塞窗口的变化。同时假定数据单方向传输,即接收端只发送 ACK 报文段,不发送数据报文段。

2) 慢启动阶段

在数据传输开始时,由于不了解网络状况,为防止拥塞,发送端以较低的速率开始发送,即拥塞窗口的初始值设为一个很小的值[①]。为便于讨论,本书设初始窗口值为 1 个最大报文段长度(MSS),且在后续讨论中窗口单位均为 MSS。

在慢启动阶段,如果发送的报文段均在定时器超时之前确认,则发送窗口将以指数级增长,以迅速提高传输效率。如图 3-38 所示,每收到一个确认信息,拥塞窗口(Cwnd)的值增加 1 个 MSS。为便于讨论,本节将报文段按编号排序,而不是 TCP 段头的字节序号。

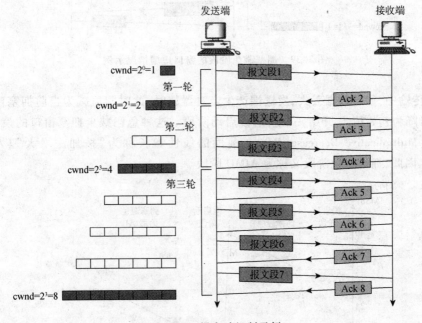

图 3-38　慢启动机制示例

图 3-38 中的"轮"即传输轮次,指的是发送窗口从第一个报文段开始传输到全部窗口数据传输成功的区间。例如,第一轮中,窗口初始值为 1,只能发送一个报文段;收到 ACK,则窗口值增加 1 MSS,变为 2,开始第二轮传输。每收到一个报文段的 ACK 后拥塞窗口增加 1 MSS,因此

---

① RFC2581 规定,窗口初始值为 1~2 个 MSS;RFC3390 则改进为 2~4 个 MSS。

第二轮的两个报文段传输成功时,窗口值为4。依次类推,每一轮结束,拥塞窗口值即为上一轮的两倍,即按指数级增长。

3）拥塞避免阶段

为防止因拥塞窗口增长过大而造成网络拥塞,TCP发送端在数据传输之初还设定一个阈值。在慢启动阶段,当拥塞窗口达到阈值时,则转入拥塞避免阶段。此时,窗口增长速率减慢,由指数级增长减为线性增长,即每完成一轮成功传输,拥塞窗口增加1 MSS。如图3-39所示,假定初始窗口为1 MSS,第一轮传输之后,窗口值为2 MSS;第二轮传输之后,窗口值为3 MSS,依次类推。

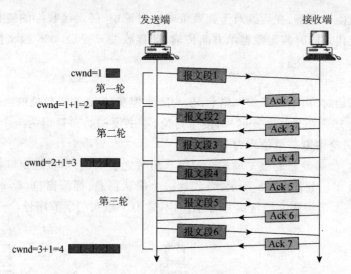

图3-39 拥塞避免阶段的窗口递增情况示例

在数据传输中,如果数据丢失,发送端产生定时器超时,此时阈值减为当前拥塞窗口值的一半,拥塞窗口降为初始值1,开始一个新的慢启动阶段。这种急剧减少拥塞窗口的策略称为"按乘法减小"（Multiplicative Decrease,MD）。前面的线性增长称为"按加法增大"（Additive Increase,AI）。因此,拥塞避免阶段又称为AIMD阶段。

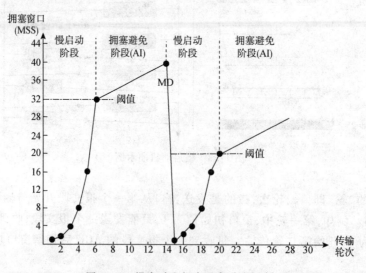

图3-40 慢启动和拥塞避免阶段示例

一个包含慢启动阶段和拥塞避免阶段的示例如图 3-40 所示,其中阈值的初始值为 32。在慢启动阶段,窗口从 1 开始按指数级增长,第 6 轮达到 32,之后进入 AI 阶段,按线性增长;在第 14 轮,窗口为 40 时出现定时器超时,进入 MD 阶段;阈值降为 20,第 15 轮的窗口降为 1,进入新的慢启动阶段;在第 20 轮,拥塞窗口达到了新阈值 20,之后又进入新的 AI 阶段。

如果在慢启动阶段,未达到窗口阈值时发生超时,则直接进入新的慢启动阶段,即将阈值设为超时时刻拥塞窗口值的一半,新的拥塞窗口值降为 1。

4)快速重传和快速恢复

在 TCP 的实现中,当接收端收到序号与所期待序号不一致的数据报文段时,再次发送之前已经发出的 ACK,以通知发送端尽快重传序号正确的数据,这称为"快速重传"机制。采用这种机制后,发送端收到重复的 ACK,即收到 ACK 的接收序号与以前 ACK 中的序号相同。这种情况说明虽然数据丢失,但接收端仍然能够收到数据,因此 TCP 实体认为拥塞的情况没有定时器超时严重,不必采用慢启动机制,而采用"快速恢复"机制:如果发送端连续收到 3 个与已收到的确认相重复的 ACK,则将拥塞窗口的值减为当前值的一半,然后进入新的拥塞避免阶段。包含快速重传和快速恢复情形的拥塞控制示例如图 3-41 所示。

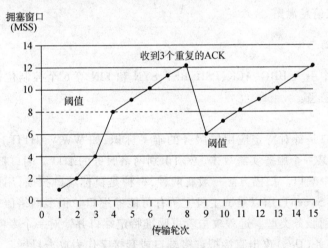

图 3-41　快速重传和快速恢复示例

图 3-42 描述 TCP 的整体拥塞控制策略。

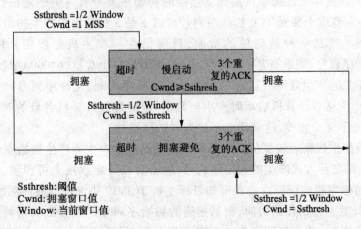

图 3-42　TCP 的拥塞控制策略

综上所述,TCP 的拥塞控制策略可以总结为下列 4 点:

- 在数据传输开始时采用慢启动策略,拥塞窗口从初始值按指数级增长,直至达到阈值;
- 拥塞窗口达到阈值时,进入拥塞避免阶段,拥塞窗口按线性增长;
- 在任一阶段,如果定时器超时,则将新阈值设定为当前窗口的一半,拥塞窗口降为初始值,进入一个新的慢启动阶段;
- 在任一阶段,如果发送端连续收到三个重复的 ACK,则将阈值和拥塞窗口减为当前窗口的一半,进入新的拥塞避免阶段。

3.6 传输层的安全隐患

传输层协议的安全隐患比较多,如端口扫描、会话劫持、序列号欺骗、拒绝服务(DoS)、UDP 洪泛(Flooding)攻击等。大部分远程网络攻击都以特定端口的特定服务为目标展开,因此传输层的安全威胁主要来自于端口、套接字、TCP/UDP 报文头部信息。另外,传输层对传输的数据一般不加密,通常在传输层上的应用层才提供身份认证和加密,因此,传输层协议本身对数据未提供保护,很容易造成信息泄露。

1. TCP 的安全隐患

TCP 在报文段中引入 URG、ACK、PSH、RST、SYN 和 FIN 等 6 个控制位标志字段,因此导致 TCP 存在许多安全隐患。

1)端口扫描

传输层每个端口是针对特定应用层服务的唯一标识,如 WWW(HTTP)使用 TCP 的端口为 80 的服务。为了对某一个服务实施攻击,必须识别网络服务的端口。端口扫描的任务就是试图连接到主机的每一个端口。扫描方法一般有两种,一种是目标端口扫描,用以测试特定的端口;另一种是端口扫除(Sweep),用以测试主机上所有可能的端口。很多网络服务运行熟知端口上,很容易被攻击者识别服务类型。远程攻击者可瞄准特定端口并针对一个专门的高层服务实施攻击,也有一些拒绝服务(DoS)攻击直接把许多端口或套接字作为攻击目标。

2)基于 TCP 序列号预测的攻击

序列号机制是 TCP 传输控制功能的一种体现,TCP 初始序列号的成功预测是针对 TCP 实施欺骗的关键。TCP 在使用三次握手机制建立连接时初始序列号有一定的随机性,根据不同的实现算法,可以在一定程度上预测 TCP 初始序列号。以下是 3 种常用的产生初始序列号的方法:

(1)64k 规则。这是一种最简单的机制,目前仍在一些主机上使用。每秒用一个常量(12800)增加初始序列号,如果有某一个连接启动,则用另一个常量(64000)增加序列号计数器。

(2)与时间相关的产生规则。这是一种很流行的简单机制,允许序列号产生器产生与时间相关的值。这个产生器在计算机启动时产生初始值,依照每台计算机各自的时钟增加。由于各计算机上的时钟并不完全相等,这就增大了序列号的随机性。

(3)伪随机数产生规则。较新的操作系统使用伪随机数产生器产生初始序列号。

对于由第一、第二种方式产生的初始序列号,攻击者在一定程度上可预测,如攻击者首先发送一个 SYN 包,目标主机响应后攻击者可知目标主机 TCP/IP 协议栈当前使用的初始序列号;然后攻击者可以估计数据包的往返时间,根据相应的初始序列号产生方法较精确地估算出初始序列号的一个范围。此时,攻击者即可伪造 TCP 数据包序列,对目标主机实施 TCP 欺骗。

3）SYN 洪泛拒绝服务攻击

SYN 洪泛（Flooding）是当前最流行，也是最有效的拒绝服务攻击方式之一。它利用建立 TCP 连接的三次握手机制进行攻击。SYN 洪泛攻击示意图如图 3-43 所示。SYN 洪泛攻击阻止三次握手过程，特别是阻止服务器方接收客户方的 TCP 确认标志（ACK）。这一攻击阻止最后的 ACK 报文到达服务器方，使服务器服务端口处于半开放状态。由于每个 TCP 端口支持的半开放连接数目有限，因此一旦超过这个数目，服务器方将拒绝以后到来的连接请求，直到半开放连接超时关闭。

为了实施 SYN 洪泛攻击，攻击主机向目标主机的特定 TCP 端口发送许多 SYN 请求，填满该端口所允许的并发连接请求队列（确切的数目取决于具体的操作系统），耗尽服务器的存储资源。

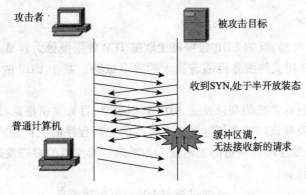

图 3-43　SYN 洪泛攻击示例

4）TCP 会话劫持的中间人攻击

TCP 会话劫持利用 TCP 连接的 3 次握手机制实现，专门攻击基于 TCP 的应用，如 Telnet 和 FTP 等。会话劫持是一种结合嗅探、欺骗技术在内的攻击手段。TCP 会话劫持分为 TCP 连接欺骗攻击和插入式攻击两种方式。在 TCP 连接欺骗攻击中，攻击者借助 IP 地址欺骗、ARP 欺骗或 DNS 欺骗手段，将本来是通信双方直接联系的过程变为经过第三方中转的过程，但是通信双方并不知道通信经过中转，相当于在通信双方之间加入透明的代理。这种攻击不仅对常规的通信协议形成威胁，而且对配置不当的加密协议也能造成威胁。插入式攻击方式比 TCP 连接欺骗攻击实现起来简单一些，它不会改变会话双方的数据流，只是在双方正常数据流（基于 TCP 会话）中插入恶意数据，即插入额外的信息。

劫持攻击可以发生在 TCP/IP 体系中的任何一个层，在传输层实施 TCP 会话劫持攻击需具备两个条件：一是攻击者必须已对某种类型的网络层实施破坏，如 IP 地址欺骗等；二是能够识别序列号，以便实施序列号欺骗。因此，实现 TCP 会话劫持攻击需要：①探测到正在进行 TCP 通信的两台主机之间传送的报文；②分析获知该报文的源 IP 地址、源端口号、目的 IP 地址、目的端口号；③得知其中一台主机将要收到的下一个 TCP 报文段的发送序号（SEQ）和接收序号（ACK）值。这样，在该合法主机收到另一台合法主机发送的 TCP 报文前，攻击者根据所截获的信息向该主机发出一个带有净荷的 TCP 报文，如果该主机先收到攻击报文，就可以把合法的 TCP 会话建立在攻击主机与目标主机之间。带有净荷的攻击报文能够使目标主机对下一个要收到的 TCP 报文的接收序号（ACK）值的要求发生变化，从而使另一台合法的主机向目标主机发出的报文被拒绝。

TCP 会话劫持攻击能使攻击者避开目标主机对访问者的身份认证和安全认证,直接进入对目标主机的访问状态,因此对主机系统的安全构成比较严重的威胁。

5）Land 攻击

LAND（Local Area Network Denial,LAN 拒绝）攻击是一种使用相同的源和目的主机 IP 地址和端口发送数据包到某台机器的攻击,结果通常使存在漏洞的机器崩溃。

Land 攻击向目标主机发送一个特别的 SYN 报文段,其中的源地址和目标地址都被设置成目标主机的 IP 地址,这导致接收目标主机向其发送 SYN-ACK 报文段,结果目标主机又发回 ACK 报文并创建一个空连接,每一个这样的连接都保留直到超时。由于 TCP/IP 协议栈对连接数量有限制,这样不断增加的空连接就造成拒绝服务攻击。不同系统对 Land 攻击的反应不同,许多 UNIX 系统崩溃,而 Windows NT 会变得极其缓慢（大约持续 5min）。

2. UDP 的安全隐患

由 UDP 报头信息可知,欺骗 UDP 数据报比欺骗 TCP 数据报更为容易。由于 UDP 是一种无连接的协议,故与 UDP 相关的服务面临着很大的安全威胁。基于 UDP 的通信很难在传输层建立安全机制。

当攻击者随机向目标主机的端口发送 UDP 数据包时,目标主机根据目的端口确定正在等待中的应用程序。当它发现该端口并不存在正在等待的应用程序时就产生一个"目的地址无法连接"的 ICMP 数据包并发送给该伪造的源地址。如果向目标主机的端口发送足够多的 UDP 数据包,整个系统就会瘫痪。

预防这类攻击的方法是在防火墙内过滤 ICMP 不可到达消息。

3.7　本　章　小　结

传输层向应用层提供进程到进程（或者端到端）之间的通信功能。在网络互联的环境下,各个网络的服务和性能差异很大,传输层弥补了网络低层服务的不足和差异,向应用层提供可靠统一的数据传输服务。

要实现数据传输的可靠性,首先要解决差错控制问题,通常采用的策略是发送方在数据包中增加校验信息,接收方通过校验信息判断数据在传输是否被破坏;如果传输无错,则由接收方回送确认消息,否则发送方重传出错数据。其次,采用超时重发、序号判断、滑动窗口等机制,可以解决数据包丢失问题和流量控制问题。实用的可靠传输协议包括停止等待 ARQ、连续 ARQ 和选择重传 ARQ 三类。

因特网的传输层提供两种服务:用户数据报协议（UDP）提供不可靠的无连接服务,而传输控制协议（TCP）则提供面向连接的可靠数据传输服务。UDP 通过端口号向应用层提供进程复用功能。由于其简便快捷的特性,UDP 在多媒体通信应用中广泛采用。TCP 则实现可靠的数据传输,保证数据无错、不丢失、按序交付给应用进程。此外,TCP 还实现流量控制和拥塞控制功能。TCP 的流量控制基于滑动窗口协议,接收端通过报文段头的接收窗口字段通知发送端可以发送的数据量。TCP 的拥塞控制则采用慢启动、拥塞避免、快速重传和快速恢复机制,通过限制主机发送的数据量避免和缓解网络拥塞,同时也尽可能提高数据传输效率。

3.8 思考与练习

3−1 在连续 ARQ 协议中,若发送窗口大小等于 7,则发送端在开始时可连续发送 7 个分组,因此,每一个数据包发送后都要设置一个超时计时器,现在计算机只有一个硬时钟,设这 7 个分组发出的时间分别为 $t_0, t_1, \cdots, t_6$,且 $Tout$ 都一样大,试问如何实现这 7 个超时计时器(软件时钟)?

3−2 假定使用连续 ARQ 协议,发送窗口大小是 3,序号范围 [0,15],传输媒体保证接收方能够按序收到数据包。在某时刻接收方的下一个期望收到序号是 5。试问:

(1)发送方的发送窗口可能出现的序号组合有哪几种?

(2)接收方已经发送但在网络中(还未到达发送方)的 ACK 数据包可能有哪些?说明这些 ACK 包用来确认哪些序号的数据包。

3−3 在停止 − 等待协议中,不使用序号是否可行?为什么?在停止 − 等待协议中,如果收到重复的报文段时不予理睬(丢弃)是否可行?试举例说明。

3−4 一个 UDP 用户数据报头的十六进制表示为 06 32 00 45 00 1C E2 17。试求源端口、目的端口、用户数据报的总长度、数据部分长度。这个用户数据报由客户发给服务器还是服务器发给客户?使用 UDP 的服务器程序是什么?

3−5 考虑一个简单的应用层协议,它建立在 UDP 上,允许客户检索一个驻留在熟知地址上远程服务器上的一个文件。客户首先发送一个带有文件名的请求,服务器用一系列数据包应答,包含被请求文件的不同部分。为保证可靠和有序投递,客户和服务器使用"停等"协议。忽略明显的性能问题,这个协议有何问题请仔细考虑如何处理崩溃。

3−6 为什么 TCP 头部有一个段头长度字段,而 UDP 头部没有这个字段?为什么 TCP 头部最开始的 4 个字节是 TCP 的端口号?

3−7 简述 TCP 发送超时定时器的作用。

3−8 在 TCP 头部的校验和中包括对伪报头的校验,为什么?

3−9 简述 TCP 建立连接时的三次握手过程。假定 TCP 使用两次握手替代三次握手建立连接,即不需要第三个报文,并且不采用累计 ACK 机制,那么是否可能产生死锁?请举例说明。

3−10 试举例说明为什么一个传输连接可以有多种释放方式。为什么传输连接突然释放就可能会丢失用户数据而 TCP 的连接释放方法就可保证不丢失数据。

3−11 一个 TCP 报文段的数据部分最多为多少个字节?为什么?如果用户传送的数据的字节长度超过 TCP 报文段中的序号字段可能编出的最大序号,问还能否用 TCP 传送?

3−12 主机 A 和 B 使用 TCP 通信。在 B 发送过的报文段中有连续的两个:ACK = 120 和 ACK = 100。(前一个报文段的接收序号大于后一个)对不对?试说明理由。

3−13 在使用 TCP 传送数据时,如果一个确认报文段丢失,不一定会引起对方数据重传。试说明理由。

3−14 若收到的报文段无差错,只是未按序号到达,则 TCP 标准对此未作明确规定,而是让 TCP 的实现者自行确定。试讨论两种可能方法的优缺点:

(1)将不按序的报文段丢弃;

(2)先将不按序的报文段暂存于接收缓存内,待所缺序号的报文段收齐后再一起上交应用层。

3-15 设 TCP 使用的最大窗口为 64KB,即 64×1024 字节,而传输信道的带宽可认为不受限制。若报文段的平均往返时延为 20ms,问所能得到的最大吞吐量是多少?

3-16 用 TCP 传送 512 字节的数据。设窗口为 100 字节,而 TCP 报文段每次也传送 100 字节的数据。设发送端和接收端的起始序号分别选为 100 和 200,试画出消息序列图(包括众连接建立阶段到连接释放阶段)。

3-17 使用 TCP 对实时话音业务的传输有没有什么问题?使用 UDP 在传送文件时会有什么问题?

3-18 TCP 在进行流量控制时是以报文段的丢失作为产生拥塞的标志。有没有不是因拥塞而引起报文段丢失的情况?如有,试举出三种情况。

3-19 在 TCP 的拥塞控制中,什么是慢启动、拥塞避免、快速重传和快速恢复?各起什么作用?

3-20 在什么条件下(考虑到时延、带宽、负载及分组丢失)TCP 会重传大量不必要的数据?

3-21 设 TCP 拥塞控制的阀门的初始值为 8(单位为报文段)。当拥塞窗口上升到 12 时定时器超时,TCP 使用慢启动和拥塞避免。试分别求出第 1 轮到第 15 轮传输各拥塞窗口的大小。

3-22 通信信道速率为 1Gbit/s,端到端时延为 10ms,TCP 的发送窗口为 65535 字节。试问:可能达到的最大吞吐量是多少?信道的利用率是多少?

3-23 网络允许的最大报文段长度为 128 字节,序号用 8bit 表示,报文段在网络中的寿命为 30s。求每一条 TCP 连接所能达到的最高数据率。

3-24 若 TCP 的序号采用 64bit 编码,而每一个字节各有其序号,试问:在 75Tbit/s 的传输速率下(这是光纤信道理论上可达到的数据率),分组的寿命应为多大才不会使序号重复?

3-25 一个 TCP 连接下面使用 256 Kbit/s 的链路,其端到端时延为 128ms。经测试,发现吞吐量只有 120 Kbit/s。试问发送窗口是多少?

3-26 设源站和目的站相距 20 km,信号在传输媒体中的传播速率为 200 km/ms、若一个分组长度为 1 KB,而其发送时间等于信号的往返传输时延,求数据的发送速率。

3-27 设 TCP 的拥塞窗口初始阀值为 18 KB。设报文段的最大长度为 1 KB,试问:拥塞窗口从最小值经过 6 次变化后是多少?

3.9 实 践

1. TCP 与 UDP 分析

理解 TCP 报文段格式和工作原理,如 TCP 连接建立和连接释放的三次握手机制和捎带确认机制等。

理解 UDP 数据报格式。在 VC6.0 以上环境下编译 IPdump 协议包分析程序,了解其工作原理和执行流程,重点熟悉 TCP 解包函数和 UDP 解包函数,然后运行该程序,并完成下列实验。

1)TCP 分析

• 指定 IPdump 运行时源 IP 地址为主机 A 的地址,目的 IP 地址为主机 B 的地址,分析开关为 TCP。

- 在主机 B 上启动 Telnet 服务,从主机 A 上向主机 B 发起 Telnet 连接登录到主机 B,并进行有关操作(如 dir,cd/等),然后退出 Telnet,捕获通信过程中的 TCP 报文段,记录并分析各字段的含义,与 TCP 协议规定的格式进行比较,并填表 3-3。

- 主机 B 启动 FTP 服务,从主机 A 上向主机 B 发起 FTP 连接登录到主机 B,并将主机 A 的一个文件传输到主机 B,然后退出 FTP,捕获通信过程中的 TCP 报文段,记录并分析各字段的含义,与 TCP 协议规定的格式进行比较,并填表 3-4。

表 3-3　Telnet 通信过程中的 TCP 报文段格式

实验项	TCP 报头字段名称	值	含义
1			
2			
3			
4			
…			

表 3-4　FTP 通信过程中的 TCP 报文段格式

实验项	TCP 报头字段名称	值	含义
1			
2			
3			
4			
…			

2)UDP 分析

- 指定 IPdump 运行时源 IP 地址为主机 A 的地址,目的 IP 地址为主机 B 的地址,分析开关为 UDP;

- 在主机 A 的 DOS 仿真环境下,运行 net send 命令,向主机 B 发送一个 UDP 消息,捕获 UDP 数据报,记录并分析各字段的含义,与 UDP 协议规定的格式进行比较,并填表 3-5。

- 在主机 A 的 DOS 仿真环境下,运行 net send 命令,向本网内所有的主机各发一个 UDP 消息,捕获 UDP 数据报,记录并分析各字段的含义,与 UDP 协议规定的格式进行比较,并填表 3-5。

表 3-5　UDP 包格式

实验项	UDP 报头字段名称	值	含义
1			
2			
3			
4			
…			

2. Socket 接口网络编程实验

网络的 Socket(套接字)数据传输是一种特殊的 I/O,Socket 也是一种文件描述符。理解 Socket 编程思想,使用 Linux 或者 Windows 平台下的 Socket API 实现 TCP 和 UDP 客户端与服务器端,从实现层面理解 TCP 和 UDP 的区别。

1)面向连接的网络应用程序

阅读 Winsock 程序,掌握 Socket 网络通信编程的过程,重点掌握使用 Socket 编程接口进行面向连接的网络应用程序开发方法(单进程和多线程)。

(1)可以选择 Windows 平台或者 Linux 平台、编程实现客户端和服务器端的 TCP 连接,通信内容为学生姓名和学号。

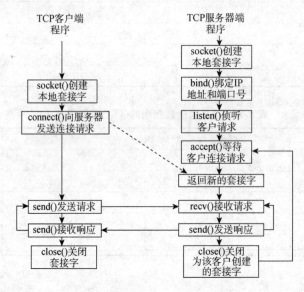

(2)TCP 加密报文通信。尝试从网上找一些加密算法的源代码 HASH、AES、RC4 等,将上述实验中传输的数据进行加密、再用 MD5 进行校验后传送给另一端,另一端做相应的 MD5 校验后进行解密。加密/解密和 MD5 可以使用 WIN 或 NIX 下多种第三方库函数实现。

2)无连接的网络应用程序

阅读 Winsock 程序,掌握 Socket 网络通信编程的过程,重点掌握使用 Socket API 口进行无连接的网络应用程序开发方法。

学生自由选择实验平台:Windows 平台或者 Linux 平台、编程实现客户端和服务器端的 UDP 通信、发送一条消息同时在服务器端显示,通信内容为学生姓名和学号。

3)邮件客户端实现

利用 Socket API SMTP,遵循协议实现对于特定邮件服务器(如 mail.163)的发送邮件功能。

以下是一个基于 POP3 的邮件客户程序示例,与邮件服务器连接并取回指定用户账号的邮件。与邮件服务器交互的命令存储在字符串数组 POPMessage 中,程序通过一个 do-while 循环依次发送这些命令。

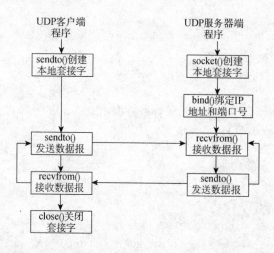

```
#include < stdio.h >
#include < stdlib.h >
#include < errno.h >
#include < string.h >
#include < netdb.h >
#include < sys /types.h >
#include < netinet /in.h >
#include < sys /socket.h >
#define POP3 SERVPORT 110
#define MAXDATASIZE 4096

main( int argc, char * argv[ ]){
int sockfd;
struct hostent * host;
struct sockaddr_in serv_addr;
char * POPMessage[ ] = {
"USER userid \r \n",
"PASS password \r \n",
"STAT \r \n",
"LIST \r \n",
"RETR 1 \r \n",
"DELE 1 \r \n",
"QUIT \r \n",
NULL
};
int iLength;
int iMsg = 0;
int iEnd = 0;
char buf[MAXDATASIZE];
```

```c
    if((host = gethostbyname("your.server")) = = NULL) {
perror("gethostbyname error");
exit(1);
}
if ((sockfd = socket(AF_INET, SOCK_STREAM, 0)) = = -1){
perror("socket error");
exit(1);
}

serv_addr.sin_family = AF_INET;
serv_addr.sin_port = htons(POP3 SERVPORT);
serv_addr.sin_addr = *((struct in_addr *)host - >h_addr);
bzero(&(serv_addr.sin_zero),8);
if (connect(sockfd, (struct sockaddr *)&serv_addr,sizeof(struct sockaddr)) =
= -1){
perror("connect error");
exit(1);
}

    do {
send(sockfd,POPMessage[iMsg],strlen(POPMessage[iMsg]),0);
printf("have sent: % s",POPMessage[iMsg]);
    iLength = recv(sockfd,buf + iEnd,sizeof(buf) - iEnd,0);
iEnd + = iLength;

buf[iEnd] = \0;
printf("received: % s,% d\n",buf,iMsg);
    iMsg + +;
} while (POPMessage[iMsg]);
    close(sockfd);
}
```

第4章 网络层

传输层关注的是源主机进程和目的主机进程之间的通信和处理数据,端到端的数据传输工作则由网络层负责。网络层把源主机传输层交付的数据传输到目的主机的网络层,然后再交付给其传输层。网络层的功能包括:路由选择和数据转发、网络互联、数据包的封装和解封、数据包的分段和重装等。路由选择是网络层的核心功能,路由选择算法分为静态选路算法和动态选路算法,Internet 常用的路由选择协议包括:RIP、OSPF 和 BGP。

在多个网络互联的环境下,网络的互联和互通也由网络层负责,Internet 采用统一的 IP 地址和统一的 IP 包格式以简化网络互联的问题。Internet 通用的网络层核心协议是 IPv4 和 IPv6。

本章首先介绍网络层的基本概念、IPv4 协议原理及网络层的功能和服务;然后描述主要的路由选择算法和分级选路原理;随后重点介绍 Internet 的 IP 协议,包括 IP 编址技术和 IP 包格式;并扼要介绍网络互联方法、ICMP 的用途、IP 组播的原理、移动 IP 技术的实现方法以及 IPv6 的概念和主要特点。

4.1 网络层概述

网络层向传输层提供的服务分为面向连接服务和无连接服务两种,前者由虚电路(Virtual Circuit)网络提供,后者由数据报(Datagram)网络提供。Internet 是数据报网络,网络层只提供无连接、尽力而为不可靠的服务,可靠传输问题由 TCP 解决。

网络由资源子网和通信子网组成,网络层是通信子网的最高层。通信子网中的节点(如路由器)对数据包进行存储和路由选择,并转发给下一个节点,这样逐步将数据包传送到目的主机。

4.1.1 网络层的功能和服务

传输层实现两台主机的应用进程之间的通信,在大多数情况下,两台主机分属两个不同的网络,因此,源主机发送的一个 TCP 报文段或 UDP 数据报在传输时可能要跨越多个网络,沿途经过多个路由器,才能到达目的主机。这种端到端的数据传送工作由网络层负责,网络层解决数据如何从源主机传输到目的主机的问题。

网络层是实现端到端(主机到主机)数据传输的最底层,负责把源主机传输层交付的数据传输到目的主机的网络层,然后再交付给其传输层。具体的功能包括:路由选择和数据转发、网络互联、数据包的封装和解封、数据包的分段和重装等。Internet 中网络层的数据传输过程如图 4-1 所示,源主机的传输层将一个 TCP 报文段交给网络层,网络层在其前面加上 IP 包头,封装成 IP 包,发送给路由器 R_1。路由器 R_1 根据 IP 包头携带的目的地址进行路由选择,将 IP 包转发给路由器 R_2;R_2 同样根据 IP 包头的目的地址进行路由选择,将 IP 包转发给目的主机。目的主机的网络层拆掉 IP 包头,将 TCP 报文段交付给传输层。这样就实现了源主机到目的主机端到端的数据传输。

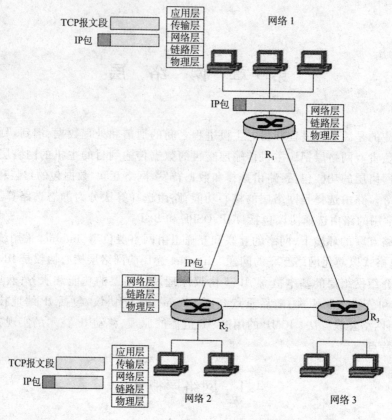

图 4-1　网络层的通信过程

　　数据包从源主机发送到目的主机可能要跨越多个网络,这些网络可能采用不同的拓扑结构、不同的通信技术、不同的物理编址方法,这些差异为网络层所屏蔽,传输层所看到的是一致的服务和统一的地址。如图 4-2 所示,对于源主机 A 和目的主机 B 的传输层,中间网络的个数、路由器的个数和各网络的传输技术都不可见。

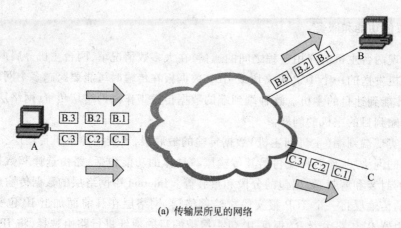

(a) 传输层所见的网络

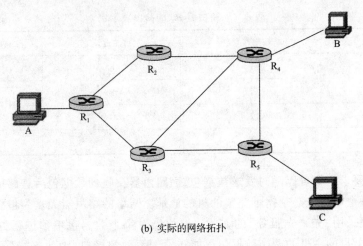

(b) 实际的网络拓扑

图 4-2　网络层向传输层提供一致的服务

4.1.2　数据报网络和虚电路网络

网络层根据不同的实现技术,提供无连接服务和面向连接服务。Internet 是数据报网络,只提供方便快捷的无连接服务;分组交换网(X.25 网络)是典型的虚电路网络,提供复杂可靠的面向连接服务。

1)数据报网络

数据报网络的路由器不保存任何数据包处理的状态信息,对每个输入的数据包单独进行处理,是无连接网络。在数据报网络中,每个路由器的路由表包含计算机的目的地址和该路由器上的输出接口(即输出链路)之间的对应关系。源主机发送的每个数据包均须携带完整的目的地址。路由器根据收到的数据包中的目的地址检查路由表,以确定应该输出到哪个接口。图 4-3 显示一个数据报网络,其中包含 4 个路由器和 7 台主机。路由器 R_2 的路由表如表 4-1 所示,为简单计,表 4-1 只包含目的地址和输出接口。假定当前 R_2 收到一个目的地址为 F 的数据包,根据路由表,该包被转发到输出接口 3。

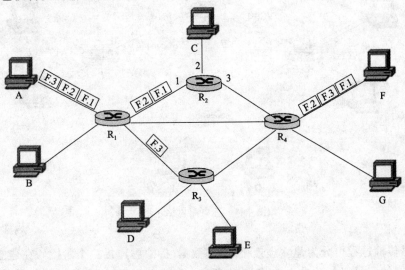

图 4-3　数据报网络示例

表4-1 路由器 R_2 的路由表示例

目的地址	输出接口	目的地址	输出接口
A	1	E	1
B	1	F	3
C	2	G	3
D	1		

数据报网络要求主机可以随时发送数据包,而路由器在收到数据包后查路由表并转发,无须事先建立连接,每个数据包必须携带完整的目的地址。网络的路由器无须为包预留资源,资源分配按需进行,一般采用"先来先服务"的方式。路由器对每个数据包单独进行处理,来自同一个源主机发往同一个目的主机的两个数据包可能转发到不同的接口,因此不能保证按顺序交付目的主机。源主机在发送数据时,对于网络的状况(是否畅通)和目的主机的状况一无所知,因此很可能出现数据包丢失的情况。如图4-3所示,A 发给 F 一部分数据包的传输路径是 A – R_1 – R_2 – R_4 – F;由于 R_2 繁忙,后续的数据包转发到 R_3,因此可能出现后发数据包先到达 F 的情况;在一般情况下,数据包的丢失和失序由上层协议(如 TCP)处理;路由器和链路的故障只影响正在处理/传输的数据包,其他路由器的路由表将随之更新,后续的数据包转发到畅通的路径上。

数据报网络无须保证可靠传输,功能简单,成本低,运行方式灵活,可以适应多种网络应用。

2)虚电路网络

虚电路网络借鉴了电路交换方式的优点,采用面向连接的网络模型,在发送数据之前,源主机和目的主机之间首先建立一条虚连接(逻辑通道),虚连接不同于电路交换技术中的实际物理连接,虚电路网络采用的仍然是分组交换技术。

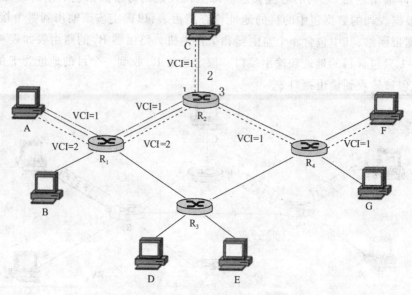

图4-4 虚电路网络示例

整个数据传输过程可分为建立虚连接、传输数据、拆除虚连接三个阶段。在建立虚连接的过程中,数据传输的路径已经确定。如图4-4所示,主机 A 和 F 之间建立一个虚连接:A – R_1 –

$R_2 - R_4 - F$,A 发给 F 的所有数据包都在这同一条路径上传输。在建立虚连接时,主机/路由器为虚连接分配一个虚电路标识(Virtual Circuit Identifier,VCI),后续发送的数据包只需携带此 VCI,而无须携带完整的目的地址。在虚电路网络中,路由器(交换机)[①]检查虚电路表以确定输出接口。虚电路表分为输入和输出两列,每列又分为 VCI 和接口号两个子列,每个虚连接对应虚电路表中的一行。路由器 R_2 的虚电路表如表 4-2 所示,R_2 先后建立两条虚连接,第一条虚连接是 $A - R_1 - R_2 - C$,第二条虚连接是 $A - R_1 - R_2 - R_4 - F$。

表 4-2 R_2 的虚电路表示例

输　入		输　出	
接口号	VCI	接口号	VCI
1	1	2	1
1	2	3	1

虚电路网络在传输数据之前,须建立唯一的一条源主机到目的主机的虚连接,源主机发送的数据包只需携带 VCI,无须携带完整的目的地址;路由器收到数据包后,根据其携带的 VCI 和输入接口查找虚电路表,确定输出接口,并在必要时更新数据包的 VCI。VCI 只对同一条链路有效(Local Signification);在路由器内,对于同一条虚连接,输出的虚电路号和输入的虚电路号不一定相同,如表 4-2 所示,虚连接 $A - R_1 - R_2 - R_4 - F$ 在 $A - R_1$ 链路的 VCI = 2,而在 $R_2 - R_4$ 链路的 VCI = 1。一个虚连接之上所有的数据包都采用相同的路径进行传输,因此可以保证数据按序到达目的主机,如图 4-5 所示。一个路由器或链路故障时,经过该路由器或该链路所有的虚连接都中断,需要重新建立。虚电路网络的资源分配可以采用类似电路交换的资源预留方法,在建立连接时进行资源预留;也可以采用类似数据报网络的动态分配方法,在数据包到达路由器时按需分配资源。

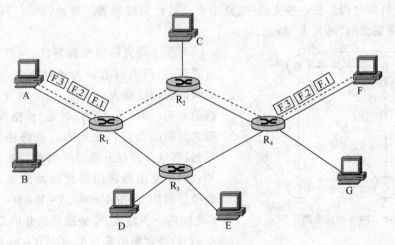

图 4-5 虚电路网络能保证按序交付

[①] 虚电路网络仍然使用路由器作为连接设备,在实际的虚电路网络(如 X.25)中,连接设备一般是交换机(Switch)。

表 4-3 对数据报网络和虚电路网络各自的特性进行了总结和比较。

表 4-3　数据报网络与虚电路网络的区别

特　性	数据报网络	虚电路网络
是否需要预先建立连接	不需要	需要
数据包携带的地址	完整地址	较短的 VCI
资源分配方式	动态分配	预先分配或动态分配
数据传输的可靠性	不可靠，数据可能丢失、重复或失序	可靠
一对主机之间的数据流的传输路径	每个数据包单独选路，路径可能不同	同一连接所有的数据包采用相同的路径
路由器或链路故障的影响	只影响正在处理的数据包	经过该路由器或链路的全部虚连接均需重建
服务质量（QoS）保障	很难实现	通过在建立连接时预留足够的资源可以保障 QoS
拥塞控制	很难实现	容易实现

4.2　路由选择算法

　　路由选择是网络层的一个最重要的功能，即根据数据包携带的目的地址，为数据包在网络中选择一条路径，使得数据包可以从源主机传输到目的主机。对于虚电路网络，只有建立虚连接的数据包才需要进行路由选择；对于数据报网络，每个数据包都需要进行路由选择。在 Internet 中，路由器完成路由选择功能。对于输入的数据包，路由器根据包中携带的目的地址，使用某种路由选择算法，确定该包转发到哪一个输出接口，即选择出一条最佳路由。最佳路由通常指最短路由，其衡量指标可以是跳数[①]最少、距离最近、时延最低或者价格最低。

　　"转发"（Forwarding）与"路由选择"（Routing）是路由器的两个功能。"转发"是将数据从路由器的输入接口转移到相应的输出接口；"路由选择"（简称"选路"）是根据路由表确定应转发到哪个输出接口的过程。在一些文献中，路由表也被称为转发表。此处，网络层使用"路由表"概念，数据链路层使用"转发表"概念。

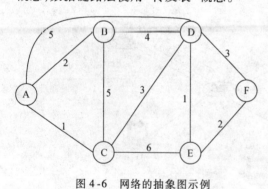

图 4-6　网络的抽象图示例

　　为便于研究路由选择算法，网络可用拓扑图的方式描述，路由器表示为拓扑图中的节点，路由器之间的物理链路表示为边，边上的权值用于表示链路的开销（如带宽、距离、时延、价格等）。两个路由器之间的一条路径表示为这条路径上所有的节点序列，而这条路径开销是沿着路径所有边的开销之和。两个路由器之间的最短路由就是开销最小的路径。例如，在图 4-6 中，A－B－D－F 是节点 A 和 F 之间的一条路径，这条路径的开销是 2 + 4 + 3 = 9。A－F 的最短路由则是 A－C－D－F，其开销是 7。

---

　　① 在网络层，跳数（Number of Hops）是衡量路由的一个重要指标。两个相连（也称相邻）的路由器之间的距离定义为 1 跳，主机到其所连接的路由器的距离也是 1 跳。进行路由选择之后，数据要转发给下一个路由器或主机，在路由表中，下一个路由器（主机）通常称为"下一跳"（Next Hop）。

路由选择算法基本可以分为两大类:静态选路算法和动态选路算法。静态选路算法的路由一般事先计算好,在计算路由时不考虑网络当前的状况,因此,又称为非自适应选路算法。当网络的拓扑结构变化时(如节点和链路增加或减少),或者某些链路出现拥塞时,根据静态选路算法选出的路由一般不能保证是最佳路由,甚至可能是较差的路由。动态选路算法在进行路由计算时,则会考虑到当前网络的拓扑结构和负载,从而能选择出相对较优的路由,因此,称为自适应选路算法。

4.2.1 静态选路算法

静态选路算法包括:固定路由表选路法、洪泛选路法和随机选路法。

1)固定路由表选路法和 Dijkstra 算法

固定路由表选路法通过在路由器中事先设置一个路由表,当路由器收到一个数据包时,只需要根据包中携带的目的地址查表确定输出接口即可。图4-7 的网络包含 A ~ F 六个节点(路由器),其中数字 1 ~ 3 表示路由器 A 的输出接口,A 的固定路由表如表 4-4 所示。

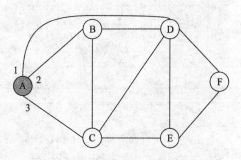

图 4-7　路由选择的示例网络

表 4-4　节点 A 的静态路由表示例

目的地	下一跳	接口
A	A	—
B	B	2
C	C	3
D	D	1
E	D	1
F	C	3

假定当前节点 A 收到一个目的地址为 E 的数据包,根据表4-4,节点 A 发现下一跳是路由器 D,因此节点 A 将该包通过输出接口 1 转发给路由器 D。路由器进行路由选择不是选择端到端的完整路由,而是找出下一跳路由器,然后将数据包转发给该路由器,后续的选路和转发工作由下一跳路由器(如 D)完成。这样,通过逐跳(Per-Hop)选路和转发,网络层可以实现端到端的数据传输功能。由表 4-4 还可知,下一跳和接口一一对应,出于简便考虑,本书后续的路由表只保留下一跳而不保留接口。

静态路由表一般在已知的网络拓扑结构和固定的链路负载的前提下,通过计算出两个节点之间的最短路由确定。衡量最短路由,可以从距离、带宽、价格、时延等多个角度考虑。目前最常用的最短路由计算方法是 Dijkstra 算法。

Dijkstra 算法由荷兰学者 Dijkstra 于 1959 年提出,该算法采用图搜索方法,可以求出一个节点(称为源节点)到其他节点的最短路径和最小开销,即以源节点为根的最短路径树。Dijkstra 算法的原理如下:

第 1 步,定义一个集合 N,该集合包含所有最短路径已确定的节点,在初始时,该集合包含一个源节点(设为 S)。

第 2 步,考虑 S 和其他节点的距离,如果 S 和某个节点之间有一条边相连,距离就是该边上的权值;否则,距离值设为无穷大(∞)。

第 3 步,从未加入集合 N 的节点中选择一个距离值最小的节点(设为 T)加入集合。

第 4 步,重新计算 S 到其他未加入集合 N 的节点的距离,如果经过 T 的路径更短,则更新距离值。

第 5 步,返回第 3 步,直到所有节点都加入集合 N。

Dijkstra 算法的伪代码如下:

```
Initialization (u = source node):
N = {u} /* path to self is all we know */
for all nodes v
        if v adjacent to u
            then D(v) = c(u,v) /* assign link cost to neighbours */
        else D(v) = ∞
Loop
        find w not in N such that D(w) is a minimum
        add w to N
        update D(v) for all v adjacent to w and not in N:
            D(v) = min( D(v), D(w) + c(w,v) )
        /* new cost to v is either old cost to v or known
        shortest path cost to w plus cost from w to v */
until all nodes in N
```

以图 4-8 的网络为例,使用 Dijkstra 算法计算节点 A 的路由表的步骤如表 4-5 所示。表头的 D(X)表示 A 到节点 X 的距离。在表中,数值表示 A 到其他节点的距离值,"—"表示最短距离已确定,集合中的元素是已经确定最短路径的节点。最终计算出的节点 A 的路由表如表 4-6 所示,A 的最短路径树如图 4-9 所示。

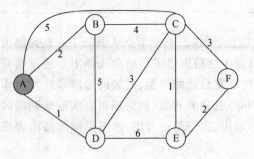

图 4-8　Dijkstra 算法的示例网络

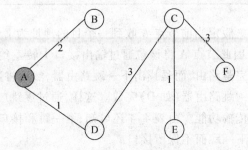

图 4-9　节点 A 的最短路径树

表 4-5　Dijkstra 算法的计算步骤示例

步骤	D(A)	D(B)	D(C)	D(D)	D(E)	D(F)	集合 N
1	—	2	5	1	∞	∞	{A}
2		2	4	—	7	∞	{A,D}
3		—	4		7	∞	{A,B,D}
4			—		5	7	{A,B,C,D}

步骤	$D(A)$	$D(B)$	$D(C)$	$D(D)$	$D(E)$	$D(F)$	集合 N
5					—	7	{A,B,C,D,E}
6						—	{A,B,C,D,E,F}

表 4-6 节点 A 的路由表

目的地	下一跳	距离
A	—	0
B	B	2
C	D	4
D	D	1
E	D	5
F	D	7

2）洪泛选路法

洪泛法（Flooding），顾名思义，就是向所有可能的方向转发，即采用洪泛选路法的路由器在收到一个数据包时向除了输入接口之外的所有接口转发。如图 4-10 所示，节点 A 产生一个数据包，转发到所有接口，即转发给邻节点 B、C 和 D。收到 A 发送的数据包后，节点 B 转发给 C 和 D，节点 C 转发给 B、D、E 和 F，而节点 D 转发给 B、C 和 E。

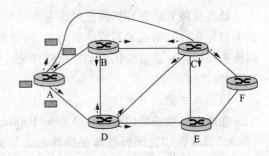

图 4-10 洪泛法选路示例

洪泛法使网络增加大量的负载，如果网络有 N 个节点，则洪泛法增加的负载近似为 2^N。因此，在一般情况下网络不采用洪泛法进行路由选择。但是，它可以保证目的主机一定会收到数据包，而且网络所有的路由器都会收到洪泛的数据包。因此，在路由信息未知，或者网络线路不可靠的情况下，洪泛法也得以应用，Internet 的选路协议 OSPF（参见 4.3.4）就使用洪泛法传播路由信息。

Internet 经常采用限制洪泛包经过的距离和用序号判断重复的洪泛包等方法以减少洪泛所产生的负载。

限制洪泛包经过距离方法的原理是：源主机在数据包中增加一个"跳计数器"字段，规定该包所传输的最大跳数。路由器收到数据包时，该字段值减 1，减到 0 时即丢弃该包。IP 即采用这种方法，包头定义了生命期（Time to Live，TTL）字段。

用序号判断重复的洪泛包的原理是：源主机在数据包中增加一个"序号"字段，路由器根据此字段判断该包是否已经收到，如果重复包则丢弃，不再转发。OSPF 协议的路由信息通告包即采用"序号"的方法。

3）随机选路法

在路由器或链路出现故障时，固定路由表选路法不可靠；洪泛选路法虽然可靠，但产生的负载太大。随机走动选路法（Random Walk Routing）是介于二者之间的一种折中的方法。采用随机走动法的路由器在路由表中有多条候选路由，路由器收到一个数据包时，按照预定的概率随机选择其中一条路由。图 4-7 中的网络若采用随机走动选路法，A 的路由表如表 4-7 所示。假定

A 收到一个目的地址是 C 的数据包,此时 A 首先产生一个 0~1 之间的随机数,根据此随机数的值确定下一跳,如果产生的随机数在[0,0.6]内,则将数据包转发给 C;在[0.6,0.9]内,则将包转发给 B;在[0.9,1]内,则转发给 D。很显然,随机选路法可靠性相对较强,因此可以应用在无线网络中。

表 4-7 随机走动选路法的路由表示例

目的地	下一跳	概率	下一跳	概率	下一跳	概率
A						
B	B	0.5	C	0.2	D	0.3
C	C	0.6	B	0.3	D	0.1
D	D	0.45	B	0.3	C	0.25
E	D	0.4	C	0.4	B	0.3
F	B	0.35	C	0.35	D	0.3

4.2.2 动态选路算法

静态选路算法在计算路由时不考虑网络当前的实际状况,选择出的路由一般无法保证最佳,甚至可能是较差的或者不可达的路径,因此实际的网络很少采用静态选路算法,而采用能够适应网络拓扑结构和负载变化的动态选路算法。常用的动态选路算法有距离矢量算法和链路状态算法两种。

1) 距离矢量选路算法

在距离矢量选路(Distance Vector Routing,DVR)算法中,路由器和与之直接相连的路由器(称为"邻节点")之间周期地交换路由表信息,路由器根据来自邻节点的信息动态地更新路由表,以适应网络的变化。

在距离矢量选路算法中,"距离"指的是两个节点之间传输数据的开销,在 Internet 中通常采用跳数。"矢量"指的是路径具有方向,即路由器 A 到 B 的距离不一定等于 B 到 A 的距离,这符合实际的网络情形。

每个路由器都知道其到邻节点的距离,这是距离矢量选路算法的前提。一个路由器按周期向邻节点通告其路由信息:该路由器到网络中其他所有节点的距离,即路由表中的[目的地,距离]这两列。收到邻节点的路由信息后,路由器根据其到邻节点的距离和邻节点到其他节点的距离信息重新计算其路由信息,并更新路由表。

距离矢量选路算法的路由计算基于 Bellman-Ford 算法,算法的伪代码如下:

```
procedure BellmanFord(list vertices, list edges, vertex source)
//Step 1: Initialize graph
for each vertex v in vertices:
        if v is source then v.distance := 0
        else v.distance := infinity
v.predecessor := null
//Step 2: relax edges repeatedly
for i from 1 to size(vertices) -1:
```

```
for each edge uv in edges: //uv is the edge from u to v
    u : = uv.source
    v : = uv.destination
    if u.distance + uv.weight < v.distance:
            v.distance : = u.distance + uv.weight
    v.predecessor : = u
```

假定在图 4-11 的示例网络中,节点 A 的原路由表如图 4-12(a)所示,A 收到来自邻节点 B、C 和 D 的路由通告如图 4-12(b)所示,当前 A 到邻节点的链路距离是 AB = 2、AC = 4、AD = 3,根据这些信息,更新后 A 的路由表如表 4-8 所示。以目的地 E 为示例,A 可以选择 B、C 或 D 为下一跳。如果选择 B 为下一跳,距离 AE = AB + BE = 2 + 7 = 9;如果选择 C 转发,则 AE = AC + CE = 4 + 1 = 5;选择 D,则 AE = AD + DE = 3 + 3 = 6,因此 AE 的最短距离是 5,路由表中的下一跳节点应该是 C。

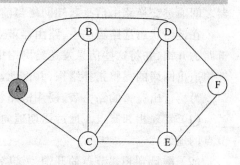

图 4-11　距离矢量选路算法的示例网络

目的地	下一跳	距离
A	—	0
B	B	3
C	C	4
D	D	3
E	D	8
F	B	5

（a）路由器 A 的原路由表

目的地	来自 B 的距离信息	来自 C 的距离信息	来自 D 的距离信息
A	3	4	3
B	0	1	2
C	3	0	4
D	5	3	0
E	7	1	3
F	5	4	3

（b）邻节点发送给 A 的路由信息

图 4-12

表 4-8　更新后 A 的路由表

目的地	下一跳	距离
A	—	0
B	B	2
C	C	4
D	D	3
E	C	5
F	D	6

距离矢量协议的路由器向所有直接与己相连的邻节点发送路由信息,提供给邻节点的是己所知的整个网络信息;这种信息发送是周期性的,发送的频率取决于具体的实现,一般是数秒至数分钟;路由器只知其路由信息和邻节点提供的路由信息,而不知道非邻节点的情况,或者说"只知距离而不知路径"。

2)链路状态选路算法

距离矢量选路算法在初期的 ARPANET 中广泛使用,但随着网络链路速率的提高,仅以跳数作为距离度量参数不能准确反映网络的实际情况,链路带宽成为影响时延的主要因素之一。距离矢量算法固有的无穷计算问题(参见 4.3.4 RIP 协议)是影响其广泛应用的一个障碍。1979年,另一个动态选路算法——链路状态选路(Link State Routing,LSR)开始普遍应用。和距离矢量选路算法类似的是,链路状态选路算法也是一种分布式算法,即不需要中央管理节点,各路由器之间通过交换路由信息获知网络当前状况,计算并更新其路由表。

在链路状态选路算法中,路由器节点能够发现己和邻节点之间链路的状态(连通/中断)及链路的开销,并将这些信息发送给网络中所有的其他节点。根据来自其他节点的信息,路由器能够构造出网络的完整拓扑结构,并由此计算出本节点到网络中所有其他节点的最短路径及开销。

为构造出完整的路由表,使用链路状态选路算法的路由器需要完成下列工作:

(1)发现相邻节点。通过周期地向所连接的各链路上发送 HELLO 包,路由器可以获知其邻节点的地址。

(2)测量到相邻节点的开销。链路状态选路算法的前提是每个路由器都知道其到其邻节点的开销,可以使用时延、带宽、负载、可靠性、价格等作为衡量链路开销的参数。测量时延的方法是:路由器向邻节点发送 ECHO 包,收到 ECHO 包的节点立刻返回应答。由此路由器可以测量出己和邻节点之间的环回时延,并计算出单程时延(假定链路是时延对称的,即单程时延是环回时延的一半)。

(3)构造路由通告消息。与距离矢量选路算法不同的是,链路状态选路算法的路由通告消息仅包含路由器和各相邻节点之间的链路状态信息。链路状态包(Link State Packet,LSP)主要包含构造此 LSP 的节点标识、此节点的邻节点地址及到每个邻节点的链路开销、序列号和生存期如表4-9所示。后两个字段的作用参见第 4 个工作步骤。

(4)发布链路状态包。在链路状态选路算法中,链路状态包发布给网络中的每一个路由器节点,而不是只通告邻节点。链路状态包采用洪泛法发送,从而保证网络中的每个节点都能收到。

借助洪泛法,路由器节点会收到多个相同的 LSP。此时,路由器使用"序列号"字段判断哪个 LSP 最新;使用"年龄"字段将过期的 LSP(即年龄 = 0 的 LSP)丢弃,即不再继续转发到网络上,从而减少洪泛法产生的负载。典型的 LSP 格式如表 4-9 所示。

表 4-9 LSP 格式示例

源节点	序列号	年龄	邻节点 1	开销	邻节点 2	开销	…

(5)计算最短路径。收到网络中所有其他节点的 LSP 之后,路由器可以构造出完整的网络拓扑结构,其中包含每条链路的开销。此时,路由器采用 Dijkstra 算法可以计算出其到网络中其他各节点的最短路径和开销,即构造出完整的路由表。

假定一个网络中的各节点发布的 LSP 如图 4-13 所示,根据这些 LSP 可以构造出此网络的拓扑结构,如图 4-14 所示。

由于使用链路状态选路算法的每个节点都知道网络的完整拓扑结构,因而可以计算出最佳最稳定的路由;在拓扑结构变化时,也能够很快收敛,不会出现无穷计算问题。但是,算法的复杂度、所发布 LSP 的数量和内容显然都远远超过距离矢量算法的路由器通告消息,因此链路状态

A		B		C		D		E		F	
123		234		222		222		200		155	
30		28		28		31		25		16	
B	2	A	2	A	5	A	1	C	1	C	3
C	5	C	4	B	4	B	5	D	6	E	2
D	1	D	5	D	3	C	3	F	2		
				E	1	E	6				
				F	3						

图 4-13　各节点发布的 LSP

算法发布 LSP 的频度很低,仅在拓扑结构变化时或者经过很长时间(如半小时)才构造并发送 LSP。

与距离矢量选路算法相比,链路状态选路算法的路由器向网络中所有其他路由器节点发送路由信息,而不仅仅是邻节点;路由器所发送的信息是其到邻节点的距离,实际上就是路由器已知的部分网络拓扑结构;这种信息发送的频率比距离矢量选路算法低很多,一般是在网络初启、网络发生拓扑结构变化或者网络有较大的数据量变化时;根据已知的部分拓扑结构和来自网络其他路由器节点的信息,路由器可以构造出全网的拓扑结构,因此不会出现无穷计算问题。

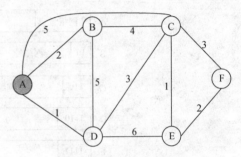

图 4-14　根据 LSP 构造的网络拓扑结构

4.3　Internet 的网络层

Internet 是一个由数以千万计的网络互联而成的网络集合。这些网络可能采用不同的实现技术、不同的地址标识、不同的数据包格式并提供不同的服务,因此,网络的互联互通是 Internet 必须解决的一个重要问题。Internet 采用一种简单高效的方法,要求各个网络都必须支持统一的 IP,采用统一的 IP 地址和包格式,以实现各种异构网络的互联和互通。

IP 提供无连接服务,对于 IP 包只能实现尽力而为的传输,没有确认机制,不保证传输的可靠性,IP 包在传输中可能被破坏,被丢弃,接收方可能收到重复的或者失序的 IP 包。除了核心的 IP 之外,Internet 的网络层还有 ARP/RARP、DHCP、ICMP、RIP、OSPF、BGP、IGMP 等其他相关协议。

4.3.1　统一的 IP 地址

Internet 上每个主机和路由器都至少有一个 IP 地址,这个地址唯一标识在 Internet 上的一个连接点(即网络接口)。如果一个路由器连接两个网络,它就有两个 IP 地址;如果一台计算机同时使用有线网卡和无线网卡联网,它也有两个 IP 地址[①]。因特网上的每个 IP 地址都是全球唯一

---

① 使用命令 ipconfig 可以查看计算机的 IP 地址和其他网络参数配置

的,两个网络接口不能同时使用相同的 IP 地址。IP 地址是水平地址(Flat Address),一个网络设备(主机/节点)的 IP 地址和其物理位置无关。

1)IP 地址结构

IP 地址长度为 32 位,此地址空间共包含 2^{32} = 4294967296,即近 43 亿个地址。为方便人们读写,IP 地址用 4 个十进制数表示,中间用".""分隔,称为"点分十进制"表示法。如 IP 地址"11001010 01110000 00001010 01100000"表示为 202. 112. 10. 96。

一个 IP 地址包含两部分:网络号和主机号,网络号表示设备所在网络的地址,主机号用于区分同一个网络内的设备。传统的 IP 地址采用分类编址(Classful Addressing)方法。根据网络号和主机号各自不同的位数,IP 地址分为 A、B、C 三类,如图 4-15 所示。此外,D 类地址是组地址,用于组播(多播)通信;E 类地址暂未使用。

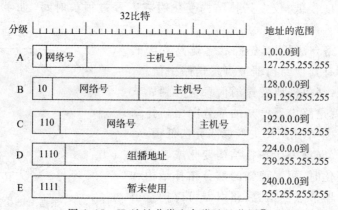

图 4-15　IP 地址分类和各类地址范围①

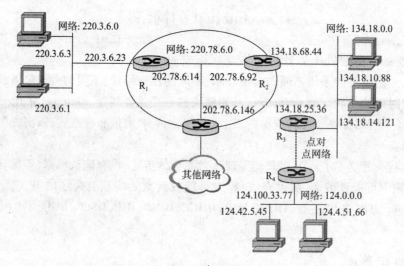

图 4-16　网络地址示例

每个网络都有网络地址和广播地址两个特殊的 IP 地址。网络号保留且主机号为 0 的地址称为网络地址,它是一个网络的标识,一个网络内所有的主机具有同样的网络地址。从外部看,

---

① 注意,最高位为 0 的 IP 地址范围(0. 0. 0. 0~0. 255. 255. 255)表示的是本网络的主机,不是全局 IP 地址,参见图 4-17

一个网络以网络地址标识。进行路由选择时,主要依据的是网络地址,而不是主机地址。网络地址的概念如图 4-16 所示,其中有四个网络,网络地址分别为 220.3.6.0,200.78.6.0,134.18.0.0 和 124.0.0.0。

网络号部分保留及主机号部分为全 1 的 IP 地址称为广播地址,用于向该网络中的全部主机发送广播数据。

此外,以 127 开头的地址(不包含 127.0.0.0)称为环回地址(Loopback Address),以该地址为目的地址的 IP 包只发送到网络接口,而不发送到网络上,用于测试本设备的网络接口和网络协议。地址 0.0.0.0 则表示计算机尚未分配到 IP 地址。在使用 DHCP 分配 IP 地址时,申请地址的计算机发送的 IP 包中源地址是 0.0.0.0,不允许将 0.0.0.0 作为 IP 包的目的地址。图 4-17 对特殊的 IP 地址进行归纳。

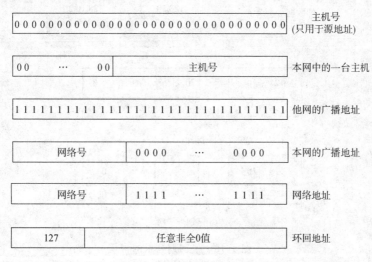

图 4-17　特殊的 IP 地址

2) 地址块、子网和子网掩码

按照分类编址方法,IP 地址被分成很多固定大小的地址块(Block),每块包含的地址数目也固定,如表 4-10 所示。

表 4-10　分类编址的地址块和地址空间

地址类别	地址块个数	每个地址块中的地址数
A	128	16777216,约 1600 万
B	16384	65536
C	2097152,约 200 万	256
D	1	268435456,约 2.7 亿
E	1	268435456,约 2.7 亿

在分类编址方法中,一个单位网(如 ISP、校园网、企业网等)分配到一个地址块(Address Block),根据其网络规模,这个地址块可能是 A 类、B 类或 C 类。在单位网内,主机和路由器的地址分配由单位自行决定,对网络外部透明。如果一个单位获得的是一个 A 类或 B 类地址块,由于块内地址数目巨大,为简化地址管理,一个单位的网络往往需要分成多个子网(Subnet)。同

时,这种子网的划分通常也要兼顾行政管理,如校园网按院系划分子网,公司网按照部门划分子网。如图 4-18 所示,子网 128.10.0.0 内部划分为两个子网:128.10.1.0 和 128.10.2.0。子网的划分方法是:将 IP 地址的主机号部分从高位分出若干位,作为子网号,以标识子网。划分子网后,IP 地址变成:网络号、子网号和主机号三部分。

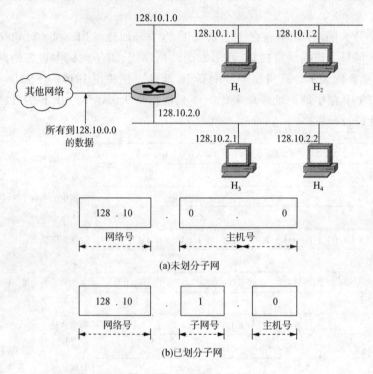

图 4-18   子网划分示例

路由选择主要依据的是目的主机的网络地址,而不是主机地址,从主机地址中获得网络地址采用的是子网掩码(Subnet Mask)。子网掩码是一种特殊的 IP 地址,其网络号为全1,主机号部分为全0。传统的 A 类、B 类、C 类地址块的掩码称为默认掩码(Default Mask),其值分别是255.0.0.0,255.255.0.0 和 255.255.255.0。根据一个 IP 地址的值可以判断出它属于 A,B,C 哪一个地址类,由此就可以判断出默认掩码。例如,在图 4-18 中,B 类网络 128.10.0.0 的默认掩码是 255.255.0.0。对于一个网络内的子网而言,网络号和子网号部分为全1,主机号部分为全0的地址就是子网掩码。如果一个 B 类网络主机号的高 3 位用作子网号,则该网络可以划分成 2^3 =8 个子网,每个子网的子网掩码均是 255.255.224.0,如图 4-19 所示。

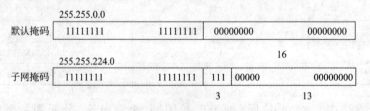

图 4-19   子网掩码示例

在图 4-19 的示例中,所划分的 8 个子网的地址空间都一样大,子网掩码也一样,这种情况称为固定长度子网掩码（FLSM）。但实际应用中，在划分子网时，不要求每个子网的地址空间都一样大，可以根据需要灵活划分，即不同子网的地址掩码可能不同，因此也称为可变长度子网掩码（VLSM）。如图4-20所示，网络192.168.15.0划分为5个子网，其中的主机数分别为60,50,40，30和20，为此分配的地址个数分别应为64,64,64,32和32，其中前三个子网的掩码为255.255.255.192，后两个子网的掩码为255.255.255.224。

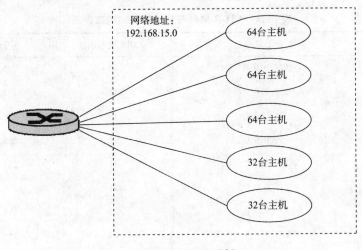

图4-20　VLSM示例

　　子网的划分不但有利于内部的IP地址管理，而且可实现高效的内部选路，路由器须保存每个子网的地址，而不必保存每个主机的地址，这可显著提高路由器的选路效率。注意，子网的划分在网络内部实现，对于该网络外部不可见，一个网络对外仍然以一个网络地址标识，在图4-19中，整个网络对外的网络地址是128.10.0.0。

　　按照分类编址方式，一个C类地址块只包含256个地址，对于大多数单位而言，地址不够用。一个过渡的解决方案是划分超网（Supernetting），即为一个单位分配若干个连续的C类地址块，以提供更大的地址空间。换言之，就是几个C类网络合在一起组成一个超网。超网实际上是将地址块的网络号低位部分的若干位分离出来作为超网号，此时IP地址变为网络号、超网号、主机号三部分。将超网中一个IP地址的网络号部分保留，超网号和主机号部分设置为全0，即是该超网的网络地址。相应地，超网掩码（Supernet Mask）就是把地址的网络号部分设为全1，超网号部分和主机号部分均设为全0。例如，A公司有1000台主机，可以为它分配4个连续的C类地址块：202.112.96.0 ～ 202.112.99.255，其超网地址是202.112.96.0，超网掩码为255.255.252.0。

　　3）无类别地址

　　随着因特网规模的扩大，传统的A,B,C三类地址划分的弊端日益严重。首先，这种分类方式很不灵活，一个网络能包含的IP地址数固定为2^{24}、2^{16}和2^{8}个，不能满足目前规模各异的网络对于灵活的地址空间的需求。其次，A类网络的IP地址过多，几乎没有一个单位能用完这些地址，地址浪费比较严重；C类网络内的地址数又过少，不能满足大多数单位网络的需求；B类地址数量对于中等规模的机构正好合适，但B类网络只有16384个，无法满足全球网络的需求，这俗称为"三只熊"问题。

　　针对上述问题，IETF在1993年发布了RFC1519——无类别域间选路（CIDR），提出了"无类别地址"的概念。IP 地址不再按照 A,B,C 三类划分,而是根据网络规模的需要可以划分为任意 $2^n(1 < n < 32)$ 大小的地址块,即可变长地址块。采用 CIDR 既无法利用网络地址判定网络的大小,需要根据 CIDR 子网掩码协助判定。CIDR 子网掩码采用前缀表示法:/x,其中 x 表示子网掩码中 1 的个数,即地址的网络号部分的位数。一种网络采用 CIDR 记法应表示为:网络地址/x,如 202.112.96.0/23。CIDR 掩码与传统子网掩码的对应关系如表 4-11 所示。

表 4-11　CIDR 掩码与传统掩码的对应关系

CIDR 表示法	点分十进制表示法	CIDR 表示法	点分十进制表示法
/1	128.0.0.0	/17	255.255.128.0
/2	192.0.0.0	/18	255.255.192.0
/3	224.0.0.0	/19	255.255.224.0
/4	240.0.0.0	/20	255.255.240.0
/5	248.0.0.0	/21	255.255.248.0
/6	252.0.0.0	/22	255.255.252.0
/7	254.0.0.0	/23	255.255.254.0
/8	255.0.0.0	/24	255.255.255.0
/9	255.128.0.0	/25	255.255.255.128
/10	255.192.0.0	/26	255.255.255.192
/11	255.224.0.0	/27	255.255.255.224
/12	255.240.0.0	/28	255.255.255.240
/13	255.248.0.0	/29	255.255.255.248
/14	255.252.0.0	/30	255.255.255.252
/15	255.254.0.0	/31	255.255.255.254
/16	255.255.0.0	/32	255.255.255.255

　　除了提供灵活的网络规模划分之外,CIDR 还采用"路由聚合"(Route Aggregation)的概念,即将连续划分的子网聚合成一个网络地址,从而可以显著减小路由表的规模,提高查表选路的效率。如图 4-21 所示,A 网络有 8 个子网,经过聚合,A 网络可以用一个网络地址 200.25.16.0/21 标识,只占路由表中一个表项。

　　采用路由聚合之后,网络可能被放大,如图 4-21 中的 B 网络,经过聚合网络地址为 200.25.24.0,包含了不属于此网络的地址 200.25.27.0/24。因此,在进行路由选择时,可能出现多个表项符合的情形,即选路到网络 B 和网络 D 均符合,此时路由器可采用"最长前缀匹配原则",即选择掩码 1 的个数量多的网络,如本例中网络 D。

　　Internet 的网络地址由 IANA(Internet Assigned Numbers Authority)统一分配,IANA 并不直接将地址分配给各个机构,而是将一大块地址分配给区域网管理机构(Regional Internet Registry, RIR)或国家网管理机构(National Internet Registry),再由其分配提供网络接入和传输服务的 ISP,由 ISP 根据需要拆分成较小的地址块,分配给企业网用户。我国的 IP 地址由中国互联网信息中心(CNNIC)统一分配。

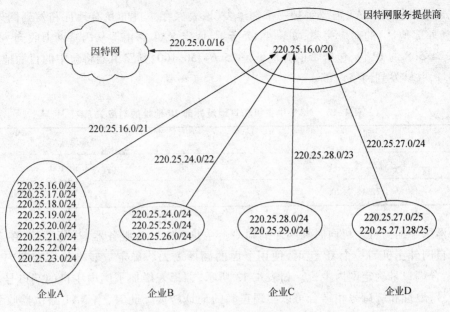

图 4-21　CIDR 路由聚合示例

4）私有地址和网络地址翻译

按照 Internet 的规定，为实现准确的路由选择，每台主机、每个路由器的每个网络接口都应该有一个全球唯一的 IP 地址，而 32 位的 IP 地址远不能适应网络规模的飞速增长。采用 CIDR，IP 地址得到充分利用，但是仍然不能满足需求。针对这个问题，Internet 允许不同网络的主机采用相同的 IP 地址，这些地址只限于网络内部使用，称为"私有地址"。在全网使用的地址则称为"全局地址"或"公共地址"。目前，3 段私有地址为

10. 0. 0. 0 ~ 10. 255. 255. 255/8

172. 16. 0. 0 ~ 172. 31. 255. 255/12

192. 168. 0. 0 ~ 192. 168. 255. 255/16

一个数据包如果要转发到外部的因特网上，则须将包中携带的私有地址转换成全局地址，这个转换功能称为网络地址翻译（NAT）。NAT 功能通常由连接网络和外部因特网的边界路由器实现。如图 4-22 所示，网络的私有地址是 172.16.0.0/12，全局地址是 200.24.5.8，这个地址由网络中的 20 台主机共享。对于要转发到因特网上的 IP 包，NAT 路由器负责把包中的源地址转换成全局地址；对于来自因特网要发送给网内主机的 IP 包，NAT 路由器负责把包中的目的地址转换成私有地址。

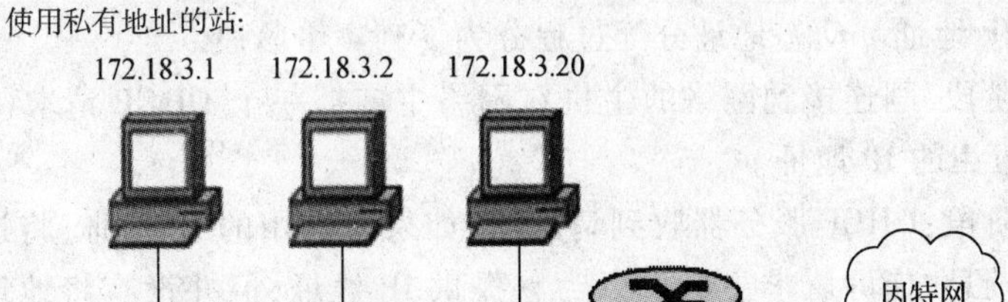

使用私有地址的站：

172.18.3.1　172.18.3.2　172.18.3.20

172.18.3.30　网络边界　200.24.5.8
　　　　　　　路由器

因特网

图 4-22　NAT 路由器示例

为完成地址转换,NAT 需要维护一个翻译表,该表保存主机的私有地址和发到网外的 IP 包目的地址(外部地址)的对应关系,如表 4-12 所示,假定 NAT 路由器从因特网上收到一个目的地址是 200.24.5.8 的 IP 包,包携带的源地址是 25.64.50.100,则路由器将包中的目的地址转换为172.18.3.1,并转发到网络内部。

表 4-12　NAT 中主机私有地址外部 IP 地址的对应关系

私有地址	外部地址
172.18.3.1	25.64.50.100
172.18.3.20	53.26.12.45

如果网络中的两台主机同时和网外的同一台主机(如 Web 服务器)进行通信,在 NAT 路由器收到来自网外主机的一个 IP 包时,使用上面的翻译表无法确定应转发给哪台网内主机。此时,需要结合端口号确定网内主机。如表 4-13 所示,翻译表增加了网内主机的端口号和网外主机的端口号,地址和端口号相结合可以实现正确的地址转换。此时,当 NAT 路由器收到一个 IP 包,除了分析包头的 IP 地址,还要分析包中的 TCP 报文段头的端口号,根据源 IP 地址、源端口号和目的端口号检索翻译表,从而确定目的主机的私有地址。

表 4-13　NAT 中主机私有地址外部 IP 地址和端口号的对应关系

私有地址	私有端口号	外部地址	外部端口号	传输协议
172.18.3.1	6400	25.8.3.2	80	TCP
172.18.3.2	8401	25.8.3.2	80	TCP
…	…	…	…	…

5)IP 地址的自动分配

在初期的 Internet 中,主机和路由器的 IP 地址采用人工配置方式指定。随着联网主机的增多、网络规模的增大,人工配置的工作量剧增,且易出错。此外,对于采用 ADSL 和 Cable Modem 等方式上网的用户,为充分利用 IP 地址,ISP 采用动态主机配置协议(DHCP),当用户上网时才分配 IP 地址,用户断网时即收回 IP 地址。DHCP 属于应用层协议,其协议消息采用 UDP 数据报进行传送。DHCP 采用 C/S 模式工作,服务器端使用的端口号是 67,客户端则使用端口号 68。

采用 DHCP 的网络有一个 DHCP 服务器,维护一个 IP 地址池。网络中的主机向 DHCP 服务器发出请求,申请 IP 地址。动态地址分配过程分为下列 4 个阶段。

(1)地址发现阶段:刚连接到网络的主机在网络中广播一个 DHCP 请求(DHCPDISCOVER)消息,询问是否有可用的 IP 地址。

(2)地址提供阶段:DHCP 服务器收到请求后,如果有可用的 IP 地址,将返回一个 DHCP 提供(DHCPOFFER)消息,告诉请求主机可以为它提供 IP 地址,但并没有将地址分配给主机。一个网络可能有多个 DHCP 服务器,有可用地址的每个服务器都会返回 DHCPOFFER 消息。

(3)地址请求阶段:收到 DHCPOFFER(可能有多个提供消息)之后,请求主机选择其中的一个,向发送该消息的服务器发出分配 IP 地址请求(DHCPREQUEST)。

(4)地址确认阶段:收到 DHCPREQUEST 的服务器返回响应消息(DHCPACK),将地址分配给请求主机。

除了 IP 地址之外,DHCP 还用于配置其他联网的相关参数,如路由器地址、子网掩码、DNS 服务器地址等。

如果一个网络没有 DHCP 服务器,则由路由器充当 DHCP 中继(DHCP Relay),提供请求主机和另一个网络的 DHCP 服务器之间的消息转发功能。

6)地址解析协议

Internet 统一的 IP 地址主要用于向外部网络发送数据时进行路由选择和数据转发。在一个网络内部,数据传输遵循底层网络特定的数据链路层协议,采用特定的物理地址进行标识和寻址,如以太网采用的是 MAC 地址。地址解析协议(ARP)提供 IP 地址到 MAC 地址的转换功能,具体的原理在数据链路层详细介绍。

4.3.2　IP 包结构

1)包头的格式

一个 IP 包分为 IP 包头和数据两部分。数据部分也称为净荷(Payload),主要是上层(TCP 和 UDP)的协议数据单元,其他协议的消息也可能封转在 IP 包中传输,如 ICMP 消息、路由选择协议(OSPF)的路由消息等。IP 不处理数据部分,即进行透明传输。IP 包的格式如图 4-23 所示。

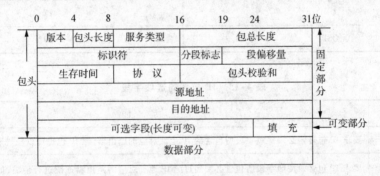

图 4-23　IP 包格式

IP 包头主要包含的字段如下所述。

● 版本(Version):长度为 4 位,用于标识目前采用的 IP 的版本。目前,因特网广泛使用的版本是 IPv4,版本号字段的值为 0100,IPv6 的版本号值为 0110。

● 包头长度(Header Length):长度为 4 位,表示此 IP 包中包头的长度,单位为 4 字节。每个 IP 包头均包含 20 字节的固定包头,可选字段的长度范围是 0~40 字节。因此 IP 包头的长度范围是 20~60 字节,对应包头长度字段值的范围是 5~15。

● 服务类型(Type of Service):长度为 8 位,用于描述此 IP 包在网络中传输时的服务质量(QoS)要求。目前网络中多数路由器不支持这个字段。关于该字段的详细描述参见 RFC 1340 和 RFC 1349。

● 包总长度(Total Length):长度为 16 位,单位是字节,因此一个 IP 包的最大长度是 65535 字节。

● 标识、分段标志、段偏移量:这些字段用于 IP 包的分段和重装。

● 生存时间(Time To Live,TTL):长度为 8 位,表示此 IP 包能经过的跳数。源主机在发出 IP 包之前,先在该字段填上一个特定的值(默认为 32)。当 IP 包经过每一个沿途的路由器时,该路由器将包中的 TTL 值减 1。如果 TTL 值减为 0,该 IP 包被丢弃。这个字段可以防止由于某种故障(如目的地址错误)而导致 IP 包在网络中无限循环的问题。

- 协议(Protocol):长度为 8 位,用于标识 IP 包中所承载的数据对应的协议。表 4-14 列出了主要协议对应的协议字段值。
- 包头校验和(Header Checksum):长度为 16 位,用于验证包头信息传输是否正确。
- 源地址:长度 32 位,即发送该 IP 包的源主机的 IP 地址。
- 目的地址:长度 32 位,即该 IP 包的目的主机的 IP 地址。
- 选项(Options):该字段的长度可变,范围是 0~40 字节。主要的选项见表 4-15。
- 填充:如果选项字段的长度不是 4 字节的整数倍,则需要填充。

表 4-14　IP 承载的协议对应协议字段值

协议名	IP 包头的协议字段值
ICMP	1
IGMP	2
TCP	6
UDP	17
OSPF	89

表 4-15　IP 包头的选项字段

选项字段名	功　能
宽松源选路	要求 IP 包传输必须经过字段所包含的 IP 地址对应的路由器,但 IP 包也可以经过未包含的路由器
严格源选路	要求 IP 包必须按照字段所包含必须经过的 IP 地址对应的路由器逐跳进行传输,如果下一跳不在此字段中,则认为发生错误,不再继续传输
路由记录	要求沿途的路由器将其 IP 地址填入此字段,从而记录 IP 所经过的路径
时间戳	要求沿途的路由器除了填入其 IP 地址之外,还必须填上 IP 包离开该路由器的时间

2)校验和

对于一个 IP 包,其源主机、经过的路由器和目的主机都要对 IP 包头进行差错校验。在 IP 包的传输过程中,IP 包头可能会发生变化(如 TTL 字段值),而包内的上层数据不变,因此,路由器有必要重新计算 IP 包头的校验和上层协议(TCP 和 UDP)对其协议数据单元进行差错校验,因此 IP 无须对 IP 包内的数据进行再次校验。只对 IP 包头进行校验,可以提高路由器对于 IP 包的处理效率,从而减少端到端时延。

IP 计算校验和的方法与 UDP 及 TCP 相同:在发送方,首先 IP 包头的校验和字段值置为零,然后将 IP 包头拆分成每 16 位一段,然后各段按位累加,最高位有进位则累加到最后一位,最终的累加和取反码后的值填入包头校验和字段。图 4-24 给出了一个计算校验和的示例。在接收方,将 IP 包头拆分成每 16 位一段,然后各段按位累加,最高位有进位则累加到最后一位,如果最终的累加和为 0,则认为传输正确,否则认为 IP 包传输出错。

4	5	0	28	
	1		0	0
4	17		0	
10.12.14.5				
12.6.7.9				

```
4,5,与0    →    01000101 00000000
28         →    00000000 00011100
1          →    00000000 00000001
0与0       →    00000000 00000000
4与17      →    00000100 00010001
0          →    00000000 00000000
10.12      →    00001010 00001100
14.5       →    00001110 00000101
12.6       →    00001100 00000110
7.9        →    00000111 00001001
总和       →    01110100 01001110
校验和     →    10001011 10110001
                00000000 00000000
```

图 4-24   校验和计算示例

3)分段和重装

网络层实现路由选择和转发功能,但不考虑数据如何在网络中传输,数据传输由底层网络实现。底层网络将 IP 包作为其数据字段,加上帧头和帧尾,封装成数据帧,按照特定的数据链路层协议进行传输。底层网络的实现技术各异,其数据帧所能承载的最大数据长度,即最大传输单元(MTU)也不同,如以太网的 MTU 是 1500 字节,而无线 LAN(IEEE 802. 11)的 MTU 是 2272 字节。

IP 规定的最大 IP 包长度为 65535 字节。为了适应底层网络的 MTU,源主机通常根据其所连接的底层网络的要求,发送合适长度的 IP 数据报[①]。在传输过程中,如果 IP 包的长度超过了前方网络的 MTU,路由器则进行分段,以实现正确传输。

在 IP 包头中,与分段相关的字段为

```
0                        15 16 17 18 19        31位
┌──────────────────────┬──────┬──┬──┬───────────┐
│       标  识          │未用  │DF│MF│  段偏移量  │
└──────────────────────┴──────┴──┴──┴───────────┘
```

● 标识(Identification):长度为 16 位,标识哪些分段应重装在一起。一个 IP 数据报分段后,所有的 IP 包片段均使用同一个标识。

● DF(Don't Fragment):长度为 1 位,如果一个 IP 数据报不允许分段,则源主机将包头的 DF 位置为 1。对于 DF =1 的 IP 包,如果包长超过前方网络的 MTU,路由器则丢弃该包,并发送 ICMP 消息报告源主机。对于 DF =0 的 IP 包,如果包长超过前方网络的 MTU,路由器则进行分段操作。

● MF(More Fragments):长度为 1 位,MF =1 表示此 IP 包不是最后一个分段;MF =0,则表示此 IP 包是最后一个片段。

● 段偏移量(Offset):长度为 13 位,表示此 IP 包片段在原 IP 数据报中的位置,第一个片段

---

① 为使表述更清晰,本节对于从源主机发出的未经分段的 IP 包称为 IP 数据报,分段后的片段仍称为 IP 包。

的偏移量为 0。IP 包头的包总长度字段为 16 位,而段偏移量字段只有 13 位,因此段偏移量字段值的单位是 8 字节。

假定路由器收到一个长度为 4000 字节的 IP 数据报(标识字段值为 12345,DF 值为 0,包头没有选项字段),要转发到 MTU 为 1420 字节的网络中,此时该 IP 包分成 3 个片段,如图 4-25 所示,其中各片段包头的相关字段如表 4-16 所示。

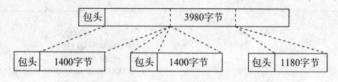

图 4-25　IP 数据报分段示例

表 4-16　IP 数据报分段的相关字段示例

片段序号	包总长度	标识	DF	MF	偏移量
1	1420	12345	0	1	0
2	1420	12345	0	1	1400/8 = 175
3	1220	12345	0	0	2800/8 = 370

IP 规定,在 IP 包片段到达目的主机后,进行重装,恢复为原 IP 数据报。路由器则不进行重装操作,这可简化路由器的功能,且更容易使片段重装后与分段前保持一致。

为保证重装的高效性,目的主机设置了重装定时器。收到某个 IP 数据报的第一个片段之后,目的主机立即启动重装定时器,如果在规定时间内未收到全部片段,则放弃重装,并使用发送 ICMP 消息向源主机报告出错信息。

4.3.3　差错处理

网络层提供的是无连接服务,数据传输没有确认机制,仅提供简单的差错报告机制,在发生特定错误时,使用 Internet 控制报文协议(ICMP)向源主机报告。ICMP 的规范 RFC792 定义了下列 5 种差错报告消息。

● 目的地不可达消息:当路由器发现到目的主机或目的网络的物理连接不存在(距离为无穷大)时发送此消息给源主机;如果 IP 包长度超过前方网络的 MTU,又不允许分段时,路由器也会发送此消息。

● 源抑制(Source Quench)消息:当路由器或者目的主机的缓存不足时发送此消息,请求源主机降低发送速率。此消息为 IP 增加简单的流量控制功能。

● 重定向(Redirect)消息:当路由器发现有更好的替代路由时发送此消息通知源主机更改其连接的默认路由器。例如,在一个网络内,各主机与两个路由器(R_1 和 R_2)连接。如果某主机的原默认路由器为 R_1,当 R_1 发现其下一跳是 R_2 时,则发送此消息通知主机将默认路由器改为 R_2。

● 超时消息:当路由器收到 TTL = 0 的 IP 包时丢弃此包,并发送超时消息给源主机;如果目的主机的重装定时器超时,发送此消息给源主机。

● 参数错误:当路由器和目的主机发现 IP 包头参数有问题(如选项字段出错)而无法继续处理此 IP 包时发送参数错误消息给源主机。

除了用于差错报告,ICMP还提供一组请求/应答消息,用来检测主机和网络的通信情况。源主机发送ICMP请求消息,目的主机或路由器回送ICMP应答消息。RFC792定义了下列两种请求/应答消息。

● 回声请求/应答(Echo Request/Reply):源主机发送回声请求,目的主机(路由器)将请求消息中的数据复制到回声应答消息中,并将应答发送给源主机。用来测试主机/路由器连通的ping命令采用回声请求/应答消息实现。

● 时间戳请求/应答(Timestamp Request/Reply):此消息用于两个主机进行时间同步。源主机发送时间戳请求之前,在消息中填上32位的时间戳;目的主机收到此消息后将消息中的时间戳复制到应答消息中,并将收到请求时刻的时间戳和发出应答时刻的时间戳都添加到应答消息中。

除上述消息,后续的RFC文档(RFC1122、RFC1812、RFC1256、RFC1343、RFC1788等)对已有的ICMP消息应用进行扩展,并定义更多的ICMP消息。

ICMP消息封装在IP包里进行传输(IP包头的协议字段值为1),因此不能保证传输的可靠性。

4.3.4 路由选择协议

Internet采用分级路由选择的机制。自治系统(Autonomous System,AS)之间的路由选择和AS内部的路由选择相互独立,可以采用不同的路由选择协议。AS内部的路由选择协议统称为内部网关协议(Interior Gateway Protocol),常用的内部网关协议是选路信息协议(Routing Information Protocol,RIP)和开放最短路径优先(Open Shortest Path First,OSPF)协议。AS之间的路由选择协议统称为外部网关协议(Exterior Gateway Protocol),常用的外部网关协议是边界网关协议(Border Gateway Protocol,BGP)。

1)RIP

RIP基于距离矢量算法。在RIP中,为使路由计算更为简单快捷,将节点间的距离以跳数(Hops Count)计算,即两个直接相连的节点之间的距离设为1。对于如图4-26所示的网络,采用RIP时,每个节点与其他节点之间的初始距离如表4-17所示,直接相连节点之间的距离为1,不直接相连节点之间的距离为无穷大(∞)。

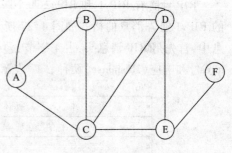

图4-26 RIP示例网络

表4-17 各节点之间的初始距离

目的地	节点之间的距离					
	A	B	C	D	E	F
A	0	1	1	1	∞	∞
B	1	0	1	1	∞	∞
C	1	1	0	∞	1	∞
D	1	1	∞	0	1	∞
E	∞	∞	1	1	0	1
F	∞	∞	∞	∞	1	0

节点 A 的初始路由表如表 4-18 所示。

表 4-18 节点 A 的初始路由表

目的地	下一跳	距离
A	—	0
B	1	B
C	1	C
D	1	D
E	—	∞
F	—	∞

收到来自邻节点 B、C 和 D 的路由通告(即表 4-17 中的对应列)之后,A 重新计算其到其他节点的距离和路由,更新后的路由表如表 4-19 所示。

表 4-19 更新后 A 的路由表

目的地	下一跳	距离
A	—	0
B	B	1
C	C	1
D	D	1
E	D	2
F	C	3

RIP 目前有 RIPv1 和 RIPv2 两个版本,其 IETF 规范为 RFC2453。路由器定期发送给邻节点的 RIPv1 通告消息的格式如图 4-27 所示,通告消息的主要内容是到其他网络的距离。在通告消息中,首先是 RIP 消息头,占 4 字节,包括"命令"和"版本号"两个字段。"命令"包含请求(Request)和响应(Response)两种,"1"表示请求,"2"表示响应。"版本号"指的是 RIP 的版本。

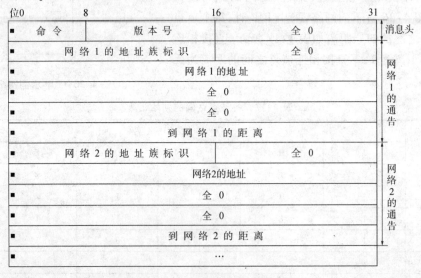

图 4-27 RIPv1 路由通告消息的格式

消息头之后是 RIP 表项,每个表项长度为 20 字节。由于 RIP 不仅支持因特网的 IP 地址,也支持其他网络地址,因此在 RIP 表项增加了两字节的"地址族(Family)标识"说明网络地址的类型,因特网的地址族标识为 2。随后 18 字节的内容则取决于地址族标识对应的协议。对于因特网,除了 IP 地址和距离两个字段之外,其他部分填充为 0。在消息中,由于因特网是由多个网络构成的互联网,因此路由器选路和转发时,不是采用路由器的地址,而是采用网络地址。RIP 通告消息使用 UDP 进行传输,使用的端口号是 520。

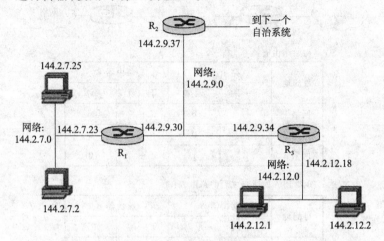

图 4-28　RIP 网络示例

在图 4-28 的网络中,路由器 R_1 连接到网络 144.2.7.0 和网络 144.2.9.0,并通过 R_3 连接到网络 144.2.12.0。R_1 发送的路由通告消息如图 4-29 所示。在网络拓扑结构稳定,即没有增加或减少链路/节点的情况下,路由器采用 RIP 可以快速构造出完整的路由表。从路由器开始启动到构造出稳定的路由表的过程称为收敛,收敛速度是评价一个路由算法优劣的标准之一。

RIP消息

2	1	保留	
2		全 0	网络 144.2.7.0
144.2.7.0			
全 0			
全 0			
O			
2		全 0	网络 144.2.9.0
全 0			
全 0			
144.2.9.0			
O			
2		全 0	网络 144.2.12.0
144.2.12.0			
全 0			
全 0			
O			

图 4-29　RIP 路由通告消息示例

在网络运行中,拓扑结构有时也会发生变化,如增加一个路由器或一条链路。在图4-30中,假定最初网络1和路由器A之间不可达,现在新增一条链路,将网络1与路由器A相连接,则由此拓扑结构变化而导致的路由器A和B的路由表的变化过程如图4-30所示。对于网络新增链路/节点的情形,路由表的收敛速度是$O(D)$,其中D是网络中两个路由器节点之间的最大距离,显然$D \leqslant N$,N为网络中的节点数。

初始路由表:

目的地	路由器A		路由器B	
	下一跳	距离	下一跳	距离
网络1	—	0	—	∞
网络2	—	0	—	0
网络3	B	1	—	0

B收到A的通告之后的路由表:

目的地	路由器A		路由器B	
	下一跳	距离	下一跳	距离
网络1	—	0	A	1
网络2	—	0	—	0
网络3	B	1	—	0

图4-30　链路/节点增加时路由表的更新情形

拓扑结构的变化不一定都如图4-30所示,有时也会出现节点/链路故障的情况。现假定网络1和A发之间的链路生故障,此时路由器A和B的路由表的更新情形如图4-31所示。

初始路由表:

目的地	路由器A		路由器B	
	下一跳	距离	下一跳	距离
网络1	—	0	A	1
网络2	—	0	—	0
网络3	B	1	—	0

A收到B的第一个通告之后的路由表:

目的地	路由器A		路由器B	
	下一跳	距离	下一跳	距离
网络1	B	2	A	1
网络2	—	0	—	0
网络3	B	1	—	0

B 收到 A 的第一个通告之后的路由表：

目的地	路由器 A		路由器 B	
	下一跳	距离	下一跳	距离
网络 1	B	2	A	3
网络 2	—	0	—	0
网络 3	B	1	—	0

A 收到 B 的第二个通告之后的路由表：

目的地	路由器 A		路由器 B	
	下一跳	距离	下一跳	距离
网络 1	B	4	A	3
网络 2	—	0	—	0
网络 3	B	1	—	0

B 收到 A 的第二个通告之后的路由表：

目的地	路由器 A		路由器 B	
	下一跳	距离	下一跳	距离
网络 1	B	4	A	5
网络 2	—	0	—	0
网络 3	B	1	—	0

图 4-31　节点故障时路由表的更新情形

由图 4-31 可知,在节点/链路减少时,RIP 的收敛速度非常慢,各节点的路由表关于网络 1 的距离交替递增,网络中的其他节点经过无穷多次的信息交换才能发现节点/链路失效(距离为 ∞)。这是由于在 RIP 中,路由器只知道邻节点到其他网络节点的距离,而并不知道具体的路径,因此无法判断出其中的错误信息。在图 4-31 的示例中,第一次信息交换之后,B 收到来自 C 的消息:C 到 A 的距离为 2 ,因此 B 将其到 A 的距离更新为 3 ,而实际上这个路径是 B – C – B – A,B 却无法判断出其中的环路。这个问题称为"无穷计算"(Count-to-Infinity),也称为"无穷环路"(Infinite Loop),是距离矢量算法的固有问题。

"无穷计算"问题目前有多种解决方案。最初,有学者提出"水平分裂通告"(Split Horizon Advertisement)方法,即部分路由信息不向上游的邻节点通告。例如,在图 4-32 的示例中,对于目的地 A,B 是 C 的上游节点(即 C 的路由表中目的地 A 对应的下一跳节点),因此 C 在向 B 发送的路由通告中不包含 A 的对应信息。"水平分裂"还可以增加"反向毒化"(Poison Reverse)扩展,即仍然向上游节点发送完整通告,但其距离设定为 ∞ (即不可达)。这种方法收敛的速度要快于单纯的"水平分裂",但增加了路由器通告的数据量。对于线性网络,"水平分裂"可以解决"无穷计算"问题。但当网络有多条环路,或者一条环路涉及两个以上的节点时,"无穷计算"问题依然存在。例如,对于如图 4-32 所示的网络,假定路由器 A 发生故障,C 给上游节点 B 的

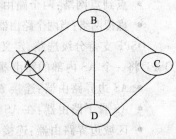

图 4-32　"水平分裂通告"方法失效示例

路由通告信息中将 A 的距离设为∞,但是节点 D 仍然会向 B 和 C 提供虚假信息,因此仍然存在"无穷计算"问题。

针对"无穷计算"问题,目前 Internet 采用下列两种比较实用的方法:

(1)限制网络的规模,以实现尽快收敛,RIP 采用的就是这种方法,限定网络的最长路径(即网络直径)为 15 跳,16 跳即认为不可达。这种方法的缺点是,RIP 适用的网络规模受到限制,只能应用于最长路径小于 16 跳的小规模网络。

(2)扩展路由表,增加完整的路径信息,以便路由器发现环路,从而解决了"无穷计算"问题,这种方法在 BGP 中使用。

除了"无穷计算"问题,最初的 RIP(RIPv1)还有其他一些缺点,如通告消息数量过多,安全程度不高等,IETF 由此提出了一个改进版本 RIPv2;考虑到对于大规模网络的支持,Cisco 也提出了对 RIP 改进的内部网关选路协议(Interior Gateway Routing Protocol,IGRP)。上述三个协议的主要特点如表 4-20 所示。

表 4-20　基于距离矢量算法选路协议的主要特性

特　性	RIPv1	RIPv2	IGRP
通告消息传播方式	广播	组播	广播
通告包含完整路由表	是	是	是
通告发送周期	30s	30s	90s
距离度量参数	跳数	跳数	带宽和时延
最大网络范围	15 跳	15 跳	255 跳
多路径选路	不支持	不支持	支持
身份认证	不支持	支持	不支持

2)OSPF 协议

OSPF 基于链路状态选路协议,最新版本是 OSPFv2(RFC2328)。OSPF中的"开放"是指 OSPF 协议公开发表,任何厂商均可使用。"最短路径优先"指协议采用 Dijkstra 算法计算最短路径。OSPF 的每个路由器都能获知网络的拓扑结构,因此可以计算出当前一段时间内的最佳路由,并且不会出现路由环路和"无穷计算"问题。

为了更好地描述网络拓扑结构,OSPF 对网络、链路和路由器进行详细的分类,定义四种类型的网络。

- 中转网络(Transit Network):该网络用于连接两个网络,负责转接 IP 包;
- 桩网络(Stub Network):该网络连接端系统,不负责转接发给其他网络的 IP 包;
- 点到点网络:两个路由器之间通过专用线路直接连接;
- 虚拟网络:当两个路由器之间的链路出现故障时,网络管理员采用人工方法配制虚拟链路。

OSPF 支持分级选路,定义"区域"(Area)概念。一个区域可以理解为 AS 内部的一个子网,OSPF 将一个 AS 内部的路由器分为四类,如图 4-33 所示。

- AS 边界路由器:连接 AS 系统和外部网络的路由器;
- AS 骨干路由器:在 AS 骨干子网上的路由器;
- 区域边界路由器:连接一个区域和 AS 骨干子网的路由器;
- 其他内部路由器:区域内部的路由器。

与 RIP 不同的是,OSPF 支持使用多种参数衡量路由的优劣,如距离、跳数、价格、时延等。网

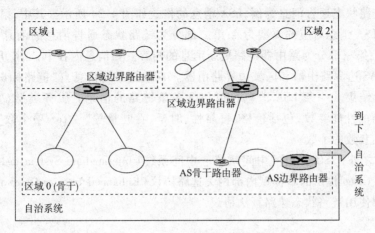

图 4-33　AS 中的各种路由器

络管理员可以对衡量指标进行配置。OSPF 支持更强的路由选择能力,如基于服务类型(Type of Service)选路,基于负载均衡选路,支持 CIDR,支持对路由消息进行身份认证,增强安全支持。

　　OSPF 协议定义 5 类消息(也称为分组),这些消息封装在 IP 包中传输。

　　● 问候(Hello)消息:路由器在所有接口上发送该消息,收到该消息的节点回送 Hello 以响应,路由器由此可以获知其邻节点的 IP 地址;此后,路由器还定时发送消息以检测邻节点是否可达。

　　● 链路状态通告(LSA)消息:即前文在链路状态选路算法中提到的链路状态包(LSP),其中包含该路由器已知的网络拓扑结构信息。

　　● 链路状态请求(LSR)消息:路由器使用此消息向邻节点询问一条或多条链路的状态信息。

　　● 链路状态更新消息(LSU):此消息是对链路状态请求消息的应答。

　　● 链路状态确认消息:收到链路状态更新消息时,路由器发送此消息进行确认。

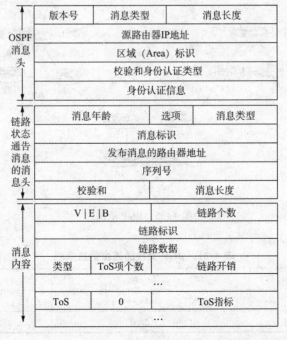

图 4-34　OSPF 的链路状态通告消息

以路由器链路状态通告消息为例,LSA 消息的格式如图 4-34 所示。其中,第一部分为 OSPF 消息的消息头,LSA 消息对应的类型为 4;第二部分为链路状态通告消息的消息头,路由器链路消息的类型为 1;第三部分为路由器链路更新消息的内容。在消息内容中,V,E,B 三位分别表示虚拟链路端点、AS 边界路由器和区域边界路由器。一条链路的信息自"链路标识"字段开始,到"ToS 指标"字段结束。一条 LSA 消息可以包含多条链路的信息。服务类型(Type of Service,ToS)指的是链路的性能参数,包括价格、可靠性、时延、吞吐量等。"ToS 项个数"字段指出一条链路使用的性能参数的个数。

除了 OSPF 之外,ISO 提出的中间系统 – 中间系统(Intermediate System-to-Intermediate System,IS-IS)协议、Cisco 提出的增强型内部网关选路协议(Enhanced Interior Gateway Routing Protocol,EIGRP)等都使用链路状态选路算法协议。

3)BGP

边界网关协议(BGP)是因特网中最常用的外部网关协议,用于 AS 之间的路由选择,目前的版本是 BGP-4(RFC4271)。AS 的边界路由器使用 BGP 交换路由信息。

BGP 基于路径矢量选路算法(Path Vector Routing),该算法以距离矢量选路算法为基础,并进行扩展。在路径矢量选路算法中,路由器同样周期地与邻节点交换路由信息,并依据此信息更新路由表,但是所交换的路由信息包含的不再是距离信息,而是完整的路径信息。对于 BGP,该路由信息是路径上所有经过的 AS 编号的列表。因此,路由器可以判断路径是否包含环路,不会出现"无穷计算"问题。这种扩展并不需要路由器进行额外计算,只是增加了存储的需求。如图 4-35 所示,3 个 AS 系统互联,各 AS 的边界路由器 3a、1c、1b 和 2a 使用 BGP 进行通信。假设一个外部网络 X 通过 AS_3 和 AS_1 可达,AS_1 到 X 要经过 AS_4;AS_3 到 X 的路径为 AS_5 – AS_6。AS_1 分别从路由器 3a 和 2a 收到有关网络 X 的路由信息,如表 4-21 所示。AS 编号为 16 位,为简便起见,假定以简单数据编号作为示例。

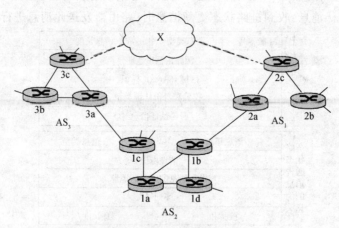

图 4-35　BGP 示例

表 4-21　BGP 交换的路由信息示例

目的网络	下一跳	路　径
X	3a	AS_3,AS_5,AS_6
X	2a	AS_2,AS_4

与 OSPF 不同的是,BGP 的路由选择主要关注的不是最短路由,而是路由是否可达。而且增加了基于策略的选路规则,策略可以由 AS 网络管理员灵活制定。主要的策略依据包括:

- 选路时要避开某些 AS,如敌对国家或竞争对手的网络;
- 基于安全要求选择路由;
- 选择经过 AS 最少的路由等。

由于 AS 之间路由选择的可靠性要求较高,故 BGP 路由消息采用 TCP 进行传输。相邻的两个 AS 边界路由器首先要使用端口号 179 建立一条 TCP 连接,然后在此连接上交换 BGP 路由消息。基于一个 TCP 连接的 BGP 消息交换称为一次 BGP 会话(BGP Session)。

4.3.5 IP 组播 *

在因特网普及的初期,传统的网络应用都是一对一通信,如 E-mail 应用、文件下载等。随着因特网的发展,新的应用不断出现,其中有些应用提出了一对多通信,如流媒体视频播放和视频点播;有些应用要求支持多对多通信,如视频会议和多用户网络游戏。因特网内的设施和协议本质上只能支持一对一通信(即单播,Unicast)。让源主机发送多次一对一通信数据似乎是一个简单的选择,但实际上,这种重复的单播策略加重了网络负载,占用大量的网络资源,甚至影响到其他应用数据的传输,对于资源有限的因特网来而言显然不可接受。另一种可行的策略是源主机只发送一次数据,由网络转发给多个目的主机,即组播(或多播,Multicast)通信方法。以视频点播为例,图 4-36 描述多次单播策略和组播策略产生负载的对比情况。假设网络路由器节点之间的平均距离(即网络直径)为 d 跳,有 N 个用户点播同一个电影。若采用多次单播策略,VOD 服务器要发送 N 次,给网络带来的负载约为 $o(Nd)$;采用组播通信方式,VOD 服务器只发送 1 次,数据沿其中的树型拓扑传输,一条链路上只传输一次,只在分支时才多次发送数据(如其中的路由器 R_4 将收到的数据复制后发送到 3 个接口上),网络负载约为 $o(d\log N)$。组播通信的优势十分明显。

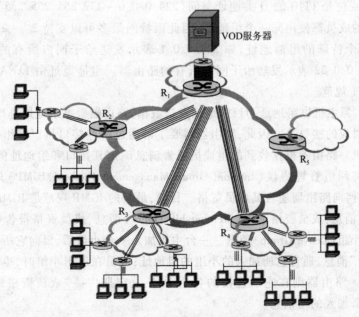

(a) 多次单播,由源服务器将数据发给每个用户

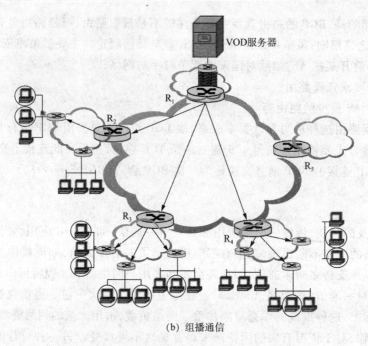

(b) 组播通信

图4-36 多次单播通信和组播通信的负载对比

组播通信目前主要有两种实现方式:IP组播和应用层组播。IP组播也称为网络层组播(Network Layer Multicast, NLM),利用路由器完成复制和转发功能;应用层组播(Application Layer Multicast, ALM)则不涉及路由器,在主机之间建立叠加网(Overlay Network),由主机完成复制和转发功能。本节主要针对IP组播的概念和原理进行描述。

1)组播地址及IGMP

IP地址最高4位是1110的D类地址空间(224.0.0.0 ~ 239.255.255.255)保留用于组播。每个小组中所有的成员都使用同一个组地址,因此因特网最多可以支持$2^{28} - 2$,即约2.68亿个组播组。其中,几个特殊的组播地址,如224.0.0.1表示发送给子网内所有的主机和路由器;224.0.0.2和224.0.0.22表示发送给子网内所有的路由器。组播地址由IANA统一分配,分配原则遵循RFC5771规范。

在IP组播中,源主机以组地址为目的地址发送数据,路由器根据组地址进行路由选择,将数据复制并转发到对应的接口上。因此,路由器需要了解通过哪些接口可以将组播数据转发给一个小组的成员主机。路由器根据收到的组成员通告消息确定其接口和组地址的对应关系,并建立组播路由。因特网组管理协议(Internet Group Management Protocol, IGMP)规定在一个LAN内,组成员主机如何向路由器通告其成员资格。目前,最新的IGMP规范是IGMPv3(RFC3376)。

IGMP有三类消息:成员资格请求(Membership Query)消息、成员资格报告(Membership Report)消息和离开小组(Leave Group)消息。一台主机加入一个小组后,要向它所连接的路由器发送"成员资格报告"消息,通告它所加入的小组的组地址;成员在退出小组时,也要向路由器发送"离开小组"消息。路由器则在它所连接的各个LAN上定期广播"成员资格请求"消息,询问LAN上的各主机所加入的组信息。

图4-37描述IGMP消息的操作示例。其中,主机A,C和F属于同一个小组。每台主机加入小组时,要向LAN的路由器发送"成员资格报告"(IGMP报告)消息,消息包含该主机所加入的

组地址列表。路由器要周期地在所连接的 LAN 内广播"成员资格请求"（IGMP 请求）消息,询问 LAN 内的主机都加入哪些小组,该消息的目的地址是 224.0.0.1。路由器之间互相发送消息通告组成员资格的变化,以便更新组播路由表。组播路由更新消息不是 IGMP 消息,而由组播路由协议规定,参见下面的"组播路由选择"部分。

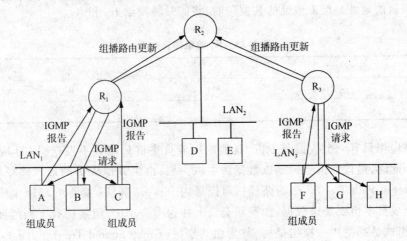

图 4-37　IGMP 消息操作示例

IGMP 消息使用 IP 包传输,对应的协议字段值是 2。三类 IGMP 消息封装到 IP 包中后,发送到不同的目的地址。表 4-22 列出 IGMP 消息和目的 IP 地址的对应关系。

表 4-22　IGMP 消息和目的 IP 地址的对应关系

IGMP 消息	IP 包的目的地址
成员资格请求消息	224.0.0.1
成员资格报告消息	224.0.0.22
离开小组消息	224.0.0.2

2) 组播路由选择

由图 4-36 的示例可知,为实现组播的路由选择,每个小组必须先构建一棵组播树,该树的叶子为全部组成员主机,中间的节点为连接组成员的路由器。路由器收到一个目的地址为组播地

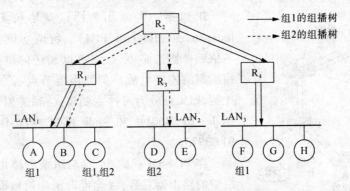

图 4-38　组播树示例

址的 IP 包时,将该 IP 包转发到组播树的树枝链路对应的接口上,此时可能须发送到多个接口,因此在组播路由表里面,一个组地址可能对应多个下一跳。此外,一个主机可能加入多个小组,因此路由器可能须维护多棵组播树。图 4-38 描述以路由器 R_2 为根的两棵组播树。主机 A,C 和 F 是组 1 的成员;C 和 D 是组 2 的成员。路由器 R_2 的组播路由表如表 4-23 所示。根据路由表,当 R_2 收到目的地址是组 1 地址的数据包时,将同时转发给 R_1 和 R_3。

表 4-23　R_2 的组播路由表

组地址	下一跳
组 1	R_1,R_4
组 2	R_1,R_3

有些组播应用只有一个数据源主机,其他的组成员主机只接收不发送,VOD 应用就是一个典型的示例。此时,最优的组播树是以数据源主机为根,由到其他成员的最短路径构成,称为最短路径树(Shortest Path Tree)。最短路径树可以采用 Dijkstra 算法(参见 4.2.1)生成。另一些组播应用有多个成员主机要发送数据,如视频会议。在这类应用中,组播树有下列两种类型可以选择:一种是全组成员都使用一棵组播树,称为组共享树(Group Shared Tree),如图 4-39(a)所示;另一种是每个源主机以其所连接的路由器为根建立一棵树,称为源特定树(Source Specific Tree),此时,一个小组出现多棵树,如图 4-39(b)所示,小组有两棵组播树,分别以 R_1 和 R_2 为根。

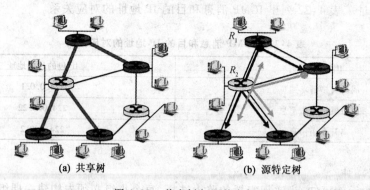

(a) 共享树　　　　　　(b) 源特定树

图 4-39　共享树与源特定树

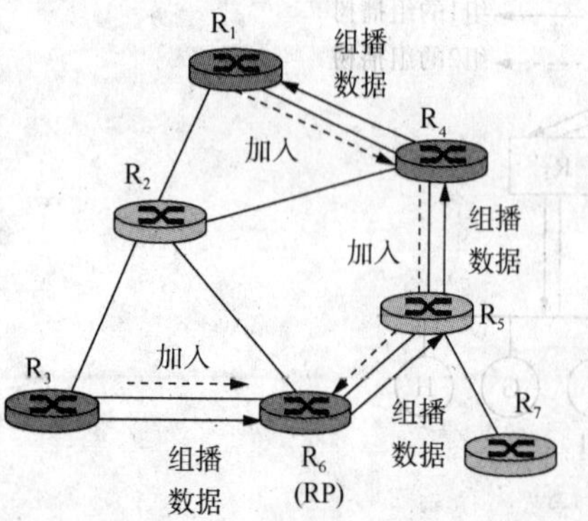

图 4-40　PIM-SM 协议示例

IP 组播一种常用的协议是协议无关组播(Protocol Independent Multicast, PIM)。所谓协议无关,指的是 PIM 不依赖单播选路协议,它可以和任何单播选路协议兼容。根据网络连接组成员的路由器节点占全部路由器节点的比例,PIM 可分为两种主要模式:稀疏模式 PIM-SM(Sparse Mode, RFC4601)和密集模式 PIM-DM(Dense Mode, RFC3973)。

在 PIM-SM 模式中,参与组播的路由器数目远小于网络中的路由器总数,因此可以采用简单而开销低的共享树策略。一种常用的方法是,每个组选择一个核心节点(Rendezvous Point,RP),以 RP 为根建立到其他组成员的组播最短路径树。每个成员节点加入时都要发送"加入"消息给 RP,由 RP 对组播树进行更新。PIM-SM 的组播树是单向的,源主机需要将组播数据发送给 RP,由 RP 转发给所有其他组成员主机。如图 4-40 所示,路由器 R_6 为核心节点 RP,R_1,R_3,R_4 和 R_5 是参与组播的路由器。

在 PIM-DM 模式中,大部分的路由器节点均须参与组播,因组播而增加的数据量较大,因此不适合采用共享树策略。PIM-DM 采用的方法称为"洪泛并剪枝"(Flood-and-Prune)。当一个路由器收到组播数据时,路由器检查该数据是否来自其到源主机的最短路径(即来自单播路由表中源主机对应的下一跳节点),如果是,则将组播数据转发到所有其他接口(即"洪泛"转发);否则丢弃组播数据。这种转发方法称为反向路径转发(Reverse Path Forwarding,RPF),如图 4-41 所示,源主机所连接的路由器 R_1 将组播数据发给路由器 R_2,R_2 采用洪泛转发;R_3 从接口 1 收到组播数据后,先进行 RPF 检查,发现是来自反向的最短路径,则洪泛转发到接口 2 和接口 3。同理,R_4 也洪泛转发到接口 2 和接口 3。R_3 从接口 2 收到 R_4 所转发的组播数据时,通过 RPF 检查,发现不是来自反向最短路径,则不再继续转发。

如果收到组播数据的路由器没有连接组播成员主机,则将发送"剪枝"(Prune)消息给上游的路由器节点,通知其在组播路由表中删去其接口。如图 4-41 所示,R_6 没有连接组成员,则发送"剪枝"消息给 R_4。以后,R_4 不再向接口 4 转发组播数据。

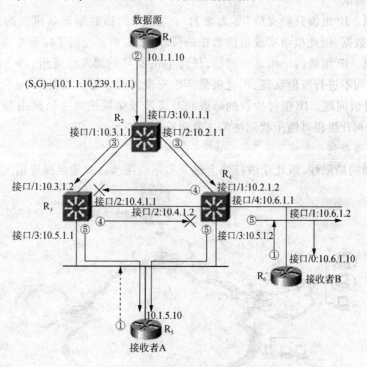

图 4-41　PIM-DM 数据转发示例

除了 PIM,IETF 还发布了一些其他的组播选路协议,其中 DVMRP(Distance Vector Multicast Routing Protocol,RFC1075)和 MOSPF(Multicast Open Shortest Path First,RFC1584)使用以源主机为根的最短路径树。DVMRP 在进行 RPF 检查时使用距离矢量选路协议,MOSPF 则使用 OSPF 传播组成员信息和计算最短路径。使用以核心节点为根的共享树的选路协议则有 CBT(Core-Based Trees,RFC2189)和 MOSPF(Multicast Open Shortest Path First,RFC3193)。与 PIM-SM 不同的是,CBT 和 BGMP 都采用双向的组播树,由源主机直接发送组播数据,而无须经过核心节点转发。CBT 主要用于域内组播选路,而 BGMP 则用于域间组播选路。

IP 组播沿组播树传输 IP 包,一条链路上最多只传输一次组播数据,路由器仅在必要时复制数据,因此可以最大程度地节约网络带宽和资源,可扩展性较强。但实际上,目前网络中应用的组播产品很少采用 IP 组播方法,因为 IP 组播有很多局限性,主要包括下列几方面:

● 部署问题。IP 组播需要网络运营商在各级路由器(包括核心路由器和边缘路由器)上支持组播协议,路由器升级成本很高。此外,相对于单播业务,IP 组播给网络增加的负载过多,并且很难实现根据组成员数或者组播产生的数据量收费,因此大多数运营商均不愿意支持 IP 组播策略。

● 路由器的开销问题。IP 组播要求路由器对每个小组建立一个组播路由表项,且组播地址不能聚合,因此随着小组数量的增加,路由器的开销将快速增加。

● 组管理问题。IP 组播缺乏有效的管理机制,组成员加入和退出的时延和开销较大。

● 地址分配问题。IP 组播没有对组地址进行冲突检查,很容易使两个不同的组使用同一个组地址。

● 对具体应用的支持问题。IP 组播采用统一的组播模型支持各种组播应用,无法适应具体组播应用的特殊需求。

● 可靠问题。IP 组播只能支持"尽力而为"的服务,组播数据确认机制的复杂度和网络开销远远超过单播数据,因此很难实现组播数据的可靠保证,拥塞控制策略也非常复杂。

● 安全问题。IP 组播的小组是开放的,任何主机都可以加入组播组,对于组成员和发送组播数据的源主机均不进行身份认证,因此极易产生安全问题。组播数据的一致也很难保证。

● 修改和升级问题。IP 组播协议的修改和升级涉及全网的大多数路由器,开销巨大,并且对路由器的修改和升级很可能干扰网络的正常运行。

3) 应用层组播概述

由于 IP 组播的局限性,因此在因特网上很少实际应用。目前的组播应用大多数采用的是应

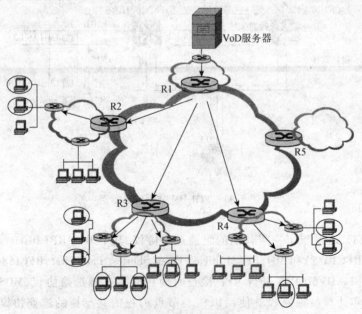

图 4-42 应用层组播示例

用层组播的方案。如图 4-42 所示,应用层组播不涉及核心路由器,由应用层主机自行复制和转发数据包。

应用层组播也称为叠加网组播(Overlay Multicasting)。在进行组播通信之前,组成员主机之间首先构造一个叠加在物理网络之上的逻辑网络,即叠加网(Overlay Network)。如图 4-43 所示,图 4-43(a)的网络有一个组播数据源主机 a,三个接收组成员。采用 IP 组播方法,构成的源特定组播树如图 4-43(b)所示,路由器 A,B,C 和 D 帮助转发组播数据。图 4-43(c)描述应用层组播的情形,源主机分别发送组播数据给组成员主机 c 和 b,主机 c 将组播数据转发给组成员 d。对各路由器而言,组播数据就是普通的单播 IP 包,采用正常的单播方式进行选路和转发。这种应用层组播对应的叠加网如图 4-43(d)所示。

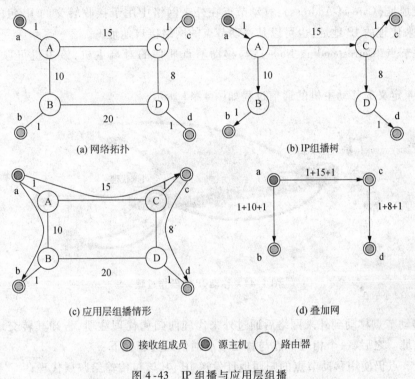

图 4-43   IP 组播与应用层组播

叠加网由组成员主机之间的逻辑连接构成,与物理网络拓扑结构无关。叠加网的拓扑结构可能是树形,也可能是网状(Mesh)。目前,典型的应用层组播协议有 ZIGZAG、NICE 和 OMNI 等。

4.3.6　移动 IP 选路

随着网络应用和用户终端设备的普及,对于移动用户的支持成为因特网的一个研究热点。移动用户包括下列两种情形。

- 无线用户:用户采用无线方式上网,这时用户采用便携设备(如笔记本计算机、手机等)可以在移动中使用网络,无线用户可能跨越网络,也可能仍然在原网络内;
- 漫游用户:用户离开其常用的网络(一般称为"归属网络"),使用有线或者无线方式接入到另一个网络中。

参照移动网络通信的思路,用户希望离开归属网络时仍然能够使用原来的 IP 地址,由此引出移动 IP(Mobile IP 或 IP Mobility)选路问题。借鉴移动网络通信的概念,针对移动 IP 选路,IETF 规范 RFC5944 定义下列概念。

- 移动节点(Mobile Node):离开常用网络(归属网络),移动到其他网络(外来网络)的用户终端;
- 归属网络(Home Network):用户主机经常连接的网络,用户在该网络上的固定 IP 地址称为归属地址;
- 归属代理(Home Agent):将移动节点连接到用户归属网络的路由器;
- 外来网络(Foreign Network):非归属网络,即移动节点接入的新网络;
- 外来代理(Foreign Agent):将移动节点连接到外来网络的路由器;
- 转交地址(Care-of-Address):移动节点在外来网络中用于接收转交的 IP 包的地址,该地址一般是外来代理的 IP 地址,也可以是移动节点的网络接口地址;
- 相关节点(Corresponding Node):与移动节点通信的对端主机,该主机可以静止也可以移动。

RFC5944 定义的移动主机的通信过程如图 4-44 所示。

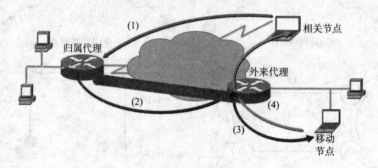

图 4-44 移动 IP 的操作过程

首先,移动节点移动到外来网络后通过外来代理向归属代理注册,告知其转交地址,即外来代理的 IP 地址。之后,一个相关节点与移动节点通信的过程如下:

- 相关节点仍使用移动节点的归属地址发送 IP 包,该包传输给归属代理;
- 归属代理采用隧道方式,将收到的 IP 包(称为原 IP 包)封装到一个新的 IP 包中,新 IP 包的目的地址是移动节点的转交地址,因此该包传输给外来代理;
- 外来代理拆掉 IP 包头,取出原 IP 包,转发给移动节点;
- 移动节点向相关节点发送应答的 IP 包,此 IP 包无须经过归属代理转发,直接传输给相关节点。此时,外来代理是移动节点的默认路由器。

移动 IP 提供一种简单实用的主机漫游方案。它对网络原有的路由协议没有影响,除了归属代理和外来代理,路径上的其他路由器也丝毫不受影响。主机的移动对上层(传输层和应用层)透明。

4.4　网络层互联设备

4.4.1　路由器工作原理

路由器是计算机网络的核心设备,负责将用户主机连接到网络,并且对收到的 IP 包进行存储、选路和转发操作。通过这种逐跳的选路和转发操作,路由器实现端到端的数据传输,即将数据从源主机传输到目的主机。按照在网络中的位置,路由器可以分为两类:边缘路由器和核心路由器。边缘路由器负责将主机连接到网络;核心路由器则用于实现子网之间、网络之间的互联。

从层次化体系结构上,通用的路由器是一种三层设备,包括物理层、数据链路层和网络层,如图 4-45 所示,物理层将数据发送到传输媒体及从传输媒体接收数据,数据链路层实现相邻路由器之间的数据传输,网络层则实现选路和转发功能。本节只讨论其网络层实体的结构和功能。

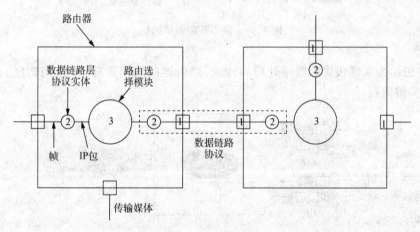

图 4-45　路由器的层次示例

路由器是一种多接口设备,每个接口连接一个网络(子网),同时有一个 IP 地址。一个典型的因特网路由器的逻辑结构如图 4-46 所示,网络层核心模块包括:IP 包头处理模块、内部互联结构(Interconnection Fabric)选路模块和输出调度模块。

路由器从其数据链路层实体接收到 IP 包之后并将其交付给 IP 包头处理模块,该模块根据包头的目的地址查找路由表确定应该将 IP 包转发到哪个接口,并更新包头的 TTL 值和校验和字段。内部互联结构负责配置路由表,并将 IP 包转发到输出调度模块,内部互联结构的处理速度应该为路由器各接口速率之和。在输出模块中,如果输出接口链路忙,IP 包将在缓存队列中排队;在输出链路空闲时,队列调度器采用合适的队列调度算法选择 IP 包发送到链路上。

路由器采取存储-转发方式工作,因此每个接口均有两个队列:输入队列和输出队列,如图 4-47 所示。输入队列用于暂时存储从接口链路收到的 IP 包,并在 IP 包头处理模块空闲时将 IP 包交给处理模块。如果 IP 包的到达速率超过路由器的处理速率,输入队列将越来越长,在队列满时,后续的 IP 包被丢弃(称为 Drop Tail)。输出队列用于暂存发送到链路上的 IP 包,如果链路的发送速率低于路由器的处理速率,IP 包则在输出队列中排队,队列满时同样采用 Drop Tail 丢

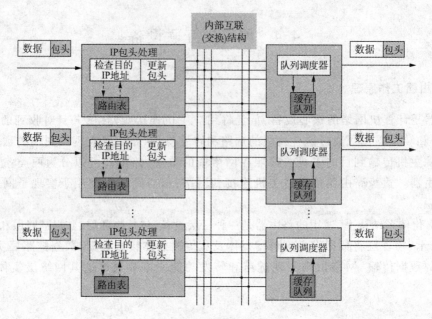

图 4-46　路由器的通用结构

弃后续的 IP 包。为实现快速的数据处理和转发,路由器的队列管理(即队列调度)成为设计路由器的一个关键问题。

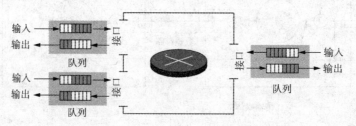

图 4-47　路由器的输入队列和输出队列

好的队列调度算法应该既保证各种数据流的公平性,又能为有特殊要求的数据流提供 QoS 支持。常用的路由器队列管理算法有下列三类:

● 先进先出队列(First In First Out Queuing,FQ),即按照 IP 包到达队列的顺序依次处理,这种方式可以保证数据处理的公平性,但无法实现 QoS 支持。

● 优先级队列(Priority Queuing,PQ):将 IP 包根据 QoS 要求(如时延要求)划分成多个优先级,每个优先级一个队列,首先处理高优先级的 IP 包;只有高优先级队列为空时才处理低优先级的 IP 包。这种方法可以为高优先级数据提供 QoS 支持,但是对于低优先级数据不公平,低优先级数据可能需要长时间等待;其时延无法预期,即出现“低优先级数据饿死”的问题。

● 加权公平队列(Weighted Fair Queuing,WFQ):这种方法对于上述两种策略进行了权衡。首先,类似 PQ 策略,每个优先级一个队列,但是每个队列还预先定义一个权值,按照权值对各个队列的 IP 包轮流进行处理。采用 WFQ 策略后,高优先级 IP 包的处理速率高于低优先级,且不会出现“低优先级数据饿死”的问题。

上述三种队列调度算法的示例如图 4-48 所示。

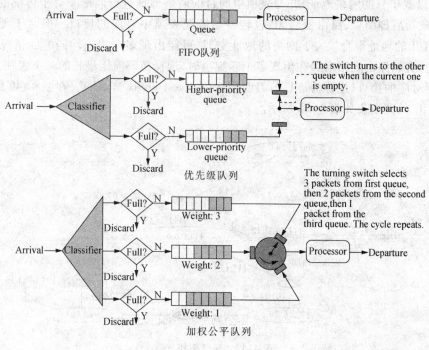

图 4-48 队列调度算法示例

4.4.2 路由表的结构

不同厂商的路由器的路由表结构可能有所不同,但至少包含下列四个关键字段。

- 目的网络地址:目的网络的 IP 地址;
- 子网掩码:用于计算目的网络地址;
- 下一跳:接收 IP 包的下一个路由器的 IP 地址;
- 接口:IP 包应转发的路由器输出接口,接口和下一跳一一对应。

路由选择主要依据网络地址选路,即根据目的网络地址确定转发接口。采用网络地址选路的优点是可以缩减路由表的大小,提高查找效率。但也有一些特殊情况,即

- 特定主机选路,即路由表中的目的地址是主机地址,从而实现直接选路到特定的主机,这种情况一般仅用于访问量比较大的主机,如 Web 服务器;
- 默认路由:路由器无法也没有必要穷举所有的网络,路由表一般包含一个默认路由表项,将目的网络地址未知的 IP 包转发给默认路由器。该路由器一般是 AS 连接到因特网的边界路由器。

为提高查找效率,路由器中的各个路由表项应该按照下列顺序排列:

- 首先是直达网络,即下一跳是目的主机所在的网络,数据可以直接交付目的主机,如转发到 LAN 接口;
- 然后是特定主机选路表项;
- 之后是非直达网络,即下一跳是另一个路由器;
- 最后是默认路由,即下一跳是默认路由器。

路由器进行查表选路时,首先从表头的直达网络表项开始,将目的地址与子网掩码字段进行

"与"操作,以获得目的网络地址,并与表项中的目的网络地址进行匹配。对于传统的分级 IP 地址,在匹配成功后即结束,路由器将 IP 包转发给匹配表项中对应的接口。但对于无类别 IP 地址,由于 CIDR 的地址聚合放大了网络的地址空间,可能出现多个表项均匹配的情况,因此一定要逐一匹配,直到路由表结束。在出现多个匹配项时,选择掩码前缀最长的一个表项,将 IP 包转发到该表项对应的接口,这称为最长前缀匹配法(Longest Prefix Match)。在图 4-49 的示例网络中,路由器 R₁ 的路由表如表 4-24 所示。

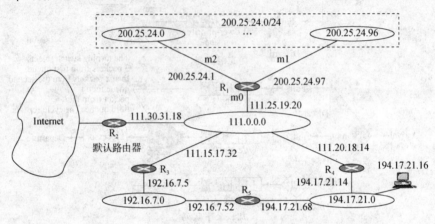

图 4-49 网络拓扑示例

表 4-24 路由器 R₁ 的路由表

子网掩码	目的地址	下一跳	接口
/8	111.0.0.0	—	m0
/25	200.25.24.0	—	m2
/27	200.25.24.96	—	m1
/32	194.17.21.16	111.20.18.14	m0
/24	192.16.7.0	111.15.17.32	m0
/24	194.17.21.0	111.20.18.14	m0
/0	0.0.0.0	111.30.31.18	m0

在上述路由表中,前三行为直达网络表项;第四行为特定主机选路表项;第 5~7 行为非直达网络表项,最后一行为默认路由表项。如果一个 IP 包的目的地址为 200.25.24.100,在进行匹配时,第二行和第三行匹配成功。由于第三行的子网掩码前缀较长(27 位 1),因此该 IP 包转发给接口 m1。

4.4.3 拥塞控制策略

Internet 采用的拥塞控制策略有两种:传输层的 TCP 采用端到端的拥塞控制方法,由源主机根据其所观察到的数据传输的意外情况(即 ACK 超时)判断可能发生拥塞,并减少发送到网络的数据量,以便缓解拥塞;在网络层,由于 IP 采用无连接方式工作,无法实现上述拥塞控制策略,而采用一种简单的网络辅助的拥塞避免策略,即由路由器判断是否发生拥塞,并在可能拥塞时通过丢失数据包以避免拥塞,这种策略称为随机早期丢弃检测(Random Early Detection,RED)。

没有拥塞避免措施的路由器采用 Drop Tail 方式丢弃 IP 包,即当接口的队列满时,新到达的 IP 包被丢弃。对于 TCP 数据,这种方法将出现 TCP 同步(TCP Synchronization)问题。如图 4-50 所示,多个 TCP 源主机在出现包丢失时将急剧缩减发送的数据量(乘性减,MD),网络拥塞很快得到缓解;由于这些源主机几乎同时采用慢启动算法按指数级增加拥塞窗口,很快又使数据丢失。因此,整个网络中的数据量反复波动,导致链路带宽利用率低,网络吞吐量低。

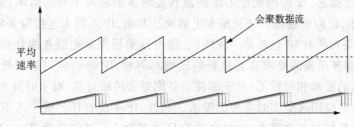

图 4-50 Drop Tail 引起的 TCP 同步问题

针对上述问题,RED 算法的出发点是通过提前丢弃 IP 包以避免缓存队列溢出,从而避免拥塞。采用 RED 算法的路由器以接口的平均队列长度预测是否发生拥塞。路由器预先设定两个阈值:最小队列长度 minth 和最大队列长度 maxth。平均队列长度小于 minth,路由器不丢弃 IP 包;如果平均队列长度在 minth 和 maxth 值之间,路由器随机丢弃 IP 包;当平均队列长度超出 maxth 时,新到达的 IP 包被路由器丢弃(即 Drop Tail)。如果 RED 和显式拥塞通知(Explicit Congestion Notification,ECN)相结合,则可采用标识 IP 包而不丢弃,即在队列长度超出阈值时,路由器在 IP 包里设定 ECN 标志,以通知目的主机和源主机。

RED 算法的伪代码:

```
for each packet arrival
    calculate the average queue size avg
    if min_th ≤ avg < max_th
        calculate probability pa
        with probability pa:
            mark the arriving packet
    else if max_th ≤ avg
        mark the arriving packet
```

RED 算法在路由器队列满之前就随机丢弃数据包,这一策略与 TCP 的拥塞控制相结合可以有效地避免拥塞,从而减小传输时延和包丢失率。RED 算法主要有两个问题,首先 RED 算法对于所有的 IP 包一视同仁,不考虑 IP 包中的数据类型和 QoS 要求。为此 CISCO 提出了一种改进的算法——加权 RED(Weighted RED,WRED),支持基于优先级的 IP 包丢弃,即给每个优先级的 IP 包分配一个权值,根据权值按比例丢弃各优先级 IP 包。总体而言,高优先级 IP 包的丢包概率低于低优先级,从而可以实现对高优先级的 IP 包给予更好的服务。RED 算法的另一个问题是,对于不响应数据丢失的源主机(如 UDP 数据),RED 不能有效地避免拥塞,最终会路由器因队列满而采取 Drop Tail 策略。针对这一问题,研究人员于 1997 年提出 FRED(Flow RED)算法,路由器按照流(Flow,源地址和目的地址相同的 IP 包)分配缓存队列,并记录各个数据流的平均队列超出 maxth 值的次数,次数过多的数据流的队列长度不允许超出平均队列长度,即限制不响应数据丢失的源主机(如 UDP 数据源)。

4.5　IP 的新进展

20 世纪 80 年代中期,随着个人计算机的普及,因特网的规模迅速增长,IPv4 协议的弱点逐渐暴露。首先是地址匮乏,32 位的地址不能满足日益增多的联网主机的需求,虽然逐步采用私有地址和 CIDR 技术,此问题还是无法从根本上解决。其次,IPv4 的无连接服务限制了因特网应用的发展。IPv4 网络对所有 IP 包都是一视同仁,路由器采用先来先服务的处理方式,但不同的应用对于数据传输服务质量的要求有着显著的区别。例如,IP 电话应用强调低传输时延、低时延抖动,对可靠传输的要求相对较低;电子邮件业务则要求传输可靠,对于时延要求不高。显然,IPv4 无法满足 IP 电话应用这类实时业务的需求。此外,IPv4 没有任何安全考虑,数据在开放的因特网上传输,很容易被截获和篡改,主机也极容易受到攻击。基于上述几点,在 20 世纪 90 年代中期,专家们开始研究 IP 的改进版本,即 IPv6,也称为下一代 IP。

4.5.1　IPv6 的主要特点

IPv6 首先着眼于扩充地址空间,并考虑从多方面解决 IPv4 的问题,使网络通信更加灵活和高效。它的主要设计目标是:
- 地址空间须支持数十亿台主机;
- 缩减路由表大小,以实现快速查找;
- 对协议进行简化,以便路由器快速地处理 IP 包;
- 提供安全支持;
- 关注服务类型,特别是针对实时数据的服务类型;
- 控制组播包传输的范围;
- 支持主机在不改变 IP 地址的情况下进行漫游;
- 向后兼容,支持协议继续发展;
- 支持和 IPv4 共存。

IPv6 较好地满足上述设计目标。它保持 IP 简单快捷的优点,丢弃或者削弱 IP 中影响效率的相关特性,并且在必要时增加新的特性。一般而言,IPv6 并不与 IPv4 兼容,但是,它能够与其他主要的因特网协议兼容,包括 TCP、UDP、ICMP、IGMP、OSPF、BGP 和 DNS。为了支持 IPv6 地址,有些协议须少量改动,如 ICMP 和 DNS。

与 IPv4 相比,IPv6 的主要特性包括以下 6 点。
- IPv6 的地址更长,占 16 字节,能够完全满足因特网扩展的需要。
- IPv6 对包头进行简化,从 IPv4 的 13 个字段缩减为 7 个字段,从而使路由器可以更快地处理 IP 包,从而提高路由器的吞吐量,并缩短传输延迟。
- IPv6 提供更好的选项支持,有些 IPv4 的固定包头字段(如分段相关字段)在 IPv6 中成为可选字段,路由器无须处理,这个措施进一步加快路由器的处理速度。
- IPv6 强化安全功能,支持数据包的加密和身份认证。
- IPv6 更加关注服务质量。
- IPv6 针对移动提供了更多的支持。

4.5.2 IPv6 的地址结构

IPv6 地址占 16 字节,其地址空间可以容纳 2^{128} 个地址,近似等于 3×10^{38} 个,完全可以满足未来相当长一段时间内因特网扩充的需求。为方便书写,IPv6 采用新的标记法:冒分十六进制,即将 16 个字节分成 8 组,每组 4 个十六进制数字,组之间用冒号隔开,例如,

8000:0000:0000:0000:0123:4567:89AB:CDEF

在地址出现多个 0 的情况下,IPv6 地址可以优化:在一个组内,最前面的 0 可以忽略,如 0123 可以写为 123;全 0 的组可以用一对冒号代替,因此,上面的地址可以写为

8000::123:4567:89AB:CDEF

IPv4 地址可以简写成一对冒号再加上原来的点分十进制数,例如:

::192.31.20.46

4.5.3 IPv6 的包结构

IPv6 的数据包同样有包头和数据两部分组成,但是包头和 IPv4 有着显著的区别。IPv6 的包头结构如图 4-51 所示。

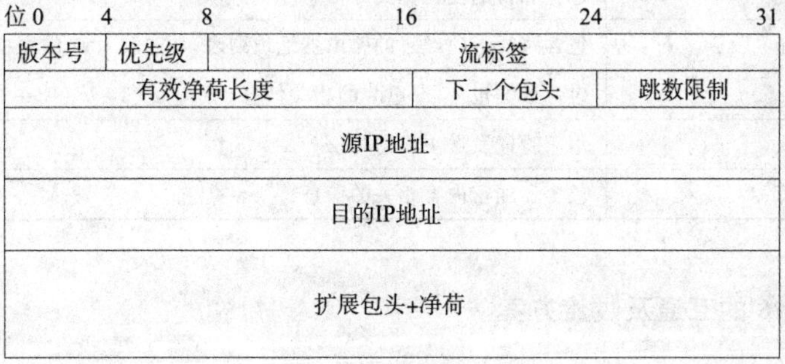

图 4-51　IPv6 的包头结构

IPv6 的基本包头为 40 字节,包括下列字段:

- 版本号(Version),长度为 4 位,与 IPv4 的定义一致,字段值为 4 表示 IPv4 包,为 6 则表示 IPv6 包。主机和路由器根据此字段确定采用哪个版本的协议处理该 IP 包。
- 优先级(Priority),长度为 4 位,表示该 IP 包的优先级,一般值 0~7 为低优先级,8~15 为高优先级。路由器根据此值将 IP 包放入不同的优先级队列。
- 流标签(Flow Label),长度为 20 位,用于标识一个流。源 IP 地址、目的 IP 地址、源端口号、目的端口号相同的 IP 包都属于同一个流,路由器和主机对于一个流的 IP 包采用相同的处理方式。该字段增强了数据传输的 QoS 支持。
- 有效净荷长度(Payload Length),长度为 16 位,表示 IP 包除 40 字节基本包头之外的数据长度,包括扩展包头和所封装的净荷数据。
- 下一个包头(Next Header),长度为 8 位,该字段有两方面含义:如果基本包头之后有扩展包头,该字段值就是扩展包头的标识;否则该字段值就是净荷数据协议类型的标识(如 TCP 或 UDP)。协议类型标识的定义与 IPv4 包头的协议字段的定义相同。
- 跳数限制(Hop Limit),长度为 8 位,与 TTL 的功能相同,但定义更明确。
- 源地址,长度为 128 位。

- 目的地址,长度为 128 位。

对比 IPv6 和 IPv4 的包头格式,可知 IPv6 取消了下列字段:

- 分段/重装相关字段。在 IPv6 中,分段字段变为扩展包头,仅由源主机和目的主机处理。路由器不须对 IP 包进行分段,从而可提高路由器的处理速度。如果一台路由器收到的 IPv6 包长度超过了前方网络的 MTU,该路由器只需丢掉该 IP 包,并向源主机发送 ICMP 差错报告消息。由源主机分段后重发数据。

- 包头校验和字段。在因特网中,由于传输层和数据链路层均提供差错控制功能,可以保证数据的可靠传输,因此 IPv6 的路由器可省略校验功能,进一步提高路由器的处理速度。

- 选项字段。在 IPv6 中,选项字段不再属于标准的 IP 包头,而是改为扩展包头,并且大部分的扩展包头无须路由器处理。这同样加快路由器的处理速度,并减小时延。

IPv6 支持的扩展包头如表 4-25 所示。

表 4-25　IPv6 的扩展包头

扩展包头名称	功　　能
逐跳选项	包含和路由相关的信息,路由器须检查和处理此选项
目的地选项	包含和目的主机相关的信息
路由选择	包含路径上应经过的路由器地址列表,功能和 IPv4 的宽松源选路相同
分段	包含数据包分段/重装的相关信息
身份认证	用于验证发送主机的身份
加密净荷	包含和加密内容相关的信息

4.5.4　IPv4 与 IPv6 的互通及过渡方案

自协议发布以来,符合 IPv6 协议的产品以实验平台和实验网的方式逐步加入因特网。但是,目前因特网上的主流网络协议仍然是 IPv4,并且在未来很长一段时间内,使用 IPv4 协议的产品依然在因特网中应用。为解决 IPv4 产品与 IPv6 产品的互通,目前已有下列三种过渡方案。

1)双栈(Dual Stack)方案

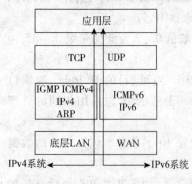

图 4-52　双协议栈过渡方案

此方案适用于 IPv6 引入初期,部分主机和路由器升级到 IPv6 协议,但仍然需要兼容 IPv4,因此主机和路由器须同时支持 IPv6 和 IPv4 两个协议栈。图 4-52 描述主机的协议栈。

2)隧道方案

此方案同样适合在 IPv6 引入初期采用,通信的两台主机均升级到 IPv6 协议,但中间的网络只支持 IPv4,因此需要采用隧道方式在 IPv4 网络中传输数据。IPv4 网络的边界路由器支持 IPv4 和 IPv6 双栈。源主机侧的边界路由器将收到的 IPv6 包封装到 IPv4 包,在 IPv4 网络中传输;目的主机侧的边界路由器从收到的 IPv4 包中分解出 IPv6 包,转发给目的主机,如图 4-53所示。

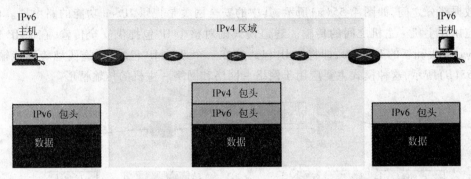

图 4-53　隧道过渡方案

3）包头翻译方案

在 IPv6 广泛应用之后，对于仅支持 IPv4 协议的小部分网络和主机可以采用包头翻译方案。如图 4-54 所示，由连接 IPv4 网络的边界路由器完成 IPv6 包头和 IPv4 包头的翻译。

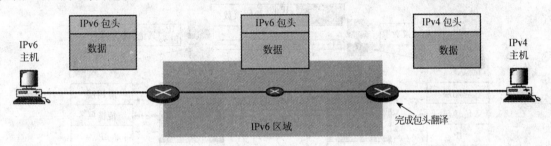

图 4-54　包头翻译过渡方案

4.6　网络层的安全隐患

网络层协议本身缺乏安全考虑和支持。IP 没有提供对于信息发送者进行身份验证的功能，因此无法向用户保证发送者可信与否。网络上传输的数据也很容易被截获和修改。

因特网上传输的一个 IP 包可能受到下列安全威胁：

- IP 欺骗（IP Spoofing）；
- ARP 欺骗（ARP Spoofing）；
- 中间攻击（Man-in-the-middle Attack）。

为在网络层增强安全支持，IETF 发布了 IPSec 框架，在 IP 之上提供安全可信且可靠的通信。IPSec 提供了下列服务：

- 数据一致性，确保数据在传输过程中没有被修改；
- 数据源认证，对于数据的发送方进行身份认证，以防止 IP 欺骗攻击；
- 机密性，对数据进行加密，防止传输的信息被窃取；
- 访问控制，防止未经授权使用资源。

IPSec 可以实现主机 - 主机的端到端安全传输，也可以实现网络 - 网络（即支持 IPSec 的两个路由器之间）的安全传输，还可以应用在网络 - 主机的传输中。IPSec 有两种操作模式：传输模式和隧道模式。在传输模式下，IPSec 只保证原 IP 包内数据部分的安全，IPSec 包头加在原 IP

包头和数据部分之间,如图 4-55(a)所示,其中的安全网关是提供 IPSec 功能的路由器。传输模式通常应用在主机 - 主机之间的传输。隧道模式则对整个 IP 包提供安全传输,在原 IP 包之前增加 IPSec 包头和新的 IP 包头,即将原 IP 包封装在一个新的 IP 包之内,透明地跨越传输网络,如图 4-55(b)所示,这种模式主要应用于网络 - 网络和网络 - 主机的传输情形。

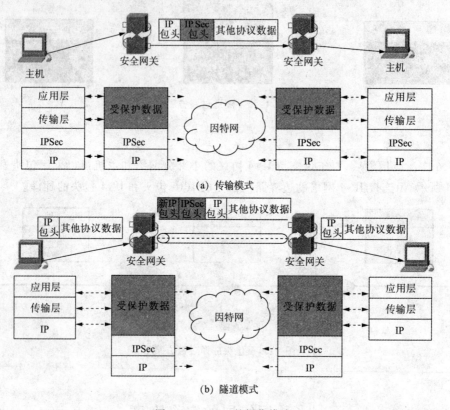

图 4-55 IPSec 的操作模式

IPSec 包含一系列协议,两个核心协议是身份认证包头(Authentication Header,AH)和加密安全协议(Encapsulated Security Protocol, ESP)。IPSec 主要的规范有 RFC4301,RFC4308,RFC4302,RFC4306,RFC4430 等。对于 IPv4,IPSec 是可选的;IPv6 则要求必须支持 IPSec。

4.7 本章小结

网络层向传输层提供服务,既可以建立在数据报网络基础之上,也可以建立在虚电路基础之上。在这两种情形下,它的主要任务是将分组数据从源端传送到目标端。在数据报子网中,路由选择针对每一个数据包而作出;在虚电路子网中,路由选择在建立虚电路时作出。

路由选择是网络层的一个最重要的功能,计算机网络用到许多路由算法。静态选路算法包括固定路由表选路法、洪泛选路法和随机选路法。动态选路算法包括距离矢量选路算法和链路状态选路算法。

路由器是计算机网络的核心设备,是连接连接因特网各局域网、广域网的设备,决定 IP 包的存储、选路和转发操作。路由器的处理速度是网络通信的主要瓶颈之一,它的可靠性直接影响网络互联的质量,因此路由算法和拥塞控制是路由器的关键所在。

Internet 有各种与网络层相关的协议,最重要的是 IP。IP 是为计算机网络相互连接进行通信而设计的协议,规定计算机在 Internet 上进行通信时应当遵守的规则。此外,Internet 的网络层还涉及 ARP/RARP、DHCP、ICMP、RIP、OSPF、BGP、IGMP 等其他相关协议。鉴于 IPv4 协议自身地址匮乏、安全差等缺点,IETF 已经开发出 IP 的一个新版本协议 IPv6。

4.8　思考与练习

4-1　网络层向上提供的服务有哪两种?试比较其优缺点。

4-2　在如图 4-56 所示的虚电路网络中,增加两条虚电路:VC_3:$B - R_1 - R_2 - C$ 和 VC_4:$G - R_4 - R_2 - R_1 - A$,请写出 R_2 的虚电路表。

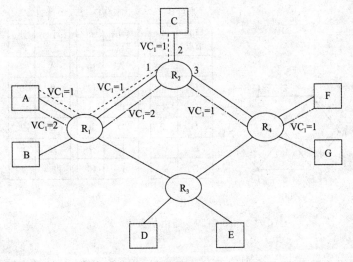

图 4-56　虚电路网络

4-3　写出一个简单算法,找出两条从某源端通过网络到某目的地的通路。这两条通路在失去任一条通信线路时仍可存在,可以认为路由器非常可靠,故不必担心路由器发生故障。

4-4　图 4-57 中每个圆圈代表一个网络节点,每一条线代表一条通信线路,线上的数字表示两个相邻节点之间的开销。

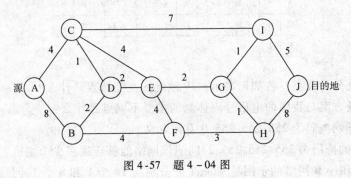

图 4-57　题 4-04 图

试根据 Dijkstra 最短通路搜索算法找出 A 到 J 的最短路径要求:

（1）用表格列出每个步骤；

（2）给出从 A 到 J 的最短路径及开销。

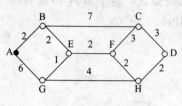

图 4-58　题 4-05 图

4－5　考虑如图 4-58 所示的网络，忽略线路上的权值。假定它使用洪泛作为路由算法。如果一个由 A 发往 D 的分组有最大跳段计数 3，试列出它将采取的所有路径，同时说明它消耗多少个跳段的带宽。

4－6　一个采用距离矢量选路算法的网络拓扑结构如图 4-59（a）所示，已知节点 C 收到来自邻节点的路由信息如图 4-59（b）所示，C 到邻节点 B，D，E 的距离分别是 6，3，5。试计算 C 的路由表。

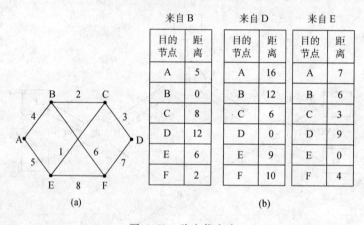

(a)

来自 B		来自 D		来自 E	
目的节点	距离	目的节点	距离	目的节点	距离
A	5	A	16	A	7
B	0	B	12	B	6
C	8	C	6	C	3
D	12	D	0	D	9
E	6	E	9	E	0
F	2	F	10	F	4

(b)

图 4-59　路由信息表

4－7　一个网络上的各节点采用链路状态选路法构造路由表，各链路上的开销双向对称，已知节点 A 收到下列链路状态包（LSP）：

（1）画出该网络的拓扑结构；

（2）计算出 A 的路由表，并画出其最短路径树。

B		C		D		E		F	
A	5	B	4	A	8	A	7	B	6
C	4	D	1	C	1	F	2	E	2
F	6								

4－8　IP 地址分为几类？各如何表示？IP 地址的主要特点是什么？

4－9　IP 地址方案与我国的电话号码体制的主要不同点是什么？

4－10　（1）子网掩码为 255.255.255.0 有何含义？

（2）网络现在的掩码为 255.255.255.248，问该网络能够连接多少个主机？

（3）A 类网络和一 B 网络的子网号 subnet-id 分别为 16 个 1 和 8 个 1，问这两个子网掩码有何不同？

（4）一个 B 类地址的子网掩码是 255.255.240.0。试问其中每一个子网的主机数最多是多少？

(5)A 类网络的子网掩码为 255. 255. 0. 255,它是否为一个有效的子网掩码?

(6)某个 IP 地址的十六进制表示为 C2. 2F. 14. 81,试将其转化为点分十进制的形式。这个地址是哪一类 IP 地址?

(7)C 类网络使用子网掩码有无实际意义?为什么?

4 – 11　有如下的 4 个/24 地址块,试进行最大可能的聚合。

212. 56. 132. 0/24

212. 56. 133. 0/24

212. 56. 134. 0/24

212. 56. 135. 0/24

4 – 12　以下地址的哪一个和 86. 32/12 匹配?试说明理由。

(1)86. 33. 224. 123;(2)86. 79. 65. 216;(3)86. 58. 119

4 – 13　设 IP 数据报使用固定首部,其各字段的具体数值如图 4 - 60 所示(除 IP 地址外,均为十进制表示)。试用二进制运算方法计算应当写入到首部检验和字段中的数值(用二进制表示)。

4	5	0	28	
1			0	0
4		17	首部检验和(待计算后写入)	
10. 12. 14. 5				
12. 6. 7. 9				

图 4 - 60　题 4 – 13 图

4 – 14　设某路由器建立如下路由表:

表 4 - 26　路由表

目的网络	子网掩码	下一跳
128. 96. 39. 0	255. 255. 255. 128	接口 m0
128. 96. 39. 128	255. 255. 255. 128	接口 m1
128. 96. 40. 0	255. 255. 255. 128	R_2
192. 4. 153. 0	255. 255. 255. 192	R_3
* (默认)	—	R_4

现共收到 5 个分组,其目的地址分别为:

(1)128. 96. 39. 10;

(2)128. 96. 40. 12;

(3)128. 96. 40. 151;

(4)192. 153. 17;

(5)192. 4. 153. 90。

设分别计算其下一跳。

4 – 15　某单位分配到一个 B 类 IP 地址,其网络地址为 129. 250. 0. 0。该单位有 4000 台机器,分布在 16 个不同的地点。如选用子网掩码为 255.255.255.0,试给每一个地点分配一个子网掩码号,并算出每个地点主机号码的最小值和最大值。

4-16 一个数据报长度为 4000 字节(固定包头长度)。现在经过一个网络传送,但此网络能够传送的最大数据长度为 1500 字节。试问应当划分为几个 IP 包分段? 各分段 IP 包的长度、段偏移字段和 MF 标志应为何数值?

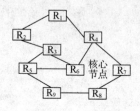

图 4-61 使用共享
树的组播网络

4-17 给出如图 4-61 所示的支持组播网络的共享树,其中 R_6 是核心节点 RP。一个连接到路由器 R_8 的客户要发送组播交通给连接到 R_1 的一个客户,应选哪一条通路?

4-18 一个数据报子网允许路由器在需要时丢弃分组。一个路由器丢弃一个分组的概率是 P。现在考虑这样一种情况,一个源主机连接到源路由器,后者又连接到目的地路由器,然后再连接到目的地主机。如果任一路由器丢弃一个分组,源主机最终会发生超时事件,并重发分组。如果主机 - 路由器和路由器 - 路由器线路都算作 1 跳,并且不考虑除路由器以外其他丢弃分组的情形,那么试问:

(1)每次发送一个分组行走的平均跳数是多少?

(2)一个分组平均发送多少次?

(3)每个接收到的分组平均走了多少个跳?

4-19 简述 RIP,OSPF 和 BGP 路由选择协议的主要特点。

4-20 在 IPv4 头中使用的协议段在 IPv6 的固定头中不复存在。试说明其原因。

4.9 实 践

结合 TCP/IP 协议簇的网络操作系统为用户提供多个实用程序,让用户了解网络配置,并对网络连通状况进行测试。常用的网络实用程序包括:ipconfig,ping,tracert 和 netstat 等。

4.9.1 网络配置信息

ipconfig 用于显示所有当前的 TCP/IP 网络配置、刷新动态主机配置协议和域名系统设置。使用不带参数的 ipconfig 可以显示所有适配器的 IP 地址、子网掩码、默认网关。ipconfig 在命令行窗口中执行,其格式为 ipconfig [/? | /all |/renew |/release]。

4.9.2 网络连通测试

ping 程序可以测试本计算机与一个路由器或主机之间是否连通。ping 程序在命令行窗口中执行,其格式为 ping - 选项目标节点的 IP 地址或域名。

目标节点可以用 IP 地址表示,也可以用域名表示。

4.9.3 数据包路径信息

• 指定 IPdump 运行时源 IP 地址为主机 A 的地址,目的 IP 地址为主机 B 的地址,分析开关为 IP;

• 主机 A 向主机 B 发 ping 检测报文,捕获 IP 数据包,记录并分析各字段的含义,并与 IP 数据包格式进行比较;

• 在 DOS 仿真环境下运行 tracert 校园网内某服务器 IP 地址,如 tracert 10. 128. 100. 1。捕获 IP 数据包,记录并分析各字段的含义,与 IP 数据包格式进行比较,并填写表 4 -27。

表 4 -27　IP 包格式

实验项	IP 包字段名称	值	含　义
1			
2			
3			
4			

4.9.4　TCP/IP 网络监控工具

• 指定 IPdump 运行时源 IP 地址为主机 A 的地址,目的 IP 地址为主机 B 的地址,分析开关为 ICMP;

• 主机 A 向主机 B 发 ping 检测报文,捕获 ICMP 请求数据包和应答数据包,记录并分析各字段的含义,与 ICMP 数据包格式进行比较,并填写表 4 -28;

• 主机 A ping 127. 0. 0. 1,观察能否捕获 ICMP 数据包;

• 在 DOS 仿真环境下运行 netstat -s,查看本机已经接收和发送的 ICMP 报文类型及报文个数。

表 4 -28　ICMP 包格式

实验项	ICMP 包字段名称	值	含　义
1			
2			
3			
4			

第 5 章　数据链路层

数据链路层是 OSI 参考模型中的第二层,其主要设计目的是在原始且有差错的物理传输线路的基础上,采取差错检测、差错控制等方法,将有差错的物理线路改进成逻辑上无差错的数据链路,向网络层提供高质量的服务。为达到这一目的,数据链路必须将数据封装成帧;控制帧在物理信道上的传输,处理传输差错,调节发送速率以使与接收方相匹配;在两个网络实体之间提供数据链路通路的建立、维持和释放。

5.1　数据链路层的功能及服务

链路描述一条点对点的线路段,中间没有任何交换节点。为使一条链路正确传输数据,除了必需一条物理线路,还需一些规程或协议实现这些规程或协议的硬件和软件加到物理线路上即构成数据链路。数据链路是从数据发送点到数据接收点所经过的传输途径。若采用复用技术,一条链路即可复用多条数据链路。数据链路层提供功能和规程的方法,以便建立、维护和释放网络实体间的数据链路。

5.1.1　数据链路层的主要功能

数据链路层最基本的功能是提供透明可靠的数据传送服务。“透明”是指数据链路层上传输的数据的内容、格式及编码没有限制,也没必要解释信息结构的意义;可靠的传输使用户无须担心信息丢失,信息干扰和信息顺序不正确。数据链路层必须具备链路管理、帧同步、差错控制、区分数据与控制信息、透明传输、链路寻址等功能。

1)链路管理

数据链路层的链路管理功能包括数据链路的建立、维持和释放三个主要方面,主要用于面向连接的服务。链路两端的节点通信前,数据的发送方必须确知接收方已处在准备接收的状态。为此,通信双方必须先交换一些必要的信息,以建立一条基本的数据链路。数据传输时维持数据链路,如果出现差错,须重新初始化,重新自动建立连接。通信完毕后释放数据链路。

在多个站点共享同一物理信道的情况下(如在局域网中),要求通信的站点间分配和管理信道也属于数据链路层管理的范畴。

2)封装成帧

数据链路层为提高数据的差错控制效率,在传输发生差错后只将有错的有限数据进行重发而采用一种称为帧的数据块进行传输,每个帧包含要传送的数据和校验码,以使接收方能发现传输中的差错。

数据逐帧传送,在出现差错时,只需重传出错帧对应的帧即可,帧同步技术保证数据按帧格式传输,这就是数据链路层的“成帧”(也称为“帧同步”)功能。

3)差错控制

在物理媒体上传输的数据难免受到各种不可靠因素的影响而产生差错,随机差错由通信信道的热噪声引起,突发差错由冲激噪声引起。为解决这种问题,即确保数据正确传输,同时为上层提供无差错的数据传输,数据链路层必须对数据进行检错和纠错,这就是数据链路层的差错控制功能。

差错控制是确保数据通信正常进行的基本前提,具有发现并纠正差错的能力,这样,差错可控制在尽可能小的范围内。

4)透明传输

"透明传输"确保任何比特组合的数据都可在数据链路上有效传输。由于数据和控制信息都在同一信道中传输,且在许多情况下,数据和控制信息位于同一帧中,故有必要采取技术措施区分数据信息和控制信息。在所传数据的比特组合恰巧与某一个控制信息完全一样时,接收方不会将这样的数据误认为某种控制信息,从而保证数据链路层透明传输数据。

5)链路寻址

在多点连接的网络通信中,为保证每一帧传送到正确的目的节点,则须定义网络适配器(网络接口卡、计算机的网卡)的地址,也称物理地址或硬件地址。

在以太网中,采用媒体访问控制(Media Access Control, MAC)地址进行寻址,MAC 地址写入每个以太网网卡中,寻找的地址是计算机网卡的 MAC 地址,其目的是使数据帧能准确地送到正确的地址。

5.1.2 数据链路层的服务模式

数据链路层为网络层提供的服务模式因系统的不同而不同,一般情况下,提供不确认的无连接服务、确认的无连接服务和确认的面向连接服务等三种。

1)不确认的无连接服务

不确认的无连接服务,事先无须建立逻辑连接,事后也不用解释逻辑连接,同时目的主机的数据链路层也不对接收帧确认。如果帧传输出现错误,高层检错纠错。因此,这类服务更适用于误码率低、实时要求较高的数据传输环境,大多数局域网在数据链路层采用这种服务。

2)确认的无连接服务

确认的无连接服务无须在帧传输之前建立数据链路,也无须在帧传输结束后释放数据链路。但是,源主机数据链路层必须对每个发送的数据帧进行编号,目的主机数据链路层也必须对每个接收的数据帧进行确认,这样发送方才能知道每一帧是否正确到达对方。如果源主机数据链路层在规定的时间内未接收到所发送数据帧的确认信息,那么它重发该帧。这类服务主要用于不可靠信道,如无线通信系统。

3)确认的面向连接的服务

面向连接的服务要求在源计算机和目的计算机传输数据之前先建立一个连接,建立连接的过程分为 3 个阶段,即数据链路建立、数据链路维持、数据链路释放等阶段。该连接上发送的每一帧都被编号,以确保帧传输的内容与顺序正确,大多数广域网通信子网的数据链路层采用面向连接确认服务。

5.2 数据链路层的成帧原理

数据链路层采用帧作为数据传输逻辑单元。不同的数据链路层协议的核心任务就是根据数据链路层功能规定帧的格式。一个帧由一个数据字段和若干首部及尾部字段组成,网络层数据报封装在数据字段中。"封装成帧"就是在一段数据的前后分别添加首部和尾部。首部和尾部的一个重要作用就是帧定界,即确定帧的界限,首部和尾部还必须包含必要的控制信息。

尽管数据链路层不同的协议给出的帧格式存在一定的差异,但帧的组织结构必须设计成使接收方能够明确地从收到的比特流中识别比特流信息,也即能从比特流中区分出帧的起始与终止位置,即数据链路层的成帧方法,也称之为"帧同步"功能,组成帧且具有特定意义的部分称为域或字段,图 5-1 显示帧的基本格式。

图 5-1 成帧原理

有 4 种常见的帧定界方法用以标识帧的开始与结束,即字符计数法、字符填充法、零比特填充法和物理层违例编码法。

1. 字符计数法

字符计数法在帧头部使用一个字符计数字段标明帧内字符数。接收端根据这个计数值确定该帧的结束位置和下一帧的开始位置。如图 5-2(a)所示,其中 4 个帧的大小分别是 5、5、8 和 8 个字符。但是这种方法很容易出现定界错误,当计数值出现传输差错时,导致发收双方因对帧大小的理解不一致而出错,如图 5-2(b)所示。

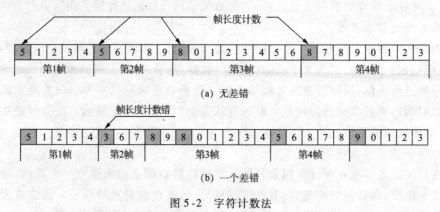

图 5-2 字符计数法

2. 字符填充法

字符填充法是以特定的字符序列为首尾界符的控制字段,在每一帧的开头用 8 位 ASCII 字符 DLE STX,在帧末尾用 ASCII 字符 DLE ETX。

同时,采用某些特定的字符作为传输过程中的控制字符,如果在帧的数据部分也出现 DLE

STX 或 DLE ETX,那么接收端就会错误判断帧边界。为了不影响接收方对帧边界的正确判断,所以采用填充字符 DLE 的方法,即如果发送方在帧的数据部分遇到 DLE,就在其前面再插入一个 DLE。这样,数据部分的 DLE 成对出现。接收方若遇到两个连续的 DLE,则认为是数据部分,并删除一个 DLE。如图 5-3 所示,这种方法只局限于 8 位字符和 ASCII 字符传送。

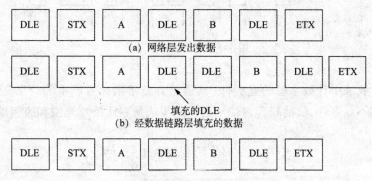

图 5-3　字符填充法

3. 零比特填充法

零比特填充法与字符填充法的思想基本相同,也是以特定的字符序列为控制手段,不同的是这里帧的首尾标志都用一个特殊的位模式 01111110。帧的数据单位是二进制位,不是字符。当数据中出现与标记相同的位串,从而干扰正常定界,发送端在数据中若遇到 5 个连续的 1 时,则在其后自动插入一个 0。接收端则忽略 5 个连续的 1 后面的 0 如图 5-4 所示。

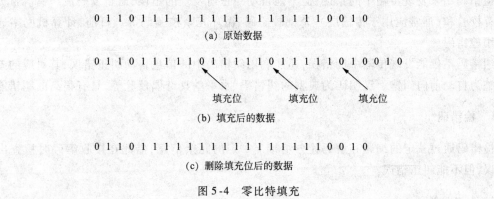

图 5-4　零比特填充

4. 物理层违例编码法

物理层违例编码法利用物理层信息编码中未用的电信号作为帧的边界。例如,曼彻斯特编码在传输之前将数据位 1 编码成"低—高"电平对;数据位 0 编码成"高—低"电平对,如图 5-5 所示。因此,可以利用"高—高"电平对和"低—低"电平对作为帧边界的特殊编码。

违例编码法不需要任何填充技术,能实现数据透明传输,但它只适于采用冗余编码的特殊编码环境,即 IEEE 802 局域网。

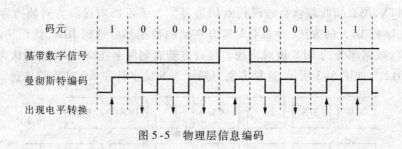

图 5-5 物理层信息编码

由于字符计数法中计数字段的脆弱性(其值若有差错则导致严重的后果)及字符填充法实现上的复杂性和不兼容性,目前较普遍使用的帧同步法是零比特填充法和违例编码法。

5.3 差错检测与纠错技术

差错是指接收端收到的数据与发送端实际发出的数据不一致的现象。通信线路存在的噪声干扰不可避免地使数据传输出错。差错分为随机差错(由随机噪声引起)和突发差错(由冲激噪声引起)。

差错控制的主要作用是发现数据传输中的错误,采取相应的措施将差错限制在数据传输所允许的范围内。差错控制的核心是对传输的数据信息加上与其满足一定关系的冗余码,形成一个加强的符合一定规律的发送序列。这些冗余码称为校验码,校验码按功能分为检错码和纠错码。

检错码用来发现传输中的错误,但不能自动纠正所发现的错误,需重发码流纠错。常见的检错码有校验和(通常应用于传输层)、奇偶校验码、循环冗余校验码等。目前,计算机网络通信大多采用检错码。

纠错码不仅能发现传输中的错误,还能利用纠错码中的信息自动纠正错误,其对应的差错控制措施为自动前向纠错。汉明码为典型的纠错码、水平垂直奇偶校验等,具有很高的纠错能力。

5.3.1 检错码

检错码通过一定的编码和解码让分组带上一定的冗余信息,借此在接收解码时检查出传输的错误,但不能纠正错误。

1. 奇偶校验

奇偶校验的规则是在原数据位后附加一个校验位,将其值置为 0 或 1,使附加该位后整个数据码中 1 的个数为奇数或偶数。使用奇数个 1 进行校验的方案称为奇校验;对应于偶数个 1 的校验方案称为偶校验。

例如:奇校验码是指在面向字符的数据传输中,在每个字符的 7 位信息码后附加一个校验位 0 或 1,使整个字符中二进制位 1 的个数为奇数。设待传输字符的比特序列为 1100001,则采用奇校验码后的比特序列形式为 11000010。接收方在收到所传输的比特序列后,通过检查序列中的 1 的个数是否仍为奇数以判断传输是否发生错误。若比特序列在传输过程中发生错误,就可能出现 1 的个数不为奇数的情况。奇校验只能发现字符传输中的奇数位错,而不能发现偶数位错。例如,上述发送序列 11000010,若接收端收到 11001010,则可以校验出错误,因为一位 0 变成 1;

若收到 11011010，则不能识别错误，因为两位 0 变成 1。奇偶校验只可检查单个错误，所以它的检错能力差，一般只用于通信质量要求较低的环境。

2. 循环冗余检验

数据链路层广泛应用的检错技术基于循环冗余检验（Cyclic Redundancy Check，CRC）编码。CRC 校验采用多项式编码方法，基本思想是把被处理的数据块看成是一个 n 阶的二进制多项式 $a_0x_0 + a_1x_1 + \cdots + a_{n-1}x_{n-1}$，如一个 8 位二进制数 10110101 表示为多项式 $D(x) = 1x_7 + 0x_6 + 1x_5 + 1x_4 + 0x_3 + 1x_2 + 0x + 1$，多项式乘除法运算过程与普通代数多项式的乘除法相同。多项式的加减法运算以 2 为模，加减时不进位、错位，和逻辑异或运算一致。

CRC 码由两部分组成，前一部分是 $k+1$ 个比特的待发送信息，后一部分是 r 个比特的冗余码。由于前一部分是实际待传输的内容，因此固定不变；CRC 码产生的关键在于后一部分冗余码的计算。

采用 CRC 校验时，发送方和接收方用同一个生成多项式 $G(x)$，并且 $G(x)$ 首位和最后一位的系数必须为 1。CRC 的处理方法是：发送方以 $G(x)$ 除待发送多项式 $D(x)$，得到的余数作为 CRC 校验码。校验时，以计算的校正结果是否为 0 为据判断数据帧是否出错。

现举例简单说明 CRC 校验原理，如图 5-6 所示。

- 发送端把数据划分为组，假定每组 k 个比特。
- 假设待传送的一组数据 $D = 101001(k=6)$。在 D 后面添加供差错检测用的 n 位冗余码一起发送。用二进制的模 2 运算进行 2^n 乘 $D(x)$ 的运算，这相当于在 $D(x)$ 后添加 n 个 0，即被除数是 $2^nD = 101001000$。
- 选择 $n=3$，除数 $G(x) = 1101$，即 $G(x) = x^3 + x^2 + 1$。
- 得到的 $k+n$ 位数除以事先选定的除数 G，G 的长度为 $n+1$ 位，得商 Q，余数是 R。R 比除数 G 少 1 位，即 R 是 n 位。
- 模 2 运算的结果是：$Q = 110101，R = 001$。
- 把 R 作为冗余码添加在数据 D 后发送出去。发送的数据是 $2^nD + R$，即 101001001，共 $k+n$ 位。

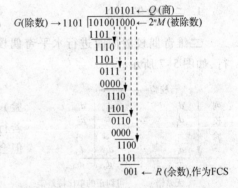

图 5-6 CRC 校验原理举例

CRC 一般的计算过程如下所述。

（1）设置 CRC 寄存器，并给其赋值 FFFF。

（2）将数据的第一个 8 位字符与 16 位 CRC 寄存器的低 8 位进行"异或"运算，并把结果存入 CRC 寄存器。

（3）CRC 寄存器向右移一位，最高有效位（MSB）补零，移出并检查最低有效位（LSB）。

（4）如果 LSB 为 0，重复第 3 步；若 LSB 为 1，CRC 寄存器与多项式码相"异或"。

（5）重复第 3 与第 4 步直到 8 次移位全部完成。此时一个 8 位数据处理完毕。

（6）重复第 2 至第 5 步直到数据全部处理完成。最终，CRC 寄存器的内容即为 CRC 值。

数据后添加的冗余码称为帧检验序列（Frame Check Sequence，FCS）。循环冗余检验和帧检验序列是两个不同的概念。CRC 是一种常用的检错方法，而 FCS 是添加在数据后面的冗余码。FCS 可以用 CRC 得出，但 CRC 并非是用来获得 FCS 的唯一方法。

接收端对收到的每一帧进行 CRC 检验，即

(1)若得出的 $R=0$,则判定这个帧没有差错,接收。

(2)若 $R\neq0$,则判定这个帧有差错,丢弃。

这种检测方法并不能确定究竟哪一个或哪几个比特出现差错。经过严格的挑选,并使用位数足够多的 G,出现检测不到的差错的概率很小。仅用循环冗余检验差错检测技术只能达到无差错接收的程度。

CCITT 建议:2048Kbit/s 的 PCM 基群设备采用 CRC-4 方案,使用的 CRC 校验码生成多项式为 $G(x)=x^4+x+1$;IBM 的同步数据链路控制规程(SDLC)的帧校验序列使用 CRC-16,传送 8 位字符,生成多项式为 $G(x)=x^{16}+x^{15}+x^2+1$;CCITT 推荐的高级数据链路控制规程(HDLC)的帧校验序列使用 CCITT – 16,生成多项式为 $G(x)=x^{16}+x^{12}+x^5+1$。采用 CRC – 16 校验,可以保证 1014bit 码元只含有一位未被检测出的错误;Point-to-Point 的同步传输采用 CRC – 32,生成多项式为 $G(x)=x^{32}+x^{26}+x^{23}+x^{16}+x^{12}+x^{11}+x^{10}+x^8+x^7+x^5+x^4+x^2+x+1$。

5.3.2 纠错码

接收端不仅能发现错码,而且还能确定错码的位置,并纠正错误。接收端根据收到的数据是否满足编码规则以判定有无错误。发现错误时,按一定的规则确定错误所在的位置并予以纠正。纠错并恢复原数据的过程称为译码。

1. 二维奇偶校验

二维奇偶校验同时进行水平奇偶校验和垂直奇偶校验,具有一定的纠错能力,算法简单易行,如图 5-7 所示。

图 5-7 二维奇偶校验

由于二维奇偶校验延续了一维奇偶校验码(假设是偶校验)不能检测偶数个错误,只能检测奇数个错误的缺点,于是若行和列同时出现偶数,则无法检错,或纠错,或虽可纠正,但会失败。

2. 汉明校验

汉明校验的基本思想是将有效信息按某种规律分成若干组,每组安排一个校验位,则能提供多位检错信息,以指出哪位可能出错,从而将其纠正。汉明校验实质上是一种多重校验。

首先了解汉明校验码如何插入到数据字中。一般而言,字位可从左至右由 1 开始编号,校验位则处于 2 的指数次方的位置。例如,对于长度为 7 的数据字,校验位所在的位置分别为 $P_1=2^0=001$,$P_2=2^1=010$,$P_4=2^2=100$,即校验位占第 1、第 2 和第 4 位。数据字 7 剩下的 4 位则存放数据,如图 5-8 所示。

对于给定的奇偶校验位,计算用到的数据位为所有位编号中对校验位的位置为 1 的数据位。例如,对于 P_2,由于其所占位置为 010,因此参加该校验组的数据位包括 $D_3(011)$,$D_6(110)$ 和 $D_7(111)$。由于校验位占据 2 的指数次方的位置,每个数据位加入到一组不同的校验组合,两个数据位不会加入完全相同的几组校验。这样,任何一个数据位所加入的校验组合各不相同。这为纠错创造条件。

按照 2 的指数次方位置放置校验位,则限定校验码的个数。事实上,对于数据位数为 n 的数

图 5-8　汉明校验码

据字,校验码的个数为小于 n 的 2 的最大次方的指数加 1,即

$$P = m + 1, 2^m < = n \text{ 且 } 2^m > 2^j(2^j < n)$$

从另外一个角度看,校验位所处位置值的求和组合应覆盖整个数据字位置的取值。例如,由上所述,校验位所处的位置为 1、2、4。而数据字的位置只有 3、5、6、7。因此,$1 + 2 = 3, 1 + 4 = 5$, $2 + 4 = 6, 1 + 2 + 4 = 7$,即全部覆盖。

下面探讨汉明码如何纠错。如果一个数据字只有一位出错,则该数据位参加的所有校验位都出错。前已提及,任何一个数据位所参加的校验组合都与别的数据位参加的校验组合不同,这些出错的校验组合唯一识别出错的数据位。通过计算所有的校验,将出错的数据位设为 1,无错的数据位设为 0,由此得出错位的位置编号。

例如,设第 1 组校验为 C_1,第 2 组校验为 C_2,第 3 校验为 C_4。如果对某一校验的计算不符合最初设定的奇偶校验,则将其值设为 1,否则为 0,那么 $C_4 C_2 C_1$ 所给出的值即是出错位。例如,对 1011 进行汉明编码(奇数),首先插入数据位,得

$$P_1 P_2 1 P_4 011$$
$$\text{计算 } P_1 : P_1 \oplus D_3 \oplus D_5 \oplus D_7 = 1, \text{因此 } P_1 = 1$$
$$\text{计算 } P_2 : P_2 \oplus D_3 \oplus D_6 \oplus D_7 = 1, \text{因此 } P_2 = 0$$
$$\text{计算 } P_4 : P_4 \oplus D_5 \oplus D_6 \oplus D_7 = 1, \text{因此 } P_4 = 1$$

因此编码后的字为 1011011。

现在,假定收到的数据为 1011001。收到后,计算校验 $C_4 C_2 C_1$:

$$\text{因为 } P_4 \oplus D_5 \oplus D_6 \oplus D_7 = 0 \text{ 为偶数,错误,因此 } C_4 = 1$$
$$\text{因为 } P_2 \oplus D_3 \oplus D_6 \oplus D_7 = 0 \text{ 为偶数,错误,因此 } C_2 = 1$$
$$\text{因为 } P_1 \oplus D_3 \oplus D_5 \oplus D_7 = 1 \text{ 为奇数,正确,因此 } C_1 = 0$$

所以,$C_4 C_2 C_1 = 110$,其值为 6,说明数据位出错,与事实相符。

汉明码虽然能纠错,但只能纠正 1 位错,不能纠正多位错,也不能确保侦测多位错。例如,如果所有位都错,则上述校验值的侦测结果都正确,从而使汉明校验认为该数据无错。

5.4　数据链路层编址

当一台主机将数据帧发送到位于同一局域网上的另一台主机时,根据 48bit 的以太网地址确定目的接口。设备驱动程序不检查 IP 数据报中的目的 IP 地址。地址解析协议提供 32bit 的 IP 地址和数据链路层使用的任何类型地址的映射。

5.4.1　MAC 地址

链路层地址称为 MAC 地址,网络中节点(主机或路由器)的适配器(adapter)具有链路层地

址。MAC 地址被固化在适配器的 ROM 中,所以,适配器的 MAC 地址是永久的。

对于大多数局域网(包括以太网和 IEEE 802.11 无线 LAN)而言,MAC 地址为 6 字节,共有 2^{48} 个 MAC 地址。MAC 地址采用十六进制表示法,如 1A – 23 – F9 – CD – 06 – 9B。

IEEE 管理物理地址空间,固定物理地址的前 24 比特,后 24 比特可以让生产适配器的公司使用,即让公司自行分配 2^{24} 个 MAC 地址给适配器。因此,MAC 地址是唯一的,即没有两块适配器的 MAC 地址相同。

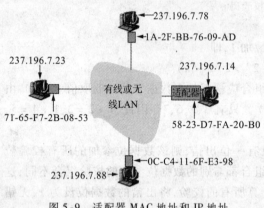

图 5-9 适配器 MAC 地址和 IP 地址

适配器的 MAC 地址是平面结构,无论节点移动到哪里,MAC 地址不改变,如同一个人的身份证号码不会随这个人的四处周游而改变。与之不同的是,IP 地址是层次结构,一旦某个节点离开原有的网络,IP 地址就会改变。因此,节点的 MAC 地址和 IP 地址都有用,如图 5-9 所示。

发送节点的适配器发送数据报时将目的节点的 MAC 地址插入到所要发送的帧中。目的节点收到该帧后需判断:若帧中的目的 MAC 地址和自身 MAC 地址相同,接收该帧;若不同,丢弃。

如果发送节点的适配器待发送一个广播帧,那么 MAC 广播地址作为该帧的目的地址。这种广播地址是 48 个连续 1 组成的字符串,即 FF-FF-FF-FF-FF-FF。该帧会被同子网的所有适配器收到。

5.4.2 地址解析协议

网络层地址(IP 地址)和链路层地址(MAC 地址)须进行转换。地址解析协议(Address Resolution Protocol,ARP)是获取网络中节点物理地址的一个 TCP/IP(RFC – 826)。某节点 IP 地址的 ARP 请求被广播到网络上后,这个节点会收到确认其物理地址的应答,这样数据包才能发送出去。使用 RARP(逆向 ARP)获得逻辑 IP 地址(ARP 规范描述文档 RFC 826)。

为了发送一个数据报到目的节点,源节点不仅须将 IP 数据报提供给它的适配器,同时还须将目的节点的 MAC 地址提供给适配器。这样,适配器才能进行成帧,进而发送到 LAN。

网络的每个节点都有一张 ARP 表,该表为 IP 地址到 MAC 地址的映射。ARP 表包含 IP 地址到 MAC 地址的映射及生存时间(TTL),TTL 定义该记录何时将该记录从表中删除,一个表项通常的过期时间是 20 分钟,节点 192.168.38.10 的 ARP 表如图 5-10 所示。一个节点的 ARP 表自动建立,若一个节点从子网断开,则该节点的映射记录会从其他节点的表中删除。

IP 地址	MAC 地址	TTL
192.168.38.11	00 – AA – 00 – 62 – D2 – 02	13:45:00
192.168.38.12	00 – BB – 00 – 62 – C2 – 02	13:52:00

图 5-10 节点 192.168.38.10 的 ARP 表

当源节点知道目的节点的 IP 地址,希望获取目的节点的 MAC 地址时,首先查看 ARP 表是否有目的节点 IP 地址和 MAC 地址的映射记录,如果有记录,源节点直接将目的节点的 MAC 地址交它的适配器。如果源节点的 ARP 表没有记录,就产生一个 ARP 查询分组。适配器用广播

MAC 地址(FF-FF-FF-FF-FF-FF)封装此 ARP 查询分组。这个广播帧被其他所有节点收到,每个接收节点都把该帧的 ARP 分组传递给它的父节点,每个节点检查它的 IP 地址是否与 ARP 分组中的目的 IP 地址匹配。若匹配,就返回一个 ARP 响应分组。源节点适配器由此可获得目的节点的 MAC 地址。ARP 查询报文在广播帧中发送,但响应 ARP 报文在一个标准帧中发送。

每台主机仅有一个 IP 地址和适配器,而路由器对它的每一个接口都有一个 IP 地址,因此路由器的每个接口都有一个 ARP 模块和一个适配器路由 R,R 上每个 IP(LAN)子网(接口)都有一个 ARP 表。

假设主机 A 在子网 1 中,主机 B 在子网 2 中。路由器将子网 1 和子网 2 连接起来。连接子网 1 的路由器接口称为接口 1,连接子网 2 的路由器接口称为接口 2。如图 5-11 所示,现在主机 A 要发送数据报到子网以外的节点主机 B。如果主机 A 的适配器利用主机 B 的 MAC 地址封装数据报并发送,那么子网 1 所有的适配器都丢弃该帧。特别是与子网 1 相连的那个路由器接口 1 丢弃该帧。因为这个接口的适配器发现目的 MAC 地址(即主机 B 的 MAC 地址)和自身不匹配。ARP 规定只为同一个子网上的节点解析 IP 地址。解决的方法是:将路由器连接子网 1 的那个接口作为目标,将该接口中适配器的 MAC 地址作为目的 MAC 地址。

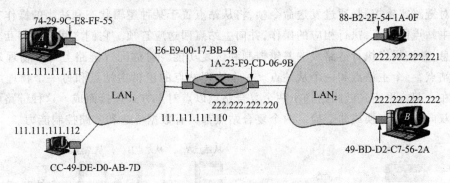

图 5-11　发送数据报到子网以外的节点

具体过程如下:

● 主机 A 的适配器到路由器的接口 1 适配器 1。因为路由器的该接口和发送节点处于一个子网内,发送节点利用 ARP 就可以获取适配器 1 的 MAC 地址,进而封装成帧并发送。

● 路由器的接口 1 适配器 1 向上传数据报。子网 1 上的路由器适配器 1 看到数据链路帧向它寻址,因此把这个帧传递到路由器的网络层。IP 数据报成功地从源主机移动到路由器。

● 路由器查表转发数据报。路由器通过查询它的转发表确定该数据报的转发接口(此时,路由器缓冲区流动的是数据报而不是帧)。路由器找到该转发接口后将数据报传递给该接口的适配器 2。

● 路由器的接口 2 适配器 2 封装新帧。适配器将该数据报封装到一个新帧中。那么,适配器 2 通过 ARP(查表或者广播 ARP 查询分组)知道目的节点的 MAC 地址。

5.5　数据链路层的协议实例

5.5.1　HDLC 协议原理

1979 年,ISO 提出高级数据链路控制(High-Level Data Link Control,HDLC)协议。HDLC 支

持全双工传输,具有较高的吞吐率,适合于点对点和多点(多路播送或一对多)连接。HDLC 的子集用来向 X. 25、ISDN 和帧中继网提供信令和控制数据链路。

HDLC 是一种面向比特的链路层协议,最大特点是无须规定数据的字符集,又可透明传输任何一种比特流。如果数据流不存在同标志字段 F 相同的数据,则不会误判帧边界。同边界标志字段 F 相同的数据万一出现,即数据流中出现六个连续 1 的情况,可以用零比特填充法解决。

1. HDLC 协议的通信方式

HDLC 协议的站点由主站点、从站点和复合站点三种类型组成。主站点的主要功能是发送命令(包括数据信息)帧、接收响应帧,并负责对整个链路的控制系统的初启、流程的控制、差错检测或恢复等。从站点的主要功能是接收由主站点发来的命令帧,向主站点发送响应帧,并且配合主站点参与差错恢复等链路控制。复合站点的主要功能是既能发送,又能接收命令帧和响应帧,并且负责整个链路的控制。

HDLC 定义三种链路结构(配置),如图 5-12 所示。非平衡式配置由一个主站点和多个从站点通过链路连接而成,链路可以是点到点或点到多点、双向交替或双向同时、交换或非交换。主站点负责对链路实施控制,通过发送命令帧,将从站点置于某种逻辑状态和适当的操作方式。从站点响应主站点的命令,执行相应的操作,并向主站点回送应答帧。它们之间可以相互交换数据和控制信息,并按规定执行链路级的差错控制和恢复功能。对称配置链路上每个物理站点都有两个逻辑站点,一个主站点和一个从站点。一个物理站点的逻辑主站点和另一个物理站点的从站点链接在一起。平衡式链路结构由两个复合站点以点对点方式连接而成。这种链路可以是双向交替或双向同时、交换或非交换。两个复合站点都具有数据传送和链路控制能力。

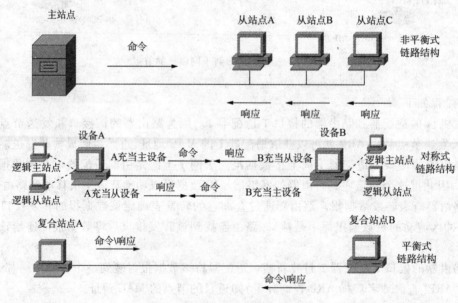

图 5-12　三种链路结构

通信方式是在一次交互中所涉及的两个设备之间的关系,描述由谁控制链路。HDLC 协议支持 3 种不同的工作方式:正常响应方式(NRM)、异步响应方式(ARM)和异步平衡方式(ABM)。

• 正常响应方式适用于非平衡链路结构,特别适用于点 – 多点链路。在这种方式中,主站点控制整个链路的操作,负责链路的初始化、数据流控制和链路复位等。从站点的功能很简单,只有收到主站点的明确允许后才能发出响应。

• 异步响应方式适用于对称链路结构。与 NRM 不同的是,在 ARM 方式中,从站点可以不必得到主站点的允许传输效率比 NRM 高。

• 异步平衡方式适用于平衡链路结构。链路两端的复合站点具有同等的能力,任何的复合站点均可在任意时间发送命令帧,并且不需要收到对方复合站点发出的命令帧就可以发送响应帧。ITU-TX. 25 建议的数据链路层就采用这种方式。

2. HDLC 协议的帧结构

为支持 3 种通信方式,HDLC 协议定义 3 种类型的帧:信息帧(I 帧)、监督帧(S 帧)和无编号帧(U 帧),如图 5-13 所示。

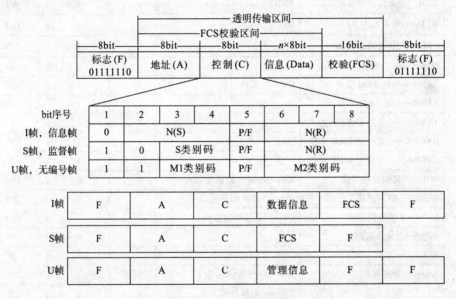

图 5-13　三种类型的帧

(1)HDLC 采用 01111110 为标志字段,称为 F 标志。HDLC 协议在帧定界上采用零比特填充技术首尾界符法。

(2)地址字段由 8 位组成,最多可以表示 256 个站点的地址。采用 NRM 和 ARM 时,地址字段总是写入从站点的地址;采用 ABM 时,地址字段总是写入应答站点的地址。在许多系统中规定,地址字段为 11111111 时,定义为全站点地址,即通知所有的接收站点接收有关的命令帧并按其动作;全 0 比特为无站点地址,用于测试数据链路的状态。因此有效地址共有 254 个,这对一般的多点链路足。考虑在某些情况下,如使用分组无线网,用户可能很多,可使用扩充地址字段,以字节为单位扩充。在扩充时,每个地址字段的第 1 位用作扩充指示,即当第 1 位为 0 时,后续字节为扩充地址字段;当第 1 位为 1 时,后续字节不是扩充地址字段,地址字段到此为止。

(3)控制字段(Control)由 8 位组成,如图 5-13 中的控制字段结构所示,若帧的第 1 比特为 0,则代表这是一个用于发送数据的 I 帧;第 2 至第 4 比特代表当前发送的 I 帧的序号,而第 6 至第 8 比特则代表接收序号即期望收到的帧的发送序号。若帧的第 1 和第 2 比特为 10,则代表这是一个用于协调双方通信状态的 S 帧,其第 3 和第 4 比特用以代表 4 种不同类型的 S 帧:00 表示接收准备就绪;01 表示传输出错,并要求采用拉回方式重发;10 表示接收准备尚未就绪,要求发送方暂停发送;11 则表示传输出错并要求采用选择重发。S 帧不包含 Data 部分,若帧的第 1 和第 2 比特为 11,则代表用于数据链路控制的 U 帧,其第 3、4、6、7 和 8 比特用 M(Modifier)表示,M 的取值不同表示不同功能的 U 帧。U 帧可用于建立连接和拆除连接。在三种类型的帧中,第 5 比特是轮询/终止(Poll/Final)比特,简称 P/F,用于询问对方是否有数据发送或告诉对方数据传输结束。各类帧功能的描述如表 5-1 所示。

表 5-1　三种类型控制帧的功能

帧类型	命令	应答	控制字段各位					
I	信息		0	N(S)			P/F	N(R)
S	RR——接收准备好	RNR	1	0	0	0	P/F	N(R)
	RNR——接收未准备好	RNR	1	0	0	1	P/F	N(R)
	REJ——请求重发 REJ101	REJ	1	0	1	0	P/F	N(R)
	SREJ——选择请求重发	SREJ	1	0	1	1	P/F	N(R)
U	SNRM——置 NRM 方式		1	1	0	0	P	001
	SARM——置 ARM 方式	DM——断开方式	1	1	0	0	P/F	000
	SABM——置 ABM 方式		1	1	1	1	P	100
	SNRME——置扩展 NRM 方式		1	1	0	1	P	011
	SARME——置扩展 ARM 方式		1	1	0	1	P	010
	SABME——置扩展 ABM 方式		1	1	0	1	P	110
	SIM——置初始化方式	RIM——请求初始化方式	1	1	1	0	P/F	000
	DISC——断开连接	RD——请求断开	1	1	0	0	P/F	010
	UI——无编号信息帧	UI——无编号信息帧	1	1	0	0	P/F	000
	UP——无编号轮询		1	1	1	0	P	100
	RSET——复位		1	1	1	1	P	001
	XID——交换标识	XID——交换标识	1	1	1	1	P/F	101
		UA——无编号确认	1	1	0	0	F	110
		CMDR——命令帧拒收	1	1	1	0	F	001

(4)信息字段包含用户的数据信息和来自上层的各种控制信息。I 帧和某些 U 帧具有该字段,它可以是任意长度的比特序列。在实际应用中,其长度由收发站点缓冲器的大小和线路的差错情况决定,必须是 8bit 的整数倍。

(5)帧校验序列字段(FCS)用于对帧进行循环冗余校验,校验范围从地址字段的第 1 比特到信息字段的最后一比特的序列,即包括 A 字段、C 字段和 Data 字段(如图 5-13 所示),并且规定为透明传输插入的 0 不在校验范围内。FCS 是校验序列字段,采用 16 位的 CRC 校验,生成多项式为 CRC-16:$G(x) = x^{16} + x^{12} + x^5 + 1$。

3. 面向连接的可靠传输

HDLC 用于实现面向连接数据传输服务的实例如图 5-14 所示。在正常传输中,无编号帧用于链路连接的建立、维护与拆除,而信息帧用于发送数据并实现捎带的帧确认。

HDLC 差错控制处理过程如图 5-15 表示(省略关于连接建立的过程),由于 B 没有数据帧发

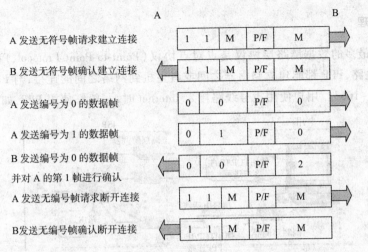

图 5-14　HDLC 用于实现面向连接数据传输服务

送给 A,所以不能利用信息帧的捎带反馈帧出错信息,只专门发送一个监督帧用于告诉 A 数据帧传输出错,并同时给出差错控制方式,显然该例的差错控制采用选择重发方式。

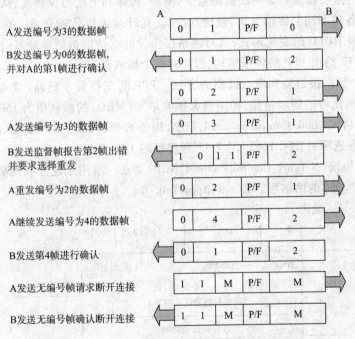

图 5-15　HDLC 差错控制处理过程

　　HDLC 对任意比特组合的数据均能透明传输,具有高可靠性,HDLC 对 I 帧进行编号传输,可有效防止帧重收和漏收。HDLC 传输效率高,额外的开销比较少,允许高效的差错控制和流量控制。HDLC 能适应各种比特类型的工作站和链路。在 HDLC 中,传输控制功能和处理功能分离,层次清楚,应用非常灵活。

　　一般的应用极少使用 HDLC 的全集,而选用 HDLC 的子集。使用某一厂商的 HDLC 时,一定要明确该厂商所选用的子集是什么。

5.5.2 PPP 原理

目前,使用最多的数据链路层协议是点对点协议(Point-to-Point Protocol,PPP),无论是同步电路还是异步电路,PPP 都能建立路由器之间或者主机到网络之间的连接,与 PPP 有关的技术标准是 RFC 1661 – 1663。用户使用拨号线路接入 Internet 时,一般都使用 PPP,如图 5-16 所示。

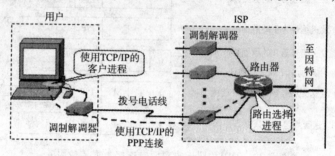

图 5-16   用户通过 ISP 接入 Internet

1. PPP 组成

PPP 在数据链路层提供一套解决链路建立、维护、拆除和上层协议协商、认证等问题的方案;在物理上可使用各种不同的传输介质,包括双绞线、光纤及无线传输介质。在帧的封装格式上,PPP 采用的是一种 HDLC 的变化形式;其对网络层协议的支持则包括多种不同的主流协议,如 IP 和 IPX 等。图 5-17 给出 PPP 的体系结构,PPP 有三个组成部分:

● 一个将 IP 数据报封装到串行链路的方法。PPP 既支持异步链路(无奇偶校验的 8 比特数据),也支持面向比特的同步链路,帧中最大接收单元(MRU)的默认值为 1500 字节;

● 链路控制协议(Link Control Protocol,LCP)用于数据链路连接的建立、配置与测试,通信的双方可协商一些选项,[RFC 1661]定义 11 种类型的 LCP 分组。

● 网络控制协议(Network Control Protocol,NCP)则是一组用来建立和配置不同数据链路的网络层协议,如 IP、OSI 的网络层、DECnet、AppleTalk 等。

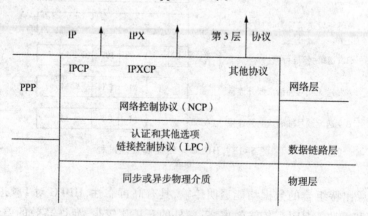

图 5-17   PPP 的组成

2. PPP 的帧结构

PPP 帧格式和 HDLC 帧格式相似,如图 5-18 所示。二者主要区别:PPP 面向字符,而 HDLC

面向位。

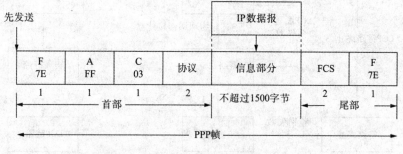

图 5-18　PPP 帧格式

PPP 帧的前 3 个字段和最后两个字段与 HDLC 的格式一样。标志字段 F 为 0x7E(0x 表示 7E),地址字段 A 和控制字段 C 都固定不变,分别为 0xFF、0x03。PPP 不面向比特,因而所有的 PPP 帧长度都是整数个字节。

PPP 有一个 2 个字节的协议字段,协议字段不同,后面的信息字段类型就不同。例如:

0x0021——信息字段是 IP 数据报

0xC021——信息字段是链路控制数据(LCP)

0x8021——信息字段是网络控制数据(NCP)

0xC023——信息字段是口令认证(PAP)

0xC025——信息字段是链路质量报告(LQR)

0xC223——信息字段是握手认证(CHAP)

因 PPP 面向字符型,当信息字段出现和标志字段一样的比特 0x7E 时,使用一种特殊的字符填充,即将信息字段中出现的每一个 0x7E 字节转变成 2 字节序列(0x7D,0x5E)。若信息字段出现一个 0x7D 的字节,则将其转变成 2 字节序列(0x7D,0x5D)。若信息字段出现 ASCII 码的控制字符,则在该字符前加入一个 0x7D 字节。这样可防止这些看似 ASCII 码控制字符被错误地解释为控制字符。

当 PPP 用在同步传输(一连串的比特连续传送)链路时,协议规定采用硬件完成比特填充。例如,用于同步传输的 SONET/SDH 链路时,PPP 采用零比特填充法实现透明传输。发送端发现有 5 个连续 1,则立即填入一个 0。接收端对帧中的比特流进行扫描,每当发现 5 个连续 1 时,就把这 5 个连续 1 后的一个 0 删除。

3. 链路控制

PPP 的链路控制过程如图 5-19 所示。当用户拨号接入 ISP 时,路由器的调制解调器响应拨号,并建立一条物理连接。这时 PC 向路由器发送一系列的 LCP 分组(封装成多个 PPP 帧)。这些分组及其响应选择将要使用的一些 PPP 参数,接着就进行网络层配置,NCP 给新接入的 PC 分配一个临时的 IP 地址,这样 PC 就成为 Internet 上一个主机。

用户通信完毕时,NCP 释放网络层连接,收回原来分配的 IP 地址。接着,LCP 释放数据链路层连接,最后释放物理层连接。

当线路处于静止状态时,物理层连接并不存在。当检测到调制解调器的载波信号,并建立物理层连接后,线路进入建立状态,这时,LCP 开始协商一些选项。协商结束后进入鉴别状态。若

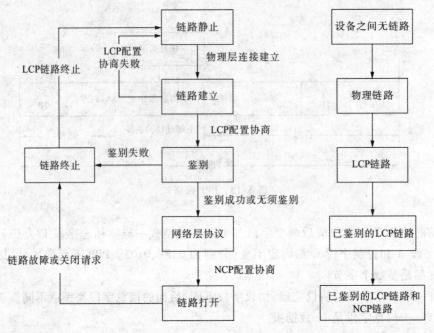

图 5-19　PPP 的工作状态

通信的双方身份鉴别成功,则进入网络状态。NCP 配置网络层,分配 IP 地址,然后进入可进行数据通信的打开状态。数据传输结束后转到终止状态。载波停止后则回到静止状态。

5.6　数据链路层的安全隐患

早期的计算机网络安全研究普遍存在重两头而轻中间的现象,即将网络安全的注意力主要集中在网络体系结构的高层和低层,而忽视中间层次的安全问题。针对物理层的安全提出大量涉及物理、电子、电气和功能等特性的解决方案;针对应用层的安全出现种类丰富、功能完善的面向协议的技术和产品。当 ARP 欺骗、DHCP 欺骗等利用低层协议设计缺陷而出现的网络攻击在局域网中大范围爆发且一时无法找到彻底的解决办法时,网络安全才从高层和低层延伸至中层,尤其是数据链路层。

5.6.1　ARP 欺骗

ARP 的功能是通过 IP 地址查找对应端口的 MAC 地址,以便在 TCP/IP 网络中共享信道的节点之间利用 MAC 地址进行通信。由于 ARP 在设计中存在主动发送 ARP 报文的漏洞,使得主机可以发送虚假的 ARP 请求报文或响应报文,报文中的源 IP 地址和源 MAC 地址均可以伪造。在局域网中,既可以伪造成某一台主机(如服务器)的 IP 地址和 MAC 地址的组合,也可以伪造成网关的 IP 地址和 MAC 地址的组合等。这种组合可以根据病毒设计者的意图任意搭配,而现有的局域网却没有相应的机制和协议防止这种伪造行为,如图 5-20 所示。近几年来,局域网中的 ARP 病毒已经泛滥成灾,几乎没有一个局域网未遭遇过 ARP 病毒的侵害。

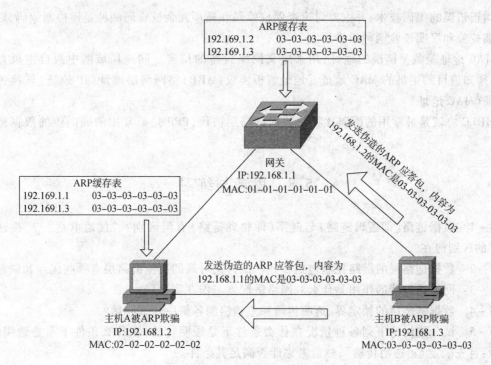

图 5-20　ARP 欺骗实现过程

5.6.2　MAC 地址泛洪攻击

　　交换机根据 MAC 地址转发数据帧,交换机端口与所连设备 MAC 地址的对应关系存储在内容寻址存储器(Content Addressable Memory,CAM)中。CAM 表还可能包含 MAC 地址对应的 VLAN ID 等参数。当交换机从某一端口接收到一个数据帧时,交换机首先从数据帧中提取源 MAC 地址和目的 MAC 地址,然后将端口与源 MAC 地址的对应关系记录在 CAM 表中。同时,交换机查询 CAM 表是否有目的 MAC 地址对应的记录,如果有则通过对应的端口转发数据;如果没有,这时交换机的作用则类似于集线器,将数据帧广播到交换机其他所有的端口。

　　MAC 地址泛洪攻击也称为 CAM 表溢出攻击。因为任何一台交换机 CAM 表的大小有限,因此当记录数填满 CAM 表时,凡到达交换机具有不同源 MAC 地址的数据帧,其端口和 MAC 地址的对应关系不再添加在 CAM 表。基于此原理,病毒将大量虚构的具有不同源 MAC 地址的数据帧发送给交换机,直至交换机的 CAM 表填满。之后,交换机将进入失效开放模式,其功能类似于一台集线器。此时,交换机接收到的任何一个单播帧都会以广播方式处理,这些单播帧将自动发送到病毒设计者或传播者所指定的计算机上。

5.7　本章小结

　　数据链路层的主要功能是在相邻节点之间通过各种控制协议和规程在有差错的物理信道中实现无差错且可靠的数据帧传输。帧定界是将物理线路上传输的比特串划分为帧,帧定界是数据链路层的一个基本功能。

　　差错检测编码是用于检测通信过程中是否出现差错的编码技术,纠错码是用于检测传输错误并纠正错误的编码技术,并主要讨论奇偶校验码和循环冗余校验码两种差错检测编码,以及二维奇偶校验和汉明校验两种纠错码。

MAC 地址是数据链层的地址,用来定义网络设备的位置。同一局域网中两台主机直接通信,必须知道目的主机的 MAC 地址。地址解析协议(ARP)将网络层地址(IP 地址)转换为链路层地址(MAC 地址)。

HDLC 协议是最常用的面向比特的数据链路层协议,PPP 是最常用的面向位的数据链路层协议。

5.8　思考与练习

5-1　数据链路(即逻辑链路)与链路(即物理链路)有何区别?"接通电路"与"接通数据链路"的区别何在?

5-2　数据链路层的链路控制包括哪些?试讨论可靠的数据链路层有哪些优点和缺点。

5-3　网络适配器的作用是什么?网络适配器工作在哪一层?

5-4　数据链路层的帧定界、透明传输和差错检测各解决什么问题?

5-5　试分别讨论下列各种情况在什么条件下是透明传输,在什么条件下不是透明传输?(提示:首先确定是"透明传输",然后考虑能否满足其条件。)

(1)普通的电话通信。

(2)电信局提供的公用电报通信。

(3)因特网提供的电子邮件服务。

5-6　如果数据链路层不进行帧定界,会发生什么问题?

5-7　数据传输中常用的差错检测技术有哪几种?试比较它们的检错和纠错能力。

5-8　什么是校验码?什么是奇偶校验码?试写出二进制数 0010110 的奇校验码和偶校验码。

5-9　待发送的数据为 1101011011。采用 CRC 生成的多项式是 $P(X) = X^4 + X + 1$。试求应添加在数据后面的余数。

5-10　若汉明码的监督关系为:$S_0 = a_0 + a_3 + a_4 + a_6$,$S_1 = a_1 + a_3 + a_5 + a_6$,$S_2 = a_2 + a_4 + a_5 + a_6$,则

(1)若需发送的信息为:$a_6 a_5 a_4 a_3 = 1101$,问冗余位 $a_2 a_1 a_0$ 为多少?

(2)该汉明码的编码效率为多少?

5-11　数据链路层的帧格式在哪个层转换?

5-12　ARP 工作过程是什么?

5-13　一个 ARP 广播请求的发送者可收到多少个应答包?

5-14　192.168.44.64 设备的物理地址 ARP 请求分组的目标物理地址如何填写?

5-15　假定 MAC 地址不在 ARP 表中,发送方如何找到目的地址的 MAC 地址?

5-16　ARP 和 RARP 都把地址从一个空间映射到另一个空间。两者的不同点主要表现在什么方面?

5-17　主机如何不通过发送广播就能解析位于同一子网中另一主机的 IP 地址?ARP 高速缓存包含什么?

5-18　假设任何主机都没有高速缓存这些条目,当主机和经过单台路由器连接到其他子网上的主机通信时需要多少个 ARP 广播?

5 – 19　HDLC 帧可分为哪几个大类？试简述各类帧的作用。

5 – 20　试简述 HDLC 帧各字段的意义。HDLC 用什么方法保证数据透明传输？

5 – 21　根据 HDLC 协议设计一个带有信息帧、监督帧和无编号帧的一次数据交换传输帧格式及内容。

5 – 22　一比特串 0110111111111100 用 HDLC 协议传送，经过零比特填充后比特串如何变化？若接收端收到的 HDLC 帧的数据部分是 0001110111110111110110，问删除发送端加入的零比特后数据部分的比特串？

5 – 23　PPP 的主要特点是什么？为什么 PPP 不使用帧的编号？PPP 适用于什么情况？

5 – 24　一个 PPP 帧的数据部分（用十六进制写出）是 7D 5E FE 27 7D 5D 7D 5D 65 7D5E。试问待传输的数据是什么（用十六进制写出）？

5 – 25　PPP 使用同步传输技术传送比特串 0110111111111100。试问经过零比特填充后比特串如何变化？若接收端收到的 PPP 帧的数据部分是 0001110111110111110110，问删除发送端加入的零比特后比特串如何变化？

5 – 26　PPP 的工作状态有哪几种？当用户使用 PPP 和 ISP 进行通信时，需要建立哪几种连接？每一种连接解决什么问题？

5.9　实　　践

5.9.1　CRC – 16 模拟实现

开发一个客户端和服务端，客户端向服务端发送传输 $N(N > 20)$ 个字节的数据并在数据部分的尾部加上 CRC – 16 计算的校验字段数值，然后当服务端接收到数据后对其进行检查。将所有信息放在 Socket 的数据部分，即可，接收方收到后提取数据部分，然后再进行计算。不必修改原有的 TCP/IP 协议栈。

在此基础上实现汉明码校验、奇偶校验等其他校验方法的编程，试比较三个程序的优缺点，并以表格的形式列在实验报告中。

实验代码举例：

1. CRC 校验

```
unsigned short crc(unsigned char * tmp, int 1)
{
    unsigned short buffer = (tmp[0] < <8) |tmp[1];
    int i,k;
    //for(i =0;i <1;i + +)
    //printf("% dc% d\n",tmp[i],i);
    char buf[1];
    memset(buf,0,1);
    strcpy(buf,tmp);
    for(i =2;i <1;i + +)
    {
```

```
                for(k = 7;k > = 0;k - -)
                {
                    if(buffer&0x8000)
                    {
                        buffer^=0xc002;
                        buf[i]^=(1 < <k);
                    }
                    buffer = (buffer < <1) |((buf[i] > >k)&0x1);
                }
        }
    return buffer;
    }
```

2. 服务器端应用程序

```
#include <stdio.h>
#include <conio.h>
#include <winsock2.h>
#pragma comment(lib,"ws2_32.lib")
unsigned short crc(char * tmp,int l)
{
char * buf =(char *)malloc(sizeof(char) * l);
unsigned short buffer =(tmp[0] < <8) |tmp[1];
memset(buf,0,l);
strcpy(buf,tmp);

int i,k;
for(i =2;i <l;i + +)
    {
for(k =7;k > =0;k - -)
        {
if(buffer&0x8000)
            {
buffer^=0xc002;

buf[i]^=(1 < <k);
            }
buffer =(buffer < <1) |((buf[i] > >k)&0x1);
        }
    }
return buffer;
}
int main()
```

```
{
WSADATA wsaData;
SOCKET server;
SOCKET AcceptSocket;
SOCKADDR_IN service;
intbytesRecv = SOCKET_ERROR;
charrecvbuf[1024] = "";
intiResult = WSAStartup(MAKEWORD(2,2),&wsaData);
server = socket(AF_INET,SOCK_STREAM,IPPROTO_TCP);

service.sin_family = AF_INET;

service.sin_addr.s_addr = inet_addr("127.0.0.1");
service.sin_port = htons(27015);

    bind(server,(SOCKADDR * )&service,sizeof(service));
    listen(server,1);

    printif("等待客户端连接 \n");
while(1)
    {
AcceptSocket = SOCKET_ERROR;
while(AcceptSocket = = SOCKET_ERROR)
        {

            AcceptSocket = accept(server,NULL,NULL);
        }
printf("客户端已连接,正在接受 \n");
server = AcceptSocket;
break;
    }
        bytesRecv = 0;
        while(bytesRecv = = 0)
        bytesRecv = recv(server,recvbuf,1024,0);
        printf("% s % d % d",recvbuf,GetLastError(),bytesRecv);
if(crc(recvbuf,strlen(recvbuf))! = 0)
        printf("错误 \n");
    else
        printf("正确 \n");
    system("pause");
    return 0;
}
```

3. 客户端应用程序

```c
#include <stdio.h>
#include <conio.h>
#include <winsock2.h>
#pragma comment(lib,"ws2_32.lib")
unsigned short crc(char * tmp,int l)
{
char * buf =(char * )malloc(sizeof(char) * l);
unsigned short buffer =(tmp[0] < <8) |tmp[1];
memset(buf,0,l);

strcpy(buf,tmp);
inti,k;
for(i =2;i <l;i + +)
        {
for(k =7;k > =0;k - -)
            {
if(buffer&0x8000)
                {
buffer^=0xc002;
buf[i]^=(1 < <k);
                }
buffer =(buffer < <1) |((buf[i] > >k)&0x1);
            }
        }
return buffer;
}
int main()
{
    WSADATA wsaData;
    SOCKET client;
    SOCKADDR_IN clientService;
    intbytesSent;
intbytesRecv = SOCKET_ERROR;
charsendbuf[1024] ="";
    intiResult = WSAStartup(MAKEWORD(2,2),&wsaData);
    client = socket(AF_INET,SOCK_STREAM,IPPROTO_TCP);

    clientService.sin_family = AF_INET;

clientService.sin_addr.s_addr = inet_addr("127.0.0.1");
clientService.sin_port = htons(27015);
```

```
    connect(client,(SOCKADDR * )&clientService,sizeof(clientService));
printf("连接到服务器,请发送:\n");

gets(sendbuf);
    int i = strlen(sendbuf);
    unsigned short c = crc(sendbuf,i +2);
    sendbuf[i] = (c > >8)&0xff;
    sendbuf[i +1] = c&0xff;

    bytesSent = send(client,sendbuf,strlen(sendbuf),0);
printf("已发送 \n");
    system("pause");
    return 0;
}
```

5.9.2 查看 ARP 缓存表

查看、添加和修改 ARP 缓存表:在命令提示符下输入 arp - a 查看 ARP 缓存表中的内容;用 arp - d命令删除 ARP 表中某一行的内容,用 arp - d + 空格 + <指定 IP 地址 >可以删除指定 IP 所在行的内容;用 arp - s 在 ARP 表中指定 IP 地址与 MAC 地址的对应关系,类型为 static(静态),静态 ARP 缓存除非清除,否则不会丢失。无论是静态还是动态 ARP 缓存,重启计算机后都会丢失。

```
C:\Documents and Settings\Administrator>arp -a

Interface: 192.168.4.24 --- 0x2
  Internet Address      Physical Address      Type
  192.168.4.1           00-09-e8-69-e0-ff     dynamic
  192.168.4.24          00-1b-b9-f3-6c-97     static
  192.168.4.25          00-14-2a-af-74-06     dynamic
```

5.9.3 MAC 地址分析

使用 Wireshark 捕获的一个 TCP 连接请求报文段如表 5-2 所示,每字节的数据均用两位十六进制数据表示,其中物理层在其头部插入的前同步码、帧定界符,以及帧尾部的检验序列均已删除,试分析:

(1)源 MAC 地址和目的 MAC 地址;

(2)目的 IP 地址和源 IP 地址(用点分十进制方式表示);

(3)IP 数据报所承载的传输层协议。已知 IP 数据报首部协议字段的编码方式为:0x06 表示 TCP;0x11 表示 UDP;

(4)计算该 IP 数据报的长度,并说明该数据报是否被分段。

表 5-2　TCP 连接请求报文段

字节编号	0	1	2	3	4	5	6	7	8	9	10	11	12	13	14	15
0 ~15 字节	00	17	08	7D	89	71	00	1F	16	2B	2A	A1	08	00	45	00
16 ~31 字节	00	30	11	10	40	00	80	06	8F	83	0A	02	00	C9	77	4B
32 ~47 字节	D8	1E	C1	31	00	50	4A	43	A0	7B	00	00	00	00	70	02
48 ~63 字节	20	00	5A	57	00	00	02	04	05	B4	01	01	04	02		

第6章 局域网技术

局域网(Local Area Network,LAN)是一种在较小的地理范围内用共享通信介质将大量计算机及各种互联设备连接在一起以实现数据传输和资源共享的计算机网络。常见的局域网通常是在小地理、小区域环境,如家庭、网吧、办公室、校园、大楼区间,用一些必要的通信设备连接起来的网络。局域网充分发挥计算机网络的应用价值,计算机网络在很短的时间内就深入到各个领域。因此,局域网技术是目前非常活跃的技术,各种局域网层出不穷,并得到广泛的应用,因此极大地推动信息化社会的发展。

本章首先介绍局域网参考模型,随后介绍目前应用最为广泛的局域网——以太网,包括传统以太网、千兆以太网、万兆以太网,然后介绍无线局域网和局域网的互联设备,最后介绍局域网的安全隐患。

6.1 局域网参考模型

1. 局域网参考模型

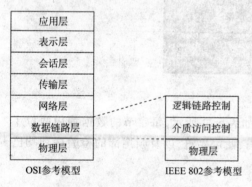

图6-1　IEEE 802 参考模型和
OSI 参考模型的对比

局域网由美国施乐(Xerox)公司于1975年研制成功,并从20世纪80年代开始迅速发展,不同厂商生产的局域网产品层出不穷。为了能实现不同类型局域网的互联互通,美国电气和电子工程师协会(IEEE)于1980年成立一个局域网标准化委员会——IEEE 802 委员会以统一制定局域网标准,即 IEEE 802 标准。后来,国际标准化组织(ISO)经过讨论,建议将 IEEE 802 标准确定为局域网国际标准,即 ISO 标准。图6-1为 OSI 参考模型和 IEEE 802 参考模型的对应关系。IEEE 802 参考模型只相当于 OSI 参考模型最低两层(物理层和数据链路层)的功能。

局域网的物理层提供物理实体间发送和接收位的能力,对物理实体能确认出两个介质访问控制(MAC)子层实体间同等层位单元的交换。物理层实现电气、机械、功能和规程四大特性的匹配。物理层提供发送和接收信号的能力,包括对宽带的频带分配和对基带的信号调制。

局域网的数据链路层分为介质访问控制(Media Access Control,MAC)子层和逻辑链路控制(Logical Link Control,LLC)子层。由于在 IEEE 802 成立之前,不同类型的局域网采用不同的传输介质和介质访问控制方式,IEEE 802 无法用统一的方法取代它们,只能允许其存在。为使各种介质访问控制方式能与上层接口并保证可靠传输,在 MAC 子层制定一个单独的 LLC 子层。这样,仅 MAC 子层依赖具体的物理介质和介质访问控制方法,而 LLC 子层与介质无关,对上屏蔽了下层的具体实现细节,使数据帧的传输独立于所采用的物理介质和介质访问方式。同时,局域网允许继续完善和补充新的介质访问控制方式,适应已有的和未来发展的各种物理网络。

2. LLC 子层的功能和服务

IEEE 802.2 是一种关于逻辑链路控制子层的标准,由其确定 LLC 子层的功能、特性和协议,包括 LLC 子层对网络层、MAC 子层及 LLC 子层本身管理功能的接口服务规范。

1) LLC 子层的功能

在参考模型中,每个实体和另一个系统的同层实体按协议进行通信。在一个系统内,实体上下层间的通信则通过接口进行,LLC 子层用服务访问点(SAP)定义接口。简言之,一个 SAP 是相邻两层之间的逻辑接口,具有发帧和收帧功能。

网络的通信是多个进程间的通信,而一个站(即数据链路层设备,包括主机、路由器、交换机等,在 IEEE 802 系列标准中统称为"站")可能有多个网络层通信进程在运行,这些进程可以同时与其他的一些进程进行通信,这些进程也可能在一个站或多个站中。因此,一个站的 LLC 子层上面应设多个 SAP,以便于多个进程进行通信。为了区别这些进程,需要两种地址:一是节点地址,即 MAC 地址,是某站在网络中的物理地址,由 MAC 帧进行传送;二是 SAP 地址,是进程在站中的地址,提供对网络层的接口,标识网络层的通信进程,由 LLC 帧负责传送。

借助这两种定义,IEEE 802 局域网的寻址分为两步:首先用 MAC 帧的 MAC 地址信息找到网络中的某一个站点,然后用 LLC 帧的 SAP 地址信息找到该站点中的某一个进程。不同的用户使用不同的 SAP,便可同时与一个站通信,以完成不同的工作,这就是 LLC 子层的复用功能。

LLC 子层集中了与介质无关的部分,并且将网络层的 SAP 设在 LLC 子层与高层的交接面上,所以 LLC 子层的基本功能包括:

- 建立和释放数据链路层的逻辑连接。
- 向高层提供一个或多个 SAP 的逻辑接口。
- 发送数据时,将待发送的数据加上首部构成协议数据单元(PDU)(图 6-2)。高层 PDU 传到 LLC 子层,LLC 子层把包封装成 LLC 帧,即把高层 PDU 作为 LLC 帧的数据字段,加上首部(LLC 层的目的 SAP 源 SAP 及某些控制信息)构成 LLC 帧。LLC 帧再向下传输给 MAC 子层,MAC 子层将 LLC 帧封装成 MAC 帧,即把 LLC 帧作为 MAC 帧的数据字段,加上首部(目的地址、源地址、控制信息)和尾部(帧校验序列)构成 MAC 帧。MAC 帧再向下传递给物理层进行传输。
- 接收数据时,拆卸帧,进行地址识别。

图 6-2　IEEE 802 的封装过程

- 进行帧顺序控制和流量控制。

2) LLC 子层提供的服务

LLC 层向上提供 4 种服务类型:

(1)类型 1——LLC1,不确认的无连接服务。

LLC1 相当于数据报服务,这种方式不建立连接,不使用确认机制,不提供可靠性,实现起来非常简单。以太网使用 LLC1 方式。

LLC1 服务可用于单播,也适合广播和多播。对于广播和多播,若要求接收方必须确认,网络负担势必很大。

因为局域网的传输误码率比广域网低得多,所以完全不必担心这种不确认服务是否很不可靠。此时,端到端的差错控制和流量控制可以由高层协议提供。

(2)类型 2——LLC2,可靠的面向连接的服务。

LLC2 相当于虚电路服务,因为每次通信都要在两个 LLC 实体之间经过连接建立、数据传送和连接断开 3 个过程。LLC2 还提供差错控制和流量控制,以实现可靠的服务。这种服务只支持单播通信。

(3)类型 3——LLC3,带确认的无连接服务。

LLC3 适合于传送某些非常重要且实时性也很强的信息,如一个自动控制系统中的报警信息或控制信号等。在这种情况下,如不确认则不可靠,但若先建立连接又太慢,因此 LLC3 不建立连接而直接发送数据,但接收方依然确认。无线局域网协议 IEEE 802.11 提供这种服务。

(4)类型 4——LLC4,高速传送服务。

LLC4 是上述 3 种类型的高速传送服务,专用于城域网,此处不再赘述。

3)LLC 帧的结构

LLC 帧的格式与局域网种类无关,共有 4 个字段,即目的服务访问点(DSAP)字段、源服务访问点(SSAP)字段、控制字段和数据字段,如图 6-3 所示。

图 6-3 LLC 的帧结构

(1)DSAP 字段占 1 字节。其中,最低位是地址类型标志,后 7 位是实际地址。当最低位为 0 时,表示该地址是一个单个 DSAP;当最低位为 1 时,DSAP 是一个组地址,表示数据要发往某一特定站的一组 SAP,即多播通信,这只适用于不确认的无连接服务。

(2)SSAP 字段占 1 字节。其中,最低位为命令/响应位,后 7 位是源服务访问地址。当命令/响应位为 0 时,LLC 帧为命令帧,否则为响应帧。

(3)控制字段可以是 2 字节,也可以是 1 字节。类似于 HDLC 帧,LLC 帧共有三类:信息帧、监督帧、无编号帧。当 LLC 帧为信息帧或监督帧时,控制字段为 2 字节;当为无编号帧时,控制字段为 1 字节。

(4)数据字段的长度原则上无限制,但要求是 8 位的整数倍,而且 LLC 封装在 MAC 帧中传输。当 MAC 帧受限时,LLC 帧长也受限。

3. MAC 子层的功能及服务

在局域网,MAC 子层的主要功能是规定介质访问控制方式,管理一个发送端到多个接收端的传送,并提供与 LLC 子层的接口。它是局域网协议中最复杂的一层,因为它与局域网种类及介质访问控制方法都直接相关。

1)MAC 子层的功能

由于所有 LAN 与 MAN 中的网络设备通过访问共享介质以发送和接收信息,因而必须提供相应的机制以控制对传输介质的访问,其目的是使之更加有序和有效。这就是 MAC 协议提供的功能。在 IEEE 802 系列标准中,不同的局域网对应不同的 MAC 子层。

MAC 子层集中与接入各种介质有关的部分,负责在物理层的基础上进行无差错通信,有管理多个源链路与多个目的链路的功能。MAC 子层的主要功能有:

• 发送信息时负责把 LLC 帧组装成带有地址和差错校验段的 MAC 帧;接收数据时对 MAC 帧进行拆卸,执行地址识别和差错校验。

• 实现和维护 MAC 协议。

目前,在介质访问控制技术中,最关键的是何地控制和如何控制。"何地控制"是指采用集中式还是分布式;"如何控制"是指怎样控制对共享介质的访问。

当前,IEEE 802 的局域网介质访问控制有三种技术:

(1)时间片轮询技术。在时间片轮转中,每个节点按照一定的顺序得到传输时间片,在该时间片轮到某个站点时,站点可以选择是否进行传输,如果进行传输,站点所传输的时间不能超过该时间片。当该站点放弃传输或者完成传输,该时间片则传递给下一个逻辑站点。采用此技术的 IEEE 802 标准有 IEEE 802.4、IEEE 802.11、IEEE 802.5 和 IEEE 802.12。

(2)预约技术。介质访问时间被分为一些时隙,一个节点传输时可以为即将到来的传输预约一些时隙。采用此技术的 IEEE 802 标准有 IEEE 802.6。

(3)竞争技术。对于突发的传输,竞争是常用的机制。采用此技术的 IEEE 802 标准有 IEEE 802.3。

2)MAC 帧的结构(图 6-4)

MAC 子层从 LLC 子层接收一块数据,并进行相应的介质访问控制,然后把数据传输出去。和其他协议层一样,MAC 子层会组装一个 MAC 协议数据单元(PDU),这个 PDU 又称为 MAC 帧。

由于采用不同的 MAC 协议,各 MAC 帧的确切定义不一样,但是所有 MAC 帧的格式大致类似,MAC 帧各字段如下:

• MAC 控制字段:包括所有实现介质访问控制必需的协议控制信息,如优先级等。

• 目的 MAC 帧地址。

• 源 MAC 帧地址。

• LLC:来自 LLC 子层的数据。

• 循环冗余校验(CRC)字段,用于差错控制。发送者和接收者比较根据该 MAC 帧的相关字段计算出的 CRC 码与 MAC 帧中 CRC 字段,若不符则表明该帧在传输过程中出错。

MAC 控制字段	目的 MAC 帧地址	源 MAC 帧地址	LLC	CRC

图 6-4 MAC 的帧结构

大多数链路控制协议不仅使用 CRC 检测错误,而且通过重传该差错帧纠错。在局域网体系结构中,这两种功能分别属于 MAC 和 LLC 子层。MAC 子层负责检测错误并且丢弃错误的 MAC 帧,LLC 子层记录那些成功传输的帧,并且重传那些差错帧。

3)介质访问控制方式

介质访问控制方式指如何控制信号在介质上传输,常用的有随机访问控制方式、令牌环访问控制方式、令牌总线等。

（1）随机访问控制方式。

随机访问控制方式是总线拓扑中常用的介质访问控制方式。它的工作原理是：不预先规定发送时间，也不预先建立各站点发送信息的先后顺序，任何站点在准备发送信息时就自行决定向外发送的时刻，因此，各站点的发送时间完全随机。这种方式要解决的主要问题是冲突，即一个站点在发送过程中，另一个站点也在发送，以致造成信息被破坏的情况。

随机访问控制方式有多种不同的控制方案，控制方案的选择标准是尽量避免冲突，以及出现冲突后如何处理等，典型的方法主要有：ALOHA 协议、载波侦听多路访问（CSMA）协议、具有冲突检测的载波侦听多路访问（CSMA/CD）协议。IEEE 802.3 采用 CSMA/CD 协议。

（2）令牌环访问控制方式。

这是最早的环路控制技术。它将各段点到点链路连接起来，形成一个闭合回路。因此，无论在物理上还是逻辑上，它都是一个环形。令牌环控制方式使用一个称为令牌的特殊帧协调各站对介质的访问权。令牌在介质环上绕行，任一站点只有获得令牌才能发送数据到环上。数据帧逐站环行，目的站在数据帧经过时复制此数据帧，最后由发送该数据帧的站从环上撤除此数据帧。令牌环是一种适用于环型网络的分布式介质访问控制方式，已由 IEEE 802 建议成为局域网控制协议标准之一，即 IEEE 802.5 标准。

（3）令牌总线控制方式。

令牌总线控制方式是在综合 CSMA/CD 和令牌环两种介质访问控制方式优点的基础上形成的一种介质访问控制方法。IEEE 802.4 标准规定这种访问控制方法。

采用令牌总线介质访问控制方式的网络在物理上是总线结构，而在逻辑上构成一个环形。每个站点都在这个逻辑环上占有一个逻辑位置，而且各站有序连接。在正常工作时，有一个称为令牌的帧在逻辑环上传输。站点只有取得令牌才能发送信息。当取得令牌的站将帧发送完毕后便将令牌传递后继站。这样，逻辑环上各站都可以获得发送机会，而且任意时刻只有一个站可以往总线上发送数据，因此不会产生冲突。所以，令牌总线方式既具有总线网接入方便和可靠性较高的优点，也具有令牌环型网的无冲突和有确定发送延时的优点。

IEEE 802.3 的应用最广泛，因为介质访问方法很简单，且无源。因此，安装方便，而且可靠性高。它的最大缺点是发送时延不确定，这对某些实时应用非常不利，而且随着网络负载的增加冲突无疑会增加，因此在重负载下基本上不使用。

IEEE 802.4 使用可靠性高的电视电缆，且发送时延确定，重负载时性能非常好。它的缺点是在轻负载时必须等待令牌，因此产生不必要的发送时延。

IEEE 802.5 对介质的适用性强，既可用双绞线也可用光纤，而且在重负载时效率和吞吐率都非常高。在轻负载时必须等待令牌，因此也产生附加时延。

由于令牌环和令牌总线都有确定的时延，因而对于一些需要有确定时延的应用，如实时应用等比较合适。

6.2 以 太 网

20 世纪 70 年代中期，美国 Xerox 公司的 Alto 研究中心推出以太网（Ethernet）。以太网以无源的同轴电缆作为总线传输数据，数据传输率为 2.94Mbit/s。1981 年，DEC 公司、Intel 公司、Xerox 公司联合推出带宽 10Mbit/s 的 DIX 以太网。随后，IEEE 802 委员会以 DIX Ethernet V2 为基础形成 IEEE 802.3 标准。

以太网既是一种成熟的局域网技术,也是一种成长中的网络技术,在10Mbit/s以太网技术的基础上不断研发100Mbit/s快速以太网技术、千兆以太网技术和万兆以太网技术。以太网技术应用范围已经从局域网扩展至城域网,甚至广域网。

1. CSMA/CD协议

传统以太网的核心思想是各个工作站之间使用共享传输介质传输数据,其基本特征是在MAC子层采用载波侦听多路访问/冲突检测(Carrier Sense Multiple Access/Collision Detection, CSMA/CD)协议。CSMA/CD协议的基本思想是所有工作站在发送数据前都侦听信道,以确定是否有工作站在发送数据,而且在发送数据过程中不断地进行冲突检测。在讨论CSMA/CD协议之前,先介绍ALOHA协议。

1)ALOHA协议

20世纪60年代末,美国夏威夷大学的Abramson及其同事研制采用ALOHA协议的无线电分组网络。ALOHA协议分为纯ALOHA(Pure ALOHA)和分时隙ALOHA(Slot ALOHA)两种。

纯ALOHA协议的思想很简单,即尽量满足用户发送数据的要求。当然,这样会产生冲突,从而破坏帧。但是,由于广播介质具有反馈性,因此发送方可以在发送数据的过程中进行冲突检测,将收到的数据与缓冲区的数据进行比较,就可以知道数据帧是否遭到破坏。如果发送方检测到冲突,则可以等待一段随机长的时间后重发数据。研究表明,纯ALOHA协议的信道利用率不超过18%。

1972年,Roberts对ALOHA协议进行改进,将信道利用率提高一倍,这就是分时隙ALOHA。分时隙ALOHA的思想是用时钟同步用户数据的发送。具体办法是:将时间分为离散的时间片,用户每次必须等到下一个时间片才能开始发送数据,从而避免用户随意发送数据,可以减少数据产生的冲突,提高信道的利用率。

在分时隙ALOHA系统中,计算机并不是在用户按Enter键后就立即发送数据,而是等到下一个时间片开始时才发送。这样,连续的纯ALOHA就变成离散的分时隙ALOHA。由于冲突的危险区平均减少为纯ALOHA的一半,所以分时隙ALOHA的信道利用率可以达到36%,是纯ALOHA协议的两倍。

2)CSMA协议

在ALOHA协议中,各站点在发送数据时从不考虑其他站点是否已经在发送数据,这样会引起许多冲突。在局域网中,如果一个站点可以检测到其他站点是否在发送数据,从而相应地调整其动作,就可以大大提高信道的利用率。在发送数据前对站点进行载波侦听,然后再采取相应动作的协议,称为载波侦听多路访问(Carrier Sense Multiple Access, CSMA)协议。CSMA协议有3种类型,下面分别进行讨论。

(1)1坚持CSMA(1-persistent CSMA)。1坚持CSMA协议的工作过程是:某站点发送数据时,首先侦听信道,看是否有其他站点正在发送数据。如果信道空闲,该站点立即发送数据;如果信道忙,该站点继续侦听信道直到信道变为空闲,然后发送数据。之所以称其为1坚持CSMA,是因为站点一旦发现信道空闲,将以概率1发送数据。

(2)非坚持CSMA(Non-persistent CSMA)。对于非坚持CSMA协议,站点比较"理智",不像1坚持CSMA协议那样"贪婪"。同样,站点在发送数据之前侦听信道,如果信道空闲,立即发送数据;如果信道忙,站点不再继续侦听信道,而是等待一个随机长的时间后再重复上述过程。定性分析可知非坚持CSMA协议的信道利用率高于1坚持CSMA,但数据传输时间可能会长一些。

（3）p 坚持 CSMA（p-persistent CSMA）。p 坚持 CSMA 主要用于分时隙 ALOHA。其基本工作原理是：一个站点在发送数据之前首先侦听信道，如果信道空闲，便以概率 p 发送数据，以概率 1−p 将数据发送推迟到下一个时间片；如果下一个时间片信道仍然空闲，便再次以概率 p 发送数据，以概率 1−p 将数据发送推迟到再下一个时间片。此过程一直重复，直到该站点将数据发送出去或是其他站点开始发送数据为止。如果该站点一开始侦听信道发现信道忙，它就等到下一个时间片继续侦听信道，然后重复上述过程。

上述 3 个协议都要求站点在发送数据之前侦听信道，并且只有在信道空闲时才有可能发送数据，但依然无法避免冲突。例如，假设某站点已经在发送数据，考虑到信道的传播时延，数据信号还未到达另外一个站点，而另外一个站点此时正好要发送数据，它侦听到信道处于空闲状态，也开始发送数据，从而导致冲突。一般而言，信道的传播时延越长，协议的性能越差。

3）CSMA/CD 协议

CSMA 协议是对 ALOHA 协议的改进，要求站点在发送数据之前先侦听信道，如果信道空闲，站点就可以发送数据；如果信道忙，站点则不能发送数据。可以对 CSMA 协议作进一步的改进，要求站点在数据发送过程中进行冲突检测，一旦检测到冲突立即停止发送数据，这样的协议称为载波侦听多路访问/冲突检测（CSMA/CD）协议。

CSMA/CD 协议的工作原理是：在共享介质中，某站点发送数据时必须首先侦听信道。如果信道空闲，站点立即发送数据并进行冲突检测；如果信道忙，继续侦听信道，直到信道变为空闲，再发送数据并进行冲突检测。如果站点在发送数据过程中检测到冲突，立即停止发送数据并等待一随机长的时间，然后重新侦听信道并且重复上述过程。

站点进行冲突检测的方法有两种。第一种方法是比较法，这种方法要求站点在发送数据的同时接收总线上的信号，然后将从总线上接收到的数据与其发送的数据进行比较，如果发生变化，则认为发生冲突。比较法用于站点在发送数据的过程中进行冲突检测，以太网要求边发送边进行冲突检测。

第二种方法是编码违例判决法，这种方法是站点通过检查总线上的信号波形是否符合曼彻斯特编码规则以判断是否发生冲突，如果违反曼彻斯特编码，则认为发生冲突。站点检测到冲突后发送的阻塞加强信号就是采用违例编码，以便其他站点能够快速检测到冲突。

IEEE 802.3 以太网采用的是 1 坚持的 CSMA/CD 协议。如果以太网站点在发送数据过程中检测出冲突，则停止发送数据，并且发出一个 4 字节的阻塞信号加强冲突，以便通知总线上的各个站点已发生冲突，然后随机延时一段时间重新争用总线，再重新传送数据帧。

4）冲突窗口

CSMA/CD 协议存在一些问题，如是否存在冲突，是否能正确处理冲突，一个数据包发送后在多长时间内能够发现冲突。

针对站点在发送数据后多长时间内可以检测到冲突，假设局域网内站点之间最大的传播时延为 τ = 两站点的距离（m）/信号传播速度（200m/μs）。如图 6-5 所示，假设在 t_0 时刻，站点 A 开始发送数据，经过 $\tau-\varepsilon$ 时间，由于站点 A 发送的数据信号还未到达站点 B，因此站点 B 侦听信道时认为信道空闲，B 发送数据。当然，站点 B 很快检测到冲突而取消数据发送，站点 A 则要等 2τ 时间才能检测到冲突。换言之，对于该模型中的站点，用于检测冲突的时间等于任意两个站点之间最大的传播时延的两倍。一般把 2τ 称为冲突窗口。以太网采用的冲突窗口值是 51.2μs。

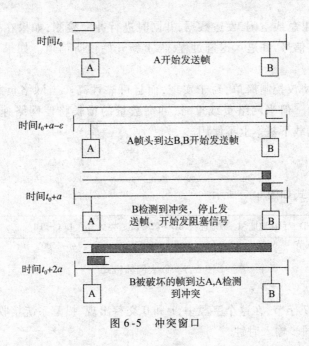

图 6-5　冲突窗口

5）退避算法

当站点在发送数据过程中检测到冲突时应如何进行退避呢？

以太网退避过程以冲突窗口大小为基准，每个站点有一个冲突次数计数器 i。如果站点发生第 i 次冲突，等待时间将从 $0\sim(2^i-1)$ 个冲突窗口之间随机选一个值。如果发生第 2 次冲突，站点将从 $0\sim3$ 个冲突窗口中随机选择一个作为等待时间，以此类推。当冲突次数超过 10 时，等待时间从 $0\sim1023$ 中选择。当冲突次数超过 16 时，发送失败，放弃该帧。该算法称为二进制指数退避（Binary Exponential Backoff）算法。二进制指数退避算法的核心思想是：站点冲突次数越多，平均等待时间也越长。从单个站点的角度来看这似乎不公平；从整个网络来看，某个站点冲突次数的增加意味着网络的负载较大，因而要求增加该站点的平均等待时间，这样可以更快地解决网络的冲突问题。

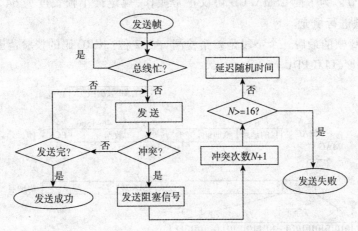

图 6-6　CSMA/CD 操作的流程图

图 6-6 说明以太网站点发送一帧的过程。站点在发送数据帧之前，首先要进行载波侦听，以

确定总线是否忙。如果总线空闲,发送数据,并同时进行冲突检测;如果在数据发送过程中检测到冲突,发送冲突加强信号,并进入退避过程,再重新开始侦听信道。如果冲突达到 16 次,则结束数据发送过程。

总之,CSMA/CD 协议控制简单,易于实现,而且可靠性高。当网络负载轻时,延迟时间短,速度快,有较好的性能。但当网络负载重时,冲突数量的增长将使网络速度大幅度下降,因此 CSMA/CD 协议在重负载下基本上不使用。

2. 以太网的帧结构

以太网 MAC 帧格式如图 6-7 所示。

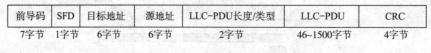

前导码	SFD	目标地址	源地址	LLC-PDU长度/类型	LLC-PDU	CRC
7字节	1字节	6字节	6字节	2字节	46~1500字节	4字节

图 6-7　以太网帧格式

(1)前导码:包含 7 字节,在这个字段中,1 和 0 交替出现,提醒系统接收即将到来的数据帧,同时使系统能够调整同步输入时钟。

(2)帧起始分界符(SFD):帧起始分界符标记帧的开始。它只有 1 字节,模式是 10101011,SFD 通知接收方后面所有的内容都是数据。

(3)目的地址(DA):DA 字段为 6 字节,标记数据帧下一个节点的物理地址。

(4)源地址(SA):SA 字段分配 6 字节。它包含最后一个转发此帧设备的物理地址,也是上个节点的物理地址。

(5)LLC-PDU 长度/类型:2 字节,以太网帧格式用这个字段作为类型字段,用于表明数据字段中的数据由哪种协议传输,而接收方通过这个字段来决定应将这个帧递交给哪一个高层协议,如 0800 表示 IP,0806 表示 ARP 等。在 IEEE 802.3 帧格式标准中,这个字段作为长度字段,用于指明数据段中数据的字节数。

(6)LLC-PDU:以太网 MAC 帧将 IEEE 802.2 的整个帧作为透明数据包含进来。该字段的长度为 46 ~ 1500 字节。为了使 CSMA/CD 协议正常操作,规定最小帧长度为 64 字节。若帧长度小于 64 字节,必须进行填充。

(7)CRC:MAC 帧的最后一个字段是差错检测,占 32 位。CRC 码的校验范围为目的地址、源地址、LLC-PDU 长度、LLC-PDU。

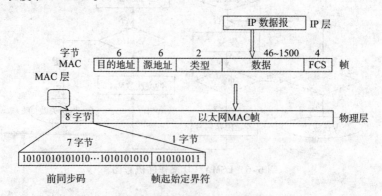

图 6-8　以太网的 MAC 帧格式

3. 传统以太网

传统以太网是指最早进入市场的 10Mbit/s 速率的以太网,它将许多计算机连接到一根总线上。传统以太网可使用的传输介质有四种,即粗同轴电缆、细同轴电缆、双绞线和光缆,对应的标准分别是 10Base5、10Base2、10Base-T 和 10Base-F。如表 6-1 所示。

表 6-1 传统以太网物理层标准

名称	线缆	最大段长度/m	特点
10Base5	粗同轴电缆	500	适合于主干网
10Base2	细同轴电缆	185	低廉的网络
10Base-T	双绞线	100	星型拓扑,性价比高
10Base-F	光缆	2000	连接远程工作站

以太网物理层标准都按照 10Base5、10Base2、10Base-T 和 10Base-F 这种方式描述。其中,10 表示以太网的数据率为 10Mbit/s;Base 表示采用基带电缆直接传输二进制信号;5 表示最大段长度是 $5 \times 100 = 500m$;2 表示最大段长度是 $2 \times 100 = 200m$(实际是 185m);T 表示传输介质是双绞线;F 表示传输介质是光纤(Fiber)。后面的高速以太网物理层标准采用相同的描述方法。

10Base5 是最原始的以太网标准。粗缆以太网使用直径 10mm 的 50Ω 粗同轴电缆(也称粗以太电缆),采用总线拓扑结构。站点网卡的接口为 DB-15 连接器,通过 AUI 收发器的电缆和 MAU 接口连接到基带同轴电缆上,末端用 50Ω 终端匹配电阻端接。粗缆以太网的每个网段允许有 100 个站点,每个网段的最大允许距离为 500m,并且由 5 个 500m 长的网段和 4 个中继器组成,因此网络直径为 2500m。

10Base2 为降低 10Base5 的安装成本和复杂性而设计,使用廉价的 50Ω 细同轴电缆(也称细以太电缆),采用总线拓扑结构。网卡通过 T 形接头连接到细同轴电缆上,末端连接 50Ω 端连接器。细缆以太网的每个网段允许有 30 个站点,每个网段的最大允许距离为 185m,仍保持 4 个中继器组成的 5 个网段的能力,因此允许的最大网络直径为 $5 \times 185m = 925m$。与 10Base5 相比,10Base2 以太网更容易安装,更容易增加新站点,能大幅度降低费用。

10Base-T 是 1990 年通过的以太网物理层标准,需要两对双绞线,一对用于发送数据,另一对用于接收数据,使用 RJ-45 模块作为端接器,通过将计算机连接到集线器构成星型拓扑结构。集线器的主要功能是放大和转发信号。10Base-T 保留 10Base5 的 4 个中继器组成的 5 个网段的能力,因此允许的最大网络直径为 500m。10Base-T 由于价格低,配置灵活和易于管理,所以被广泛采用。

10Base-F 是使用光纤的以太网。10Base-F 需要一对光纤,一条光纤用于发送数据,一条光纤用于接收数据,使用 ST 连接器,采用星型拓扑结构,网络直径最大可达 2000m。

须注意的是,尽管以太网支持不同的物理层标准和传输介质,但是以太网的物理层都采用相同的编码方案——曼彻斯特编码。10Mbit/s 以太网的信号速率是 $20MH_z$。

4. 高速以太网

随着通信技术的发展及用户对网络带宽需求的增加,快速以太网、千兆以太网、万兆以太网应运而生。

在以太网技术的发展历程中,快速以太网是一个里程碑。它确立了以太网技术在局域网中的主导地位。千兆以太网及随后出现的万兆以太网是两个比较重要的标准,以太网技术通过这两个标准将以太网从接入层延伸到校园网及城域网的汇聚和骨干层,从而奠定以太网技术在汇聚和骨干层的地位。目前,万兆以太网已经成熟,而未来 40G/100G 以太网正在开发中。

1)快速以太网

快速以太网是在双绞线上传输 100Mbit/s 基带信号的星型拓扑以太网,仍使用 IEEE 802.3 的 CSMA/CD 协议,其标准为 IEEE 802.3u。快速以太网是 10Base-T 以太网标准的扩展,保留众所周知的“以太网”概念,同时开发新的传输技术,使网络的速度提高 10 倍。由于快速以太网保留了 CSMA/CD 机制,所以不必修改工作站的以太网卡的软件和上层协议,就可以使局域网上的 10Base-T 和 100Base-T 站点间相互通信,并且转换协议。

快速以太网支持 3 种不同的物理层标准,分别是 100Base-T4、100Base-TX、100Base-FX,如表 6-2 所示。

表 6-2 快速以太网物理层标准

名称	线缆	最大段长度/m	信号编码	特点
100Base-TX	两对五类双绞线	100	4B/5B, MLT-3	100Mbit/s, 全双工
100Base-FX	单模或多模光纤	2000 或 412	4B/5B, NRZI	100Mbit/s, 全双工
100Base-T4	4 对三类、四类、五类双绞线	100	8B/6T, NRZ	不对称

100Base-TX 使用两对双绞线,其中一对用于发送数据,一对用于接收数据;在传输中使用 4B/5B 编码方式,信号频率为 125MHz,符合 EIA586 的五类布线标准。它的最大网段长度为 100m,支持全双工的数据传输。100Base-TX 是快速以太网中使用最广泛的物理层标准。

100Base-FX 使用两根光缆,其中一根用于发送数据,另一根用于接收数据;在传输中使用 4B/5B 编码方式,信号频率为 125MHz;最大网段长度为 412m,如果是全双工链路,则可达到 2000m。它支持全双工的数据传输,特别适合有电气干扰、较大距离连接或高保密环境等情况。

100Base-T4 使用 4 对三类、四类、五类双绞线,其中 3 对用于传输数据,1 对用于检测冲突信号。在传输中使用 8B/6T 编码方式,信号频率为 25MHz,符合 EIA586 结构化布线标准。最大网段长度为 100m。

在组网方式上,快速以太网标准要求所有的快速以太网都必须使用集线器或者交换机组网,而不再采用总线组网方式。100Base-TX 和 100Base-T4 快速以太网既可以使用集线器,也可以使用交换机。100Base-FX 快速以太网只能使用交换机,原因是 100Base-FX 允许的光纤长度已经超过以太网的冲突检测范围。

2)千兆以太网

1996 年 3 月,IEEE 802 委员会成立 IEEE 802.3z 工作组,专门负责千兆以太网及其标准,并于 1998 年 6 月正式公布关于千兆以太网的标准。千兆以太网标准是对以太网技术的再次扩展,其数据传输率为 1000Mbit/s,即 1Gbit/s,因此也称为吉比特以太网。千兆以太网基本保留原有以太网所规定的技术规范,包括 CSMA/CD 协议、以太网帧、全双工、流量控制等,所以向下与以太网、快速以太网完全兼容,因此原有的 10Mbit/s 以太网和快速以太网可以方便地升级到千兆以太网。千兆以太网标准实际上包括支持光纤传输的 IEEE 802.3z 和支持铜缆传输的 IEEE 802.3ab 两大部分。

千兆以太网的层次结构如图6-9所示。

图 6-9　千兆以太网的层次结构

千兆以太网的物理层包括1000Base-CX、1000Base-LX、1000Base-SX、1000Base-T等4个协议标准。其中,前三个由 IEEE 802.3z 标准规定,而1000Base-T 由 IEEE 802.3ab 规定。

1000Base-CX:使用两对段距离的屏蔽双绞线,传输距离为25m。

1000Base-LX:可采用单模或者多模光纤作为传输介质,单模光纤传输距离为5000m,双模光纤传输距离为550m。

1000Base-SX:是针对采用芯径为 50μm 和 62.5μm 且工作波长为 850nm 的多模光纤,传输距离为220m 和 550m。

1000Base-T:采用 4 对五类非屏蔽双绞线,传输距离为100m。

千兆以太网的 MAC 子层除了支持以往的 CSMA/CD 协议,还引入全双工流量控制协议。其中,CSMA/CD 协议用于共享信道的争用问题,即支持以集线器作为星型拓扑中心的共享以太网组网;全双工流量控制协议适用于交换机到交换机或交换机到站点之间的点对点连接,两点间可以同时发送和接收数据,即支持以交换机为星型拓扑中心的交换以太网组网。

与快速以太网相比,千兆以太网有明显的优点。千兆以太网的速率 10 倍于快速以太网,但其价格只有快速以太网的 2~3 倍,即千兆以太网具有更高的性价比,而且从现有的传统以太网与快速以太网可以平滑地过渡到千兆以太网。

3)万兆以太网

万兆以太网也称为 10G 以太网,标准为 IEEE 802.3ae。万兆以太网基于当今广泛应用的以太网技术,提供与各种以太网相似的特点。万兆以太网主要用于互联局域网、城域网和广域网之间。它采用以太网帧格式和 MTU。然而,万兆以太网只支持全双工工作模式,而不支持半双工工作模式,并且只以光纤作为传输介质,因此它不再需要其他以太网使用的 CSMA/CD 协议。

万兆以太网的物理层包括 10GBase-SW、10GBase-LW、10GBase-EW,如表6-3 所示。

表 6-3　万兆以太网物理层标准

名称	介质类型	最大段长度
10GBase-SW	多模光纤,短波,850nm	2~300m
10GBase-LW	单模光纤,长波,1310nm	2m~10km
10GBase-EW	单模光纤,超长波,1550nm	2m~40km

万兆以太网在开发时就考虑如何应用于城域网。早期的以太网应用于局域网组网,并不针对电信级应用,因此在物理线路保护、服务质量(QoS)及 OAM(Operation、Administration、Maintenance)方面不提供支持,而升级到万兆以太网以后,除了速率提高之外,还在物理线路保护、服务质量及 OAM 方面提供支持,以便万兆以太网提供电信级服务,适合构建城域网。

万兆以太网使局域网可提供更大的带宽,支持更多的实时多媒体应用。目前,万兆以太网技术已经在城域网的建设中得到应用,其最大优点不是价格低,而是可兼容目前广泛存在的 10Mbit/s 以太网和快速以太网技术。数据可能从一个具有 10Mbit/s 以太网接口的工作站发出,经过万兆以太网通过整个城区,最后经快速以太网或千兆以太网进入另一个服务器。在数据的传输过程中,帧的格式无须改变。

网络运营商可使用万兆以太网将骨干交换机和核心路由器直接连接到 SONET/SDH 网络。使用万兆以太网的 WAN 物理接口还可将分散的局域网通过 SONET/SDH 连接起来。骨干交换机/核心路由器与 SONET/SDH 的 DWDM 设备间的距离非常短,一般不超过 300m。

6.3 无线局域网

1. 无线局域网概述

相对有线网络主要用铜缆或光缆为介质传输数据,无线局域网(Wireless Local Area Network,WLAN)利用电磁波在空中发送和接收数据。它是对有线联网方式的一种补充和扩展,使网络中的计算机可随意移动,能快速方便地解决使用有线方式不易实现的网络联通问题。

无线局域网是指应用无线通信技术将计算机设备互联起来,构成可以互相通信和实现资源共享的计算机局域网。无线局域网分为两大类:有固定基础设施的无线局域网和无固定基础设施的无线局域网。所谓"固定基础设施"是指预先建立起来且能够覆盖一定地理范围的一批固定基站。

如图 6-10 所示的为有固定基础设施的无线局域网,其最小构件是基本服务集(Basic Service Set,BSS)。一个基本服务器 BSS 包括一个基站和若干个移动站,所有的站在本 BSS 以内都可以直接通信,在和本 BSS 以外的站通信时,都要通过本 BSS 的基站。BSS 内的基站称为接入点(Access Point,AP),其作用和网桥相似。一个 BSS 可以孤立存在,也可通过 AP 连接到一个主干分配系统(Distribution System,DS),然后再接入到另一个 BSS,构成扩展的服务集(Extended Service Set,ESS)。

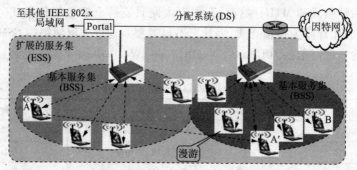

图 6-10　有固定基础设施的无线局域网

一般而言,DS 是一种有线骨干局域网(如有线以太网),DS 的作用是使 ESS 对上层的表现就像一个 BSS,如图 6-10 中的移动站 A,如果要和另一个 BSS 中的移动站 B 通信,就必须经过两个接入点 AP₁ 和 AP₂,即 A→AP₁→AP₂→B。从 AP₁ 到 AP₂ 的通信用有线传输。

无固定基础设施的无线局域网又称为 Ad-Hoc 网络、自组网络或对等网络。这种自组网络没有上述 BSS 中的 AP 而是由一些处于平等状态的移动站之间相互通信组成的临时网络,如图 6-11 所示。移动站 A 和 E 通信时必须经过 A→B→C→D→E 一连串存储转发。源节点 A 到目的节点 E 路径中的移动站 B、C、D 都是转发节点,这些节点具有路由功能。移动自组网在军用和民用领域都有很好的应用前景,特别是近年来移动自组网络的一个子集——无线传感网络(Wireless Sensor Network,WSN)引起人们广泛的关注。

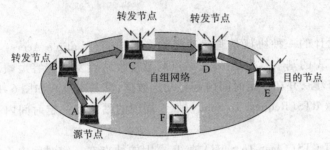

图 6-11　自组网络

IEEE 802.11 WLAN 是目前最有影响的 WLAN。1997 年,IEEE 制定 WLAN 的协议标准 IEEE 802.11,它提供物理层和 MAC 子层的规范,国际标准化组织(ISO)也接纳这一标准,标准号为 ISO 8802-11。后来又出现 IEEE 802.11a、IEEE 802.11b、IEEE 802.11g 和 IEEE 802.11n 等新的物理层标准,支持更高的速率,它们的 MAC 子层同 IEEE 802.11 中 WLAN 的 MAC 子层一样。

无线局域网的 MAC 子层协议与以太网的 MAC 协议不同,这是因为与有线环境相比,无线环境内在比较复杂。在以太网中,站点只要等传输介质空闲,即可发送数据。如果数据在发送过程中没有检测到冲突,那么可以肯定该帧成功发送(但不表明该帧一定被接收方正确接收)。在无线网络中,情况比较复杂,噪声干扰导致帧丢失或出错,即便发送方在数据发送过程中没有检测到冲突,也不能肯定该帧成功发送。

无线局域网与有线局域网的不同之处还在于无线局域网存在"隐藏站"和"暴露站"问题。所谓"隐藏站"问题是指两个站点相距较远或者受到物理障碍阻挡而导致站点无法检测到对方是否存在。"暴露站"问题是指两个站点相距较近而导致站点无法发送数据。

如图 6-12(a)所示,站点 A 正在向站点 B 发送数据,站点 C 也准备向站点 B 发送数据,但是站点 C 由于距离站点 A 太远而不能侦听到站点 A 正在使用无线信道发送数据(站点 A 相对于站点 C 来说是隐藏站),于是站点 C 也向站点 B 发送数据,结果数据在站点 B 处发生冲突。

在图 6-12(b)中,站点 B 正在向站点 A 发送数据,站点 C 也准备向站点 D 发送数据,于是站点 C 开始侦听信道,发现站点 B 正在发送数据(站点 B 暴露给站点 C),于是站点 C 不发送数据给站点 D。事实上,在站点 B 向站点 A 发送数据的同时,站点 C 可以向站点 D 发送数据,即站点 C 检测到载波信号并不意味着站点 C 不能发送数据,这虽然不会影响无线局域网的正常工作,但是会导致信道利用率下降。

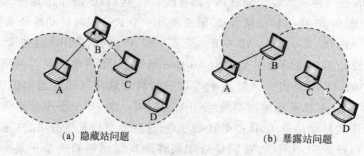

(a) 隐藏站问题　　　　　　　　　　(b) 暴露站问题

图 6-12

2. MACA 协议

早期为 LAN 设计的一种协议是避免冲突的多路访问(Multiple Access with Collision Avoidance,MACA)。MACA 的基本思想是:发送站点刺激接收站点发送应答短帧,从而使得接收站点周围的站点侦听到该帧,并在一定时间内避免发送数据,其基本过程如图 6-13 所示。

(1)A 向 B 发送 RTS(Request To Send)帧,A 周围的站点在一定时间内不发送数据,以保证 CTS 帧返回给 A;

(2)B 向 A 回答 CTS(Clear To Send)帧,B 周围的站点在一定时间内不发送数据,以保证 A 发送完数据;

(3)A 开始发送;

(4)若发生冲突,采用二进制指数退避算法等待随机长的时间,然后重新开始。

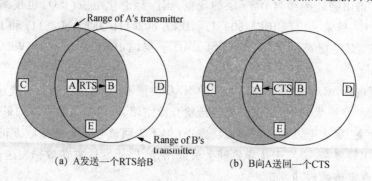

(a) A发送一个RTS给B　　　　　　(b) B向A送回一个CTS

图 6-13　MACA 协议

如果其他有的站点也侦听到这些帧,A 和 B 如何反应。如果一个站点侦听到 RTS 帧,那么它一定离 A 很近,且不回应,至少等待足够长的时间以便在无冲突情况下回送 CTS 至 A。如果一个站点侦听到 CTS,则它一定离 B 很近,在接下来的数据传送过程中不回应,只要检测到 CTS,即可知数据帧的长度(即数据传输持续多久)。

在图 6-13 中,C 落在 A 的范围内,但不在 B 的范围内。因此,它侦听到 A 送出的 RTS,但是没有侦听到 B 送出的 CTS,只要它没有干扰 CTS,那么在数据帧发送的过程中,它可以自由地发送任何信息。相反,D 落在 B 的范围内,但不在 A 的范围内,它侦听不到 RTS 帧,但是侦听到 CTS 帧。侦听到 CTS 帧意味着它与一个将接收数据帧的站点离得很近。所以,它会等到那一帧传送完成后再发送任何信息。站点 E 侦听到这两条控制消息,所以与 D 一样,在数据帧完成之前必须无动作。

尽管站点采取这些防范措施，但冲突仍有可能发生。例如，B 和 C 可能同时给 A 发送 RTS 帧。这些帧发生冲突，因而会丢失。在发生冲突的情况下，一个失败的发送方等待一段随机的时间，以便再重试。

3. CSMA/CA 协议*

由于无线信道的特殊性，无线电波可能向多个方向传播且传播距离受限，当点播传播遇到障碍物时，传播距离受到的影响更大，而且无线信道的空闲状态很难检测，冲突检测的开销很大。具体来说就是无线网络中存在的隐藏站和暴露站问题有可能使站点误判网络状态。因此，IEEE 802.11 不能使用 CSMA/CD 协议，而只能使用改进的 CSMA/CA（collision avoidance）协议，即"载波侦听、多路访问、冲突避免"。改进的办法是使 CSMA 增加一个冲突避免功能。

CSMA/CA 协议基于无线局域网的 MAC 子层增强的功能实现。WLAN 的 MAC 子层实际上最多由两个子层构成，它们是分布协调功能（Distributed Coordination Function，DCF）层和点协调功能（Point Coordination Function，PCF）层。如图 6-14 所示的是 IEEE 802.11 的 MAC 子层。

MAC 子层通过协调功能确定在基本服务集（BSS）中的移动站何时能发送数据或接收数据。DCF 层靠近物理层，是必备层，为上

图 6-14 IEEE 802.11 的 MAC 子层

层提供信道争用服务，每一个节点使用 CSMA 机制的分布式接入算法协助完成对信道的争用并获取数据发送权。PCF 层是备用层，只在有固定基础设施的网络中存在，通过集中控制的接入算法，用类似探询的办法获取数据发送权，避免冲突。PCF 对于对时间敏感的多媒体信息传输业务的作用十分明显。

IEEE 802.11 不仅使用 CSMA/CA 协议，还借鉴 MACA 协议，增加 RTS/CTS 使用确认机制。CSMA/CA 支持两种操作方法。

在第一种方法中，当一个站点要发送信息时，先侦听信道。如果信道空闲，开始传送数据信息。在发送过程中，它并不侦听信息，而是直接将整个信息帧发送完毕。在这种情况下，可能因为干扰原因，接收方不能正确收到数据信息。数据发送前如果确认信道处于忙状态，则发送方推迟信息发送至信道空闲才开始发送数据。发送过程中如果出现冲突，则冲突站等待一段时间，等待时间的长度按二进制指数退避算法计算。

第二种方法实际上是虚拟信道侦听方法。在这种方法中，发送方通过发送 RTS 帧表达请求，接收方通过回答 CTS 帧表示接收数据发送请求。发送方发出数据帧时启动一个检测定时器，接收方正确收到数据后以 ACK 回应发送方。若发送方的定时器超时，整个协议重新运行，数据发送操作也重新启动。收发双方发送的 RTS 或 CTS 帧被其他站点接收到时，RTS 帧或 CTS 帧被认为是信道占用的标志信号，相关站点从全局着想不再发送任何信息，并根据 RTS 中的信息估计须等待的时间。

以上工作模式适用于 IEEE 802.11 的 DCF 模式。在 PCF 模式中，基站通过轮询方式询问其他站点是否发送数据帧，因此不会发生数据冲突。轮询的基本机制是基站周期地广播一个标记帧。

WLAN 允许 DCF 和 PCF 共存。IEEE 802.11 通过精确定义数据帧发送的时间间隔实现。数据帧之间的发送时间间隔硬性规定最大值,共有 4 种用途不同的时间间隔,它们是:短帧间间隔(Short InterFrame Spacing,SIFS)、PCF 帧间间隔(PCF InterFrame Spacing,PIFS)、DCF 帧间间隔(DCF InterFrame Spacing,DIFS)、扩展帧间间隔(Extended InterFrame Spacing,EIFS)

帧间间隔:所有的站点发送完帧后必须再等待一段很短的时间(继续侦听)才能发送下一帧。这段时间的通称是帧间间隔(InterFrame Space,IFS)。帧间间隔长度取决于该站欲发送帧的类型。高优先级帧等待的时间较短,因此可优先获得发送权。若低优先级帧还没发送而其他站的高优先级帧已发送到介质,则介质变为忙状态而低优先级帧就只能再推迟发送。这可减少冲突,如图 6-15 所示。

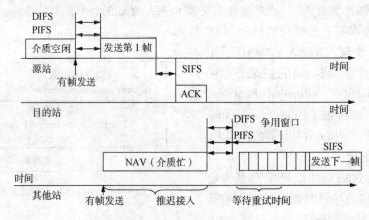

图 6-15　帧间间隔

SIFS 是最短的帧间间隔,用来分隔开属于一次对话的各帧。一个站应当能够在这段时间内从发送方式切换到接收方式。PIFS 比 SIFS 长,目的是在开始使用 PCF 方式时(在 PCF 方式下使用,没有争用)优先接入到介质。PIFS 的长度是 SIFS 加一个时隙(Slot)长度。DIFS 在 DCF 方式中用来发送数据帧和管理帧。DIFS 的长度是 PIFS 加一个时隙长度。

CSMA/CA 的工作原理有 3 个过程:首先检测信道,若信道空闲,则等待 1 个 SIFS 后发送第一个 MAC 帧,等待 1 个 SIFS 的原因是让高优先级的帧优先发送。

源站点收到数据帧后等待目标站点恢复的确认帧(ACK)。目标站点若正确收到数据帧,在 SIFS 后发出 ACK 帧。源站点若在规定时间内没有收到确认帧,就必须重传此帧,直到收到 ACK 为止,或者经过多次失败后主动放弃。

6.4　数据链路层互联设备

1. 网桥的功能和原理

网桥工作在物理层与数据链路层,是连接不同局域网的一种设备。网桥通过缓存、隔离、转发、学习和扩展实现数据帧存储转发功能,通过协议转换功能连接不同物理层局域网。网桥可以由专门的硬件设备,也可以由计算机加装的网桥软件来实现,这时计算机安装多个网络适配器(网卡)。

网桥首先对收到的数据帧进行缓存并处理,然后通过帧的目的地址判断是否位于发送这个帧的网段中:若是,网桥不转发该帧到其他端口,这就是网桥的隔离功能;若不是,网桥通过查找 MAC 地址转发该帧到目的节点所在网段。如果 MAC 地址表无此目的地址,则按扩散,又称洪泛 (Flooding) 的方法将该数据发给与该网桥连接的除发送数据的网段外所有的网段,并将目的网段发送数据时源 MAC 地址对应的网桥端口加入 MAC 地址表,如图 6-16 所示。

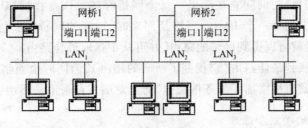

图 6-16　网桥

使用网桥连接两段 LAN 时,网桥对来自网段 1 的 MAC 帧首先检查其终点地址。如果该帧发往网段 1 上某一站,网桥不将帧转发到网段 2,而将其滤除;如果该帧发往网段 2 上某一站,网桥将它转发到网段 2。这表明,如果 LAN₁ 和 LAN₂ 上各有一对用户在本网段上同时进行通信,上述转发功能显然可以实现。因为网桥起到隔离作用。由此可知,网桥在一定条件下具有增加网络带宽的作用。

根据网桥的转发方式网桥分为:透明网桥和源路由选择网桥。

1) 透明网桥

第一种 IEEE 802 网桥是透明网桥 (Transparent Bridge) 或生成树网桥 (Spanning Tree Bridge)。支持这种设计的人首要关心的是"完全透明"。所谓"完全透明",是指网桥对于互联局域网的各站而言完全不存在。

透明网桥以混杂方式工作,它接收与之连接所有 LAN 传送的每一帧。当一帧到达时,网桥通过扩散和学习方式进行转发。

透明网桥的工作流程如下所述。

(1)从指定端口收到无差错的帧,如果该帧有差错则丢弃,同时在转发表中查找目的主机的 MAC 地址。

(2)如果目的主机 MAC 地址存在于表内,则查找出此 MAC 地址发送数据时所引用的端口号,如果表中查不到该 MAC 地址,则向除其外的所有端口发送广播帧,等待具有该 MAC 地址的主机回复,并将 MAC 地址加入到转发表。

(3)如果帧显示到这个 MAC 地址的端口为收到帧的那个端口,则丢弃此帧,否则就从该端口转发此帧。

(4)如果源主机不在转发表中,则将源主机的 MAC 地址加入到转发表,登记该帧进入网桥的端口号,设置计时器,并等待新的数据帧,之后再转到第一步。如果源主机在转发表中,更新计时器。

2) 源路由选择网桥

源路由选择的核心思想是由源主机决定帧的路由。假定每个帧的发送者都知道接收者是否在同一 LAN 上。当发送一帧到另外的 LAN 时,源主机将目的地址的高位设置成 1 作为标记。另外,它还在帧头加进此帧应走的实际路径。

源路由选择网桥只关心那些目的地址高位为 1 的帧,若碰到这种帧,它扫描帧头中的路由,寻找发来此帧的那个 LAN 的编号。如果发来此帧的那个 LAN 编号后跟本网桥的编号,则将此帧转发到路由表中后续的那个 LAN。如果该 LAN 编号后不跟本网桥,则不转发此帧。

源路由选择的前提是互联网中的每台机器都知道所有其他机器的最佳路径。如何得到这些路由是源路由选择算法的重要部分。获取路由算法的基本思想是:如果不知道目的地地址的位置,源主机则发布一广播帧,询问它在哪里。每个网桥都转发该查找帧(Discovery Frame),这样该帧就可到达互联网中的每一个 LAN。当答复回来时,途经的网桥将其标识记录在答复帧中,于是,广播帧的发送者就可以得到确切的路由,并可从中选取最佳路由。

虽然此算法可以找到最佳路由(它找到了所有的路由),但同时也面临着帧爆炸的问题。源路由选择网桥给所有的主机增加了事务性负担,而且对端节点来说是不透明的。

2. 局域网交换机的功能和原理

交换机也工作在物理层与数据链路层,且使用 MAC 地址表转发数据帧,工作原理与透明网桥类似,但是没有协议转换功能。交换机本质上是一种多端口网桥,每个端口都直接与主机相连,并且一般都工作在全双工方式下。

交换机拥有一条很高带宽的总线和内部交换矩阵。交换机所有的端口都挂接在这条总线上,控制电路收到数据包后,处理端口查找内存中的地址对照表以确定目的 MAC(网卡的硬件地址)的网卡挂接在哪个端口上,通过内部交换矩阵迅速将数据包传送到目的端口;目的 MAC 若不存在广播到所有的端口,接收端口回应后交换机学习新的地址,并把它添加入内部 MAC 地址表中。交换机也可以把网络分段,通过对照 MAC 地址表,交换机只允许必要的网络流量通过交换机。交换机经过滤和转发,可有效地减少冲突域,但它不能划分网络层广播,即广播域。交换机在同一时刻可进行多个端口对之间的数据传输。每一端口都可视为独立的网段,连接在其上的网络设备独自占有全部的带宽,无须同其他设备竞争使用。

交换机的主要功能包括物理编址、网络拓扑地址、错误校验、帧序列及流量控制。目前交换机还具备一些新的功能,如对虚拟局域网(VLAN)的支持、对链路汇聚的支持,有的甚至还具有防火墙的功能。

(1)学习:以太网交换机了解每一端口相连设备的 MAC 地址,并将地址同相应的端口映射起来,存放在交换机缓存中的 MAC 地址表中。

(2)转发/过滤:当一个数据帧的目的地址在 MAC 地址表中有映射时,它转发到连接目的节点的端口而不是所有的端口。

(3)消除回路:当交换机包括一个冗余回路时,以太网交换机通过生成树协议避免产生回路,同时允许存在后备路径。

交换机除了能够连接同种类型的网络,还可以在不同类型的网络(如以太网和快速以太网)之间起到互联作用。如今许多交换机都能提供支持快速以太网或 FDDI 等高速连接端口,用于连接网络中的其他交换机或者为带宽占用量大的关键服务器提供附加带宽。

现代以太网使用一种星型拓扑(图 6-17),每个节点与中心交换机相连。交换机的任务是接收输入的链路层

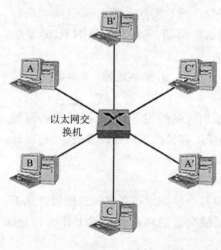

图 6-17 星型拓扑

帧并将它们转发到输出链路。

对于普通 10Mbit/s 的共享式以太网而言,若共有 N 个用户,则每个用户占有的平均带宽只有总带宽的 $1/N$。在使用以太网交换机时,虽然每个端口到主机的数据率还是 10Mbit/s,但由于一个用户在通信时是独占而不是和其他网络用户共享传输介质的带宽,因此拥有 N 对端口交换机的总容量 $N \times 10$Mbit/s。这正是交换机的最大优点。

以太网交换机一般都具有多种速率的端口。例如,可以具有 10Mbit/s、100Mbit/s、和 1Gbit/s 端口的各种组合,这大大地方便了不同用户。

如图 6-18 所示,以太网交换机有三个 10Mbit/s 端口,这三个端口分别和三个部门的 10Base-T 局域网相连;以太网交换机还有三个 100Mbit/s 端口,这三个端口分别和邮件服务器、Web 服务器及连接因特网的路由器相连。

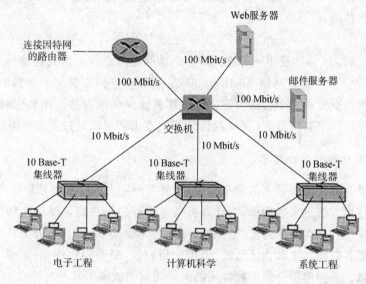

图 6-18　以太网交换机

6.5　局域网的安全隐患

1. 来自局域网内部的安全隐患

现在,除了有线网络常见的网络安全威胁,无线网络安全的威胁也越来越多。因网络设计和建设存在缺陷而导致的安全隐患主要表现在 5 个方面。

1)私接路由器

无线局域网接入点(无线路由器)价格低,容易安装,小巧而容易携带。非法的无线路由器可以无意或者在 IT 管理人员无法察觉的情况下恶意接入企业网络,即把一个小巧的无线路由器带到企业内部,然后连接到以太网接口即可。

2)设置不当的无线路由器

无线路由器支持多种安全特性和设置。IT 管理人员许多时候都会让合法的路由器仍旧保持出厂时的默认设置或者没有恰当地对它进行设置,这会使路由器在没有加密或在弱加密(如 WEP)的条件下工作。另外,一个路由器在没有设置任何口令的情况下与客户端连接,于是整个企业网络在没有任何口令情况下建立无线连接。

3）客户端连接不当

客户端连接不当就是企业合法用户与外部路由器建立连接,同样存在不安全因素。如果一些部署在工作区周围的路由器可能没有任何安全控制,企业合法用户的 WiFi 卡就可能与这些外部路由器建立连接。这个客户端一旦连接到外部路由器,企业内可信的网络就置于风险之中,外部不安全的连接通过这个客户端接入到用户的网络。因此,要防止在不知情的状况下发生合法用户与外部路由器建立连接或内部信息外露。

4）非法连接

"非法连接"是指企业外的人员与企业合法的路由器建立连接,这通常发生在无线空间没有安全控制的情况下。一个非法用户与合法路由器建立连接,说明用户的网络向外部开放,这会导致重要数据和信息外泄。

5）直连网络

IEEE 802.11 WLAN 标准提供一种在无线客户端间建立点对点无线连接的方式。无线客户端之间可以借此建立一个直连网络 Ad-Hoc。但是,这种直连网络带来安全漏洞,攻击者可以在网络周边隐藏区内与企业内一个合法的笔记本计算机建立无线连接。比如,如果这台笔记本计算机与其他合法用户共享某些资源(文件或目录等),攻击者可以通过直连网络获得这些资源。

2. 来自局域网外部的安全隐患

除了网络建设时的疏漏所带来的安全隐患外,另一种更大的隐患便是外来黑客的恶意攻击。现如今黑客工具使用方法越来越简单,对计算机稍有了解的用户即可使用这种加密破解工具对无线局域网进行攻击。黑客使用的工具一般都由网络无偿提供,而且新的工具也层出不穷。这些工具可以帮助黑客破解加密和认证系统,可以分析协议,窃听空中通信,记录 IP 地址、用户名和密码等敏感信息。下面简单介绍 3 种常用的无线局域网破解工具及其特点。

1）Aircrack

Aircrack 是一套用于破解 8WEP 和 WPA 的工具套装,一般用于破解无线网络的密钥,从而非法进入未经许可的无线网络。一旦收集到足够的加密数据包,利用它就可以破解 40～512 位的 WEP 密匙,也可以通过高级加密方法或暴力破解方法破解 WPA1 或 WPA2 网络。Aircrack-ng 是由 6 个不同部分组成的组件:

(1)aircrack-ng,用于破解 WEP 及 WPA-PSK 密钥。aircrack-ng 工具一旦收集了足够的信息,aircrack-ng 分析这些数据,并试图确定使用中的密钥。

(2)airdecap-ng,解读被破解的网络数据包。

(3)airmon-ng,为使用整个 aircrack-ng 套件配置一个网卡。

(4)aireplay-ng,在无线网络中产生可能在恢复中的 WEP 密钥所需的流量。

(5)airodump-ng,捕获被 aircrack-ng 用于破解 WEP 密钥的 IEEE 802.11 帧。

(6)tools,为微调提供分类工具箱。

在 Windows 上安装及运行 aircrack-ng 非常容易,只要在系统上安装合适的驱动即可,驱动可以在 aircrack-ng 网站上找到。安装完后就可以开始恢复(破解)WEP 密钥:首先运行 airodump-ng 这一组件,收集足够的数据包以破解密钥。捕获到足够的流量后便可使用 aircrack-ng 组件进行破解。

2) BT3

BT3 全称 BackTrack3,这是一种 Linux 环境的便携系统,可以放到 U 盘或者光盘启动;还有 VMware 的镜像,可用 VMware 虚拟机启动,对硬盘没有影响,无须在本地安装。现在 BT4 正式版已经发布,其特点与 BT3 大致相同,不再赘述。

BT3 是非常著名的黑客攻击平台,是一个封装好的 Linux 操作系统,内置大量的网络安全检测工具以及黑客破解软件等。BT3 和 BT4 因可以方便地破解无线网络而出名,其中内置的 spoonwep 是一种非常强大的图形化破解 WEP 无线网络密码的工具。

BT3 常与无线破解、蹭网卡等连在一起,其原理是抓包,在众多的数据包中检测相同的字符串,分析其密码。BT3 只能破解 WEP、WPA、WPA2 这三种加密方式,无线路由通常用这几种加密方式。破解工作需要信号、用户的使用量、硬件、密码复杂程度等多方面的条件,并非随时可进行。信号不好,丢包率就高,导致不能在有限时间内抓取足够的数据包;用户的使用量越多,数据包也就越多。其中,破解有客户端、无线路由的概率更大,破解仅需 10 分钟即可,否则需若干小时,原因是抓取数据包应在一万个以上。不过,有时抓取两万个数据包也未必能破解。

3) 其他一些攻击工具

除了上述两种常用的密码破解工具,还有如 WEPWedgie,WEPCrack,WEPAttack,BSD-Airtools 和 AirSnort 等在其他方式上的攻击工具都可以帮助黑客破解使用 WEP 加密系统的加密信息。

(1) 认证破解工具,如 ASLEAP 和 THC-LEAPCracker 可以帮助黑客破解针对 802.1x 无线网络基于端口的认证协议,如 LEAP 和 PEAP。黑客还可以进一步获取认证证书。

(2) 拒绝服务攻击工具,诸如 WLAN 和 hunter-killer 等工具可以帮助黑客发动拒绝服务攻击。

(3) Windows 漏洞扫描工具,如 Nessus,可以让黑客扫描设备中存在的漏洞,如无线网络中的用户工作站和访问接入点。

6.6 本 章 小 结

局域网参考模型定义 ISO/OSI 参考模型最低两层(物理层和数据链路层)规范。在局域网的参考模型中,数据链路层分为介质访问控制子层和逻辑链路控制子层。其中,介质访问控制子层完成对共享介质的访问控制,而逻辑链路控制子层完成站点之间数据的可靠传输。

以太网是最近 20 多年来最成功的局域网,它已经成为局域网的事实标准。以太网由最初的 10Mbit/s 发展到快速以太网、千兆以太网及万兆以太网,从半双工的共享方式发展到全双工的交换方式。

无线局域网是基于无线信道而构建的局域网,因此与有线以太网相比,无线局域网具有更复杂的 MAC 协议。无线局域网采用 CSMA/CA 协议,采用冲突避免算法控制多个站点对共享无线信道的访问。

局域网的组网设备主要有网桥和交换机。目前,最常见的局域网组网方式是采用交换机互联不同的网段。

6.7　思考与练习

6-1　局域网参考模型包含哪几层？每一层的功能是什么？

6-2　简单比较纯 ALOHA 协议和分时隙 ALOHA 协议。

6-3　简单比较 1 坚持、非坚持和 p 坚持 CSMA 协议。

6-4　简述 CSMA/CD 协议的工作过程。

6-5　为什么以太网存在最小帧长度问题？以太网的最小帧长度为什么是 64 字节？

6-6　试说明 10Base-T 中的 10、Base 和 T 所代表的意思。

6-7　假定 1km 长的 CSMA/CD 网络的数据率为 1Gbit/s。设信号在网络上的传播速率为 200000km/s。求能够使用此协议的最短帧长。

6-8　假定使用 CSMA/CD 协议 10Mbit/s 以太网的某个站在发送数据时检测到冲突，执行退避算法时选择随机数 $r = 100$。试问这个站需要等待多长时间后才能再次发送数据？如果是 100Mbit/s 的以太网呢？

6-9　在 CSMA/CD 协议中，第 5 次冲突后，一个站点选择的 4 个冲突时间片的概率是多大？对于 10Mbit/s 以太网，4 个冲突时间片是多少？对于 100Mbit/s 以太网，4 个冲突时间片是多少？对于 1Gbit/s 以太网，4 个冲突时间片是多少？

6-10　A 和 B 是试图在一个以太网上传输的两个站点。每个站点都有一个等待发送帧的队列，站点 A 的帧编号为 A_1、A_2 等，站点 B 的帧编号为 B_1、B_2 等。设冲突检测窗口 $T = 51.2\mu s$ 是指退避算法的基本单位。假设 A 和 B 试图同时发送各自的第一帧，导致冲突（第一次冲突），于是各自进入退避过程。假设 A 选择 $0 \times T$，而 B 选择 $1 \times T$，这说明 A 在竞争中获胜并传输 A_1，而 B 等待。当 A 传输完 A_1 后，B 试图再次传输 B_1 而 A 试图传输 A_2，又一次发生冲突（第二次冲突），A 和 B 进入第二次退避竞争。现在 A 可选择的退避时间是 $0 \times T$ 或 $1 \times T$（A 是发送的 A_2 的第一次冲突），而 B 可选择的退避时间是 $0 \times T$、$1 \times T$、$2 \times T$ 或 $3 \times T$ 之一（B 是发送的 B_1 的第二次冲突）。

（1）求 A 在第二次退避竞争中获胜的概率。

（2）假设 A 在第二次退避竞争中获胜，A 发送 A_2。传输结束时，在 A 试图发送 A_3 而 B 试图再一次发送 B_1 时，A 和 B 又发生冲突，求 A 在第三次退避竞争中获胜的概率。

6-11　传统以太网、千兆以太网、万兆以太网的特点是什么？

6-12　无线局域网有哪几种拓扑结构？各有什么特点？

6-13　为什么无线局域网不能使用 CSMA/CD 协议而必须使用 CSMA/CA 协议？

6-14　简述 CSMA/CA 协议的工作过程。

6-15　DCF 模式为什么要引入 RTS 和 CTS 机制？能够解决什么问题？

6-16　为什么无线局域网发送数据帧后对方必须发回确认帧，而以太网就不要求对方发回确认帧？

6-17　无线局域网的 MAC 协议的 SIFS、PIFS 和 DIFS 的作用是什么？

6-18　网桥的工作原理和特点是什么？

6-19　以太网交换机有何特点？网桥与以太网有何异同？

6.8 实　　践

通过安装、配置一个实用的 WLAN，了解 WLAN 的构成，理解 WLAN 的工作原理、网络组成和相关协议，掌握 WLAN 的安装和配置方法。

本实验的网络拓扑结构如图 6-19 所示，内网配置有一台无线路由器、两台内置无线上网卡的笔记本计算机。外部网络连接采用 100Mbit/s 以太网接口，可以通过它连接校园网并连接到因特网。

1. 安装配置无线路由器

1）硬件连接（图 6-20）

使用一根双绞线电缆连接无线路由器到校园网：网线的一端插到无线路由器的 WAN 接口，另一端插到实验室墙上的网络插座。

使用另一根双绞线电缆连接无线路由器和笔记本：网线的一端插到无线路由器的任意一个 LAN 接口，另一端插到笔记本机的网络接口。

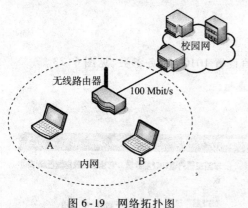

图 6-19　网络拓扑图

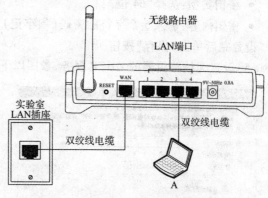

图 6-20　硬件连接

2）配置无线路由器

（1）设置 PC 的 TCP/IP 属性如下：

- IP 地址为 192.168.1.2。
- 子网掩码为 255.255.255.0。
- 默认网关为 192.168.1.1（即无线路由器的 IP 地址）。

（2）登录无线路由器。打开网络浏览器，在地址栏中输入 http://192.168.1.1，出现登录界面。输入用户名和密码，单击"确定"按钮，出现管理界面。

（3）设置无线路由器的网络参数：单击"WAN 口设置"，进入"WAN 口设置"对话框，见图6-21。

- WAN 口连接类型：选择"静态 IP"。
- IP 地址：WAN 口的 IP 地址。

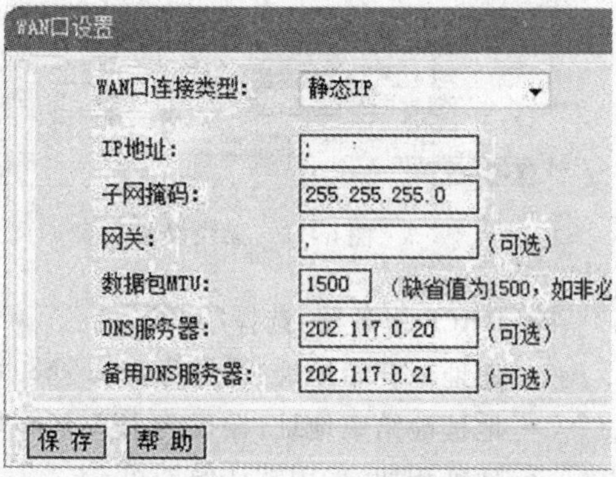

图 6-21　WAN 口设置

- 子网掩码：一般为 255.255.255.0。
- 网关：实验室的网关地址。
- DNS 服务器和备用 DNS 服务器：可以不填。
- 设置完后单击"保存"按钮。

(4)设置无线路由器的无线设置，参照以下各值设置无线网络参数见图 6-22。

- SSID 号：设置一个名字，如 TP-LINK；
- 频段：设置为 11；
- 模式：选择"54Mbit/s(802.11g)"；
- 开启无线功能：选中；
- 允许 SSID 广播：选中；
- 开启安全设置：选中；
- 安全类型：选择 WEP；
- 安全选项：选择"开放系统"；
- 密钥格式选择：选择"ASCII 码"；
- 密钥选择：选中"密钥 1"；
- 密钥类型：选择"64 位"；
- 密钥内容：输入 5 个字符的密码(须牢记)。

设置完后单击"保存"按钮。

(5)设置无线路由器的 DHCP 服务，参照以下各值设置 DHCP 服务参数，见图 6-23。

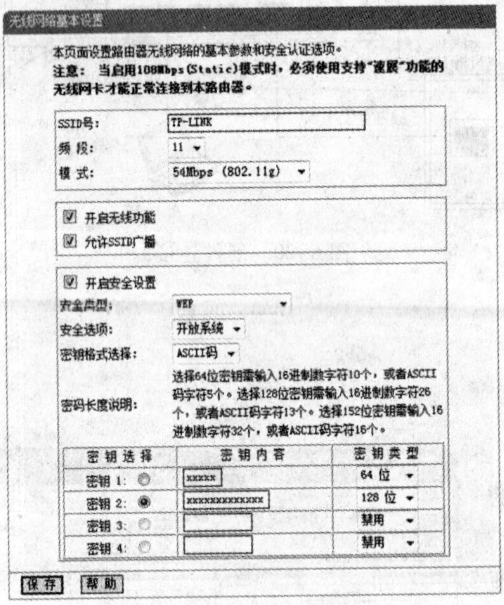

图 6-22　无线设置

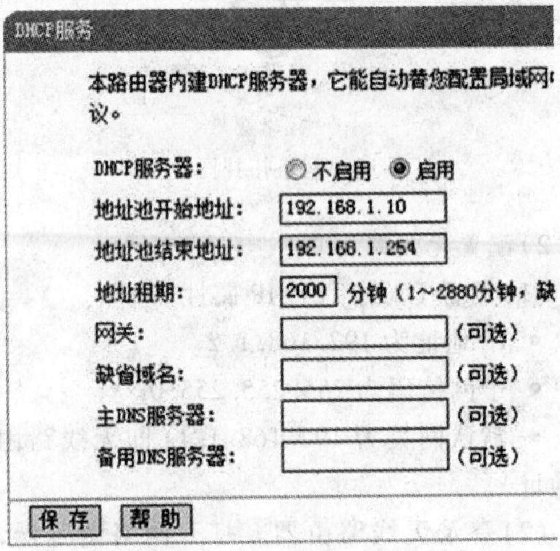

图 6-23　DHCP 设置

- DHCP 服务器：选择"启用"；
- 地址池开始地址：设置为 192.168.1.10；
- 地址池结束地址：设置为 192.168.1.254；
- 地址租期：采用默认值即可；
- 网关：设置为 192.168.1.1；

- 缺省域名:可以不填;
- 主 DNS 服务器:可以不填;
- 备用 DNS 服务器:可以不填。

设置完后单击"保存"按钮,重启路由器。

2. 安装配置无线客户端

1)配置 TCP/IP

(1)开始→设置→控制面板→网络连接;

(2)双击"无线网络连接"图标,在打开的窗口中单击"属性"按钮;

(3)选中"Internet 协议(TCP/IP)",单击下面的"属性"按钮,设置"自动获得 IP 地址"和"自动获得 DNS 服务器地址"。

2)配置无线网络

(1)在"无线网络连接属性"窗口中,选择"无线网络配置"选项卡,在"用 Windows 配置我的无线网络设置"上打钩。

(2)单击"查看无线网络"按钮,在弹出的窗口中显示当前存在的无线网络列表。双击设置好的无线网络。

(3)计算机连接时输入网络密钥,注意在输入时应与设置无线路由器时设置的"密钥内容"相一致,输入后单击"连接"按钮。

3. 测试 WLAN 是否能正常工作

重新启动路由器,打开无线客户端的计算机电源。检查无线网络的连接情况(如果有多个无线网络,则须指定所要连接的是哪一个),待连接成功,用以下方法检查 WLAN 是否工作正常:
- Ping 无线路由器的 IP 地址(192.168.1.1),看能否 Ping 通;
- 两台无线客户端互相 Ping 对方,看能否 Ping 通;
- 若以上操作均成功,则启动网络浏览器;
- 浏览任意主页,检查 Internet 访问是否正常。
- 如果不能上网,再登录到无线路由器,检查各参数是否设置正确,或检查客户端的网络设置是否正确。

4. 测试有线连接和无线连接的速率差异

无线和有线两种连接方式之间的速率差异可以用以下方法测试:
- 按前述方法设置无线连接。
- 客户机禁止无线连接,允许有线连接。将两台客户机用双绞线分别连接到无线路由器的 LAN 接口上,并分别设置有线连接的 TCP/IP 属性为"自动获取"。
- 在两台客户机之间传输 1GB 大小的文件,记录传输时间。
- 根据以上数据计算有线连接和无线连接的实际传输速率,并分析。

第7章 物 理 层

物理层位于 OSI 参考模型的最底层,直接面向实际承担数据传输的物理媒体(即通信通道),物理层的传输单位为比特(bit),即一个二进制位(0 或 1)。实际的比特传输必须依赖传输设备和物理媒体。但是,物理层不是指具体的物理设备,也不是指信号传输的物理媒体,而是指在物理媒体之上为数据链路层提供一个传输原始比特流的物理连接。

物理层的媒体包括架空明线、平衡电缆、光纤、无线信道等。通信用的互联设备指:DTE 和 DCE 间的互联设备。DTE 即数据终端设备,又称物理设备,如计算机、终端等都包括在内。DCE 则是数字通信设备或电路连接设备,如调制解调器等。数据传输通常经过:DTE—DCE,再经过 DCE—DTE 的路径。互联设备指将 DTE 和 DCE 连接起来的装置,如各种插头和插座。

LAN 中的各种粗细同轴电缆、T 型接插头、接收器、发送器、中继器等都属物理层的媒体和连接器。

物理层为数据端设备提供传送数据的通路,数据通路可以是一个物理媒体,也可以由多个物理媒体连接而成。一次完整的数据传输包括激活物理连接、传送数据、终止物理连接。所谓"激活",就是不管有多少物理媒体参与,都要在通信的两个数据终端设备间连接起来,形成一条通路。物理层形成适合数据传输需要的实体,为数据传送服务:一是保证数据能正确通过;二是提供足够的带宽(带宽是指每秒钟内能通过的比特数),以减少信道拥塞。传输数据的方式能满足点到点、一点到多点、串行或并行、半双工或全双工、同步或异步传输。

物理层包括以下的重要标准和协议。

ISO 2110:称为"数据通信——25 芯。DTE/DCE 接口连接器和插针分配",与 EIA(美国电子工业协会)的 RS-232-C 基本兼容。

ISO 2593:称为"数据通信——34 芯 DTE/DCE 接口连接器和插针分配"。

ISO 4092:称为"数据通信——37 芯 DTE/DEC 接口连接器和插针分配",与 EIA RS – 449 兼容。

CCITT V.24:称为"数据终端设备(DTE)和数据电路终端设备之间的接口电路定义表",其功能与 EIA RS – 232 – C 及 EIA RS – 449 兼容于 100 序列线上。

7.1 数字通信的基础概念

计算机网络数字通信涉及信息、数据、信号、码元、信道等基本概念,准确理解这些概念,对于理解数字通信十分必要。

1. 信息(Information)

通信的目的是交换信息,信息的载体可以是数字、文字、语音、图形或图像。计算机产生的信息一般是字母、数字、语音、图形或图像的组合。为了传送这些信息,首先要将字母、数字、语音、图形或图像用二进制代码的数据表示。

2. 数据（Data）

数字、文字、语音、图形和图像等常作为信息的载体，称其为数据。数据一般可以理解为"信息的数字化形式"或"数字化的信息形式"，是对客观事实进行描述与记载的物理符号。狭义的数据通常是指具有一定数字特性的信息，如统计数据、气象数据、测量数据及计算机中区别于程序的计算数据等。在计算机网络系统中，数据通常广义地理解为在网络中存储、处理和传输的二进制数字编码。

3. 信号（Signal）

信号是数据在传输过程中电信号的表示形式。数据在传输前必须转换成适合于传输的电磁信号：或是模拟信号，或是数字信号。所以，信号是数据的电磁波表示形式。模拟信号（Analog Signal）的信号电平连续变化，如图 7-1（a）所示。模拟信号的某种参量，如幅度、频率或相位等可以表示待传送的信息。传统的电话机送话器输出的语音信号，电视摄像机产生的图像信号及广播电视信号等都是模拟信号。数字信号（Digital Signal）是用两种不同的电平表示 0、1 比特序列的电压脉冲信号，是离散信号，如图 7-1（b）所示。

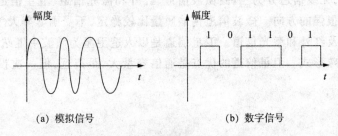

(a) 模拟信号　　　　　　　　(b) 数字信号

图 7-1　模拟信号与数字信号

按照在传输介质上传输的信号类型，通信分为模拟通信与数字通信两种。数字信号经过数模变换后可以在模拟信道上传送，而模拟信号经过模数转换后也可以在数字信道上传送。同模拟传输相比，数字传输的质量高，是今后数字通信的发展方向。

4. 码元

承载信息量的基本信号单位称为码元。从文字编码意义上讲，码元指参与文字编码的键位符号代码，包括数字代码、字母代码、笔画代码、形符代码等，如手机键盘的阿拉伯数字和笔画、计算机键盘的拉丁字母。数字通信常用时间间隔相同的符号表示一位二进制数字。这样的时间间隔内的信号称为二进制码元，而这个间隔被称为码元长度。

5. 信道

信道即信号的通道，是任何通信系统最基本的组成部分，用来将来自发送设备的信号传送到接收端。信道的定义通常有两种，即狭义信道和广义信道。所谓"狭义信道"是指传输信号的物理传输介质。信道也有模拟信道和数字信道之分，以连续模拟信号形式传输数据的信道称为模拟信道，以数字脉冲形式（离散信号）传输数据的信道称为数字信道。对信道的这种定义虽然直观，但从研究消息传输的观点看，这种定义的范围显得很狭窄，因而引入第二种信道定义——广义信道。所谓"广义信道"是指通信信号经过的整个途径，包括各种类型的传输介质和中间相关的通信设备等。对通信系统进行分析时常用的一种广义信道是调制信道,如图7-2所示。调制信道从研究调制与解调角度定义,其范围从调制器的输出端至解调器的输入端,由于该信道传输的是已被调制的信号,故称其为调制信道。另一种常用到的广义信道是编码信道,如图7-2所示。编码信道通常指由编码器的输出到解码器的输入之间的部分,实际的通信系统并非包括其所有环节。至于采用哪些环节,取决于具体的设计条件和要求。

图7-2 广义信道的划分

在无线通信中,信道可以是自由空间;在有线通信中,信道可以是明线、电缆和光纤。有线信道和无线信道均有多种物理媒质。信道既给信号以通路,也会对信号产生各种干扰,称之为噪声,如信号在无屏蔽双绞线中传输会受到电磁场的干扰。

在无线网络中,无线信道分为三种:微波信道、红外和激光信道、卫星信道。微波信道、红外和激光信道都具有很强的方向。微波信道传输质量比较稳定,不受雨雾等天气条件的影响,但在方向及保密方面不及红外和激光信道。卫星信道是以人造卫星为微波中继站,属于散射式通信,它是微波信道的特殊形式。卫星信道的优点是通信容量大、距离远,但一次投资大、传播延迟时间长。

6. 模拟通信

模拟通信指信道中传输的为模拟信号。模拟信号可以直接进行传输;当数字信号进入信道前要经过调制解调器调制,变换为模拟信号。图7-3(a)为当信源为模拟数据时的模拟传输,图7-3(b)为当信源为数字数据时的模拟传输。模拟通信的主要优点在于信道的利用率较高,但在传输过程中信号会衰减,会受到噪声干扰,且信号放大时噪声也会放大。

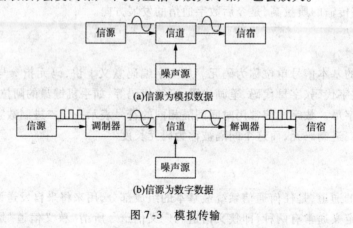

(a)信源为模拟数据

(b)信源为数字数据

图7-3 模拟传输

7. 数字通信

数字通信指信道中传输的为数字信号。数字信号可以直接进行传输;模拟信号进入信道前要经过调制器调制,变换为数字信号。图7-4(a)为当信源为数字数据时的数字传输,图7-4(b)为当信源为模拟数据时的数字传输。数字通信的主要优点在于数字信号只取离散值,在传输过程中即使受到噪声的干扰,只要没有畸变到不可辨识的程度,均可用信号再生的方法进行恢复,也即信号传输不失真、误码率低,能被复用和有效地利用设备,但是传输数字信号比传输模拟信号所要求的频带宽得多,因此数字传输的信道利用率较低。

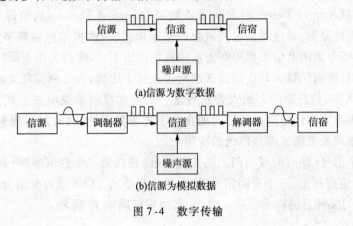

(a)信源为数字数据

(b)信源为模拟数据

图7-4　数字传输

8. 数字通信系统

数字通信系统(Digital Communication System,DCS)是利用数字信号传递信息的通信系统,如图7-5所示。数字通信涉及的技术问题很多,主要有信源编码与译码、信道编码与译码、数字调制与解调等。

图7-5　数字通信系统模型

1)信源编码与译码

信源编码有两个基本功能:一是提高信息传输的有效性,即通过某种数据压缩技术设法减少码元数目,降低码元速率;二是完成模/数(A/D)转换,即当信息源给出的是模拟信号时,信源编码器将其转换成数字信号,以实现模拟信号的数字化传输。信源译码是信源编码的逆过程。

2)信道编码与译码

信道编码的目的是增强数字信号的抗干扰能力。数字信号在信道传输时受到噪声等影响后容易引起差错。为减少差错,信道编码器对传输的信息码元按一定的规则加入保护成分,组成所谓的抗干扰编码。信道译码器按相应的逆规则进行解码,从中发现错误或纠正错误,恢复原来的信息。

3)数字调制与解调

数字调制就是把数字基带信号的频谱搬移到高频处,形成适合在信道中传输的带通信号。

基本的数字调制方式有幅移键控(ASK)、频移键控(FSK)、绝对相移键控(PSK)、相对(差分)相移键控(DPSK)。接收端采用相干解调或非相干解调还原数字基带信号。

7.2　数字通信的理论基础

奈奎斯特定理(Nyquist Theorem)又称香农定理(Shannon Theorem),也即采样定理,是模拟信号数字化时遵循的原则,是连续信号离散化的基本依据,为模拟信号的数字化传输奠定基础。采样定理于1928年由美国电信工程师奈奎斯特首先提出来,因此称为奈奎斯特采样定理。1933年,原苏联工程师科捷利尼科夫首次用公式严格表述这一定理,因此原苏联文献称为科捷利尼科夫采样定理。1948年,信息论的创始人香农对这一定理加以明确说明并正式作为定理引用,因此许多文献又称为香农采样定理。采样定理在数字式遥测系统、时分制遥测系统、信息处理、数字通信和采样控制理论等领域得到广泛的应用。

采样是将一个信号(即时间或空间上的连续函数)转换成一个数值序列(即时间或空间上的离散函数)。采样定理指出,一个带限信号,即在最大频率 f_{MAX} 以上没有频谱分布的信号,能够用采样间隔为 T_s 均匀采样后的样本值唯一确定,其中采样间隔 T_s 满足

$$T_s \leqslant \frac{1}{2f_{MAX}}(\text{sec}) \tag{7.1}$$

式(7.1)就是众所周知的均匀采样定理。在大多数情况下,以限制采样频率的形式出现,即

$$f_s \geqslant 2f_{MAX}(\text{Hz}) \tag{7.2}$$

这一定理的直观描述可以理解为:当信号被均匀采样时,其频谱在采样频率 f_s 的所有倍频位置上出现信号频谱的复制。如果信号为双边谱或带宽2BW严格带限,可以通过加大采样频率避免复制频谱的混叠。这一采样定理也可以描述成

$$f_s \geqslant \text{双边带宽} \tag{7.3}$$

例如,如果采样一个最高频率成分为10kHz的信号,那么采样频率必须超过20kHz。

7.3　调制与编码技术

如7.1节所述,数字调制就是把数字基带信号的频谱搬移到高频,形成适合在信道中传输的带通信号。数字通信系统涉及的编码有信源编码和信道编码两种,信源编码的目的是提高信息传输的有效性,完成模/数(A/D)转换;信道编码可增强数字信号的抗干扰能力。

7.3.1　调制技术

数字信号的传输方式分为基带传输和带通传输。然而,实际的大多数信道(如无线信道)因具有带通特性而不能直接传输基带信号,这是因为数字基带信号往往具有丰富的低频分量。为了使数字信号能在带通信道中传输,必须使用数字基带信号对载波进行调制,以使信号和信道的特性相匹配。这种用数字基带信号控制载波,把数字基带信号转换为数字带通信号(已调信号)的过程称为数字调制。接收端通过解调器把带通信号还原成数字基带信号的过程称为数字解调。根据载波的三个特性:幅度、频率和相位产生常用的三种调制技术:幅移键控(ASK)、频移键控(FSK)、相移键控(PSK)。图7-6给出相应的信号波形示例。

数字信息有二进制和多进制之分,因此,数字调制可以分为二进制调制和多进制调制。在二

进制调制中,信号参量只有两种可能的取值;在多进制调制中,信号参量可能有 $M(M>2)$ 种取值。M 进制的三种调控方式分别表示为 $MASK$、$MFSK$、$MPSK$。二进制是现行数字通信中最基本又最常见的形式,这里以二进制为例介绍这三种调制方式。

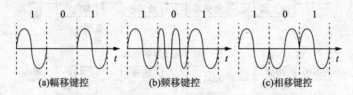

(a)幅移键控　　　　　(b)频移键控　　　　　(c)相移键控

图 7-6　正弦载波的三种键控波形

1. 幅移键控

幅移键控利用载波的幅度变化传递数字信息,其频率和初始相位保持不变。在二进制 ASK 中,载波的幅度只有两种变化状态,分别对应二进制信息 0 和 1。一种常用又最简单的二进制幅移键控方式称为通断键控(On Off Keying,OOK),其表达式为

$$e_{OOK}(t) = \begin{cases} A\cos\omega_c t, & \text{以概率 } P \text{ 发送 1 时} \\ 0, & \text{以概率 } 1-P \text{ 发送 0 时} \end{cases} \tag{7.4}$$

典型波形如图 7-7 所示,其中 2ASK 信号即为 OOK 信号。可见,载波在二进制基带信号 $s(t)$ 控制下通断变化,所以这种键控又称为通断键控。在 OOK 中,某一种符号(1 或 0)用有无电压表示。

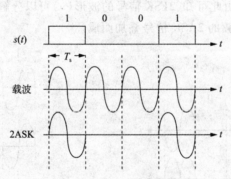

图 7-7　2ASK/OOK 信号时间波形

2ASK/OOK 信号的产生方法通常有两种:模拟调制法(相乘器法)和键控法,相应的调制器如图 7-8 所示。图 7-8(a)是一般的模拟幅度调制法,用乘法器实现;图 7-8(b)是一种数字键控法,其中的开关电路受 $s(t)$ 控制。

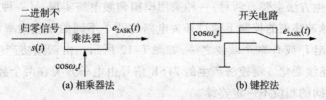

(a) 相乘器法　　　　　　　　　(b) 键控法

图 7-8　2ASK/OOK 信号调制器原理框图

2ASK/OOK 信号有两种基本解调方法：非相干解调（包络检波法）和相干解调（同步检测法），相应的接收系统组成框图如图 7-9 所示。

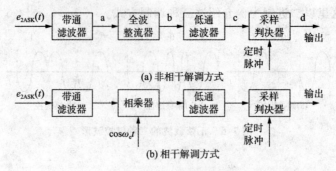

(a) 非相干解调方式

(b) 相干解调方式

图 7-9 2ASK/OOK 信号的接收系统组成方框图

图 7-10 给出 2ASK/OOK 信号非相干解调过程的时间波形。

2. 频移键控

频移键控利用载波的频率变化传递数字信息。在 2FSK 中，载波的频率随二进制基带信号在两个频率点之间变化，表达式为

$$e_{2FSK}(t) = \begin{cases} A\cos(\omega_2 t + \varphi_n)，\text{发送 1 时} \\ A\cos(\omega_2 t + \varphi_n)，\text{发送 0 时} \end{cases} \tag{7.5}$$

典型波形如图 7-11 所示。由此可知，2FSK 信号的波形（a）可以分解为波形（b）和波形（c），即一个 2FSK 信号由两个不同载频的 2ASK 信号叠加而成。

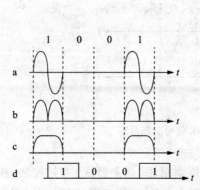

图 7-10 2ASK/OOK 信号非相干解调过程的时间波形

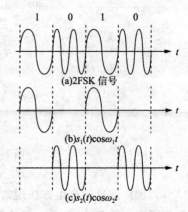

图 7-11 2FSK 信号的时间波形

2FSK 信号的产生方法主要有两种：一种采用模拟调频电路实现；另一种采用键控法实现，即在二进制基带矩形脉冲序列的控制下通过开关电路对两个不同的独立频率源进行选通，使其在每个码 T_s 元期间输出 f_1 或 f_2 两个载波之一，如图 7-12 所示。由调频法产生的 2FSK 信号在相邻码元之间的相位连续变化。键控法产生的 2FSK 信号由电子开关在两个独立频率源之间转换形成，故相邻码元之间的相位不一定连续。

2FSK 信号的常用解调方法采用如图 7-13 所示的非相干解调和相干解调，原理是将 2FSK 信号分解为上下两路 2ASK 信号分别进行解调，然后进行判决。这里采样判决是直接比较两路信

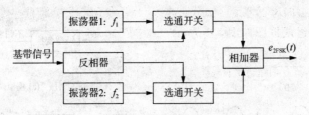

图 7-12　键控法产生 2FSK 信号的原理图

号采样值的大小,可以不专门设置门限。判决规则与调制规则相呼应,调制时如规定 1 符号对应载波频率 f_1,则接收时上支路的样值较大,应判为 1;否则判为 0。

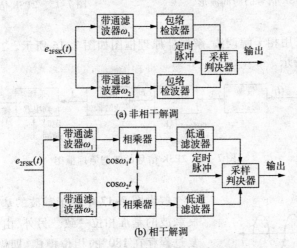

(a) 非相干解调

(b) 相干解调

图 7-13　2FSK 信号解调原理图

3. 相移键控

相移键控利用载波的相位变化传递数字信息,而振幅和频率保持不变。2PSK 通常使用初始相位 0 和 π 分别表示二进制 1 和 0。因此,2PSK 信号的时域表达式为

$$e_{2PSK}(t) = A\cos(\omega_c t + \varphi_n) \tag{7.6}$$

其中,φ'_n 表示 n 个符号的绝对相位,即

$$\varphi_n = \begin{cases} 0, & \text{发送 0 时} \\ \pi, & \text{发送 1 时} \end{cases} \tag{7.7}$$

因此,式(7.6)可以改写为

$$e_{2PSK}(t) = \begin{cases} A\cos\omega_c t, & \text{概率为 P} \\ -A\cos\omega_c t, & \text{概率为 1 - P} \end{cases} \tag{7.8}$$

典型波形如图 7-14 所示。

2PSK 信号的调制原理框图如图 7-15 所示。与 2ASK 信号的产生方法相比较,2PSK 对 $s(t)$ 的要求不同,在 2ASK 中,$s(t)$ 是单极性基带信号;在 2PSK 中,$s(t)$ 是双极性的基带信号。

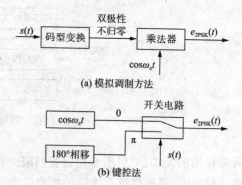

(a) 模拟调制方法

(b) 键控法

图 7-15　2PSK 信号的调制原理框图

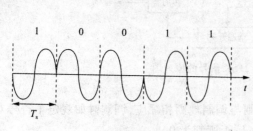

图 7-14　2PSK 信号的时间波形

2PSK 信号通常采用相干解调法,解调器原理框图如图 7-16 所示。2PSK 信号相干解调各点时间波形如图 7-17 所示。

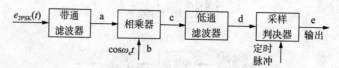

图 7-16　2PSK 信号的解调原理框图

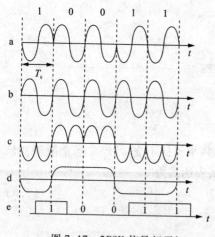

图 7-17　2PSK 信号相干解
调时各点时间波形

假设图 7-17 中相干载波的基准相位与 2PSK 信号调制载波的基准相位一致。另外,由于 2PSK 信号的载波恢复过程存在 180°的相位模糊,即恢复的本地载波与所需的相干载波可能相同,也可能相反,这种不确定的相位关系造成解调出的数字基带信号与发送的数字基带信号正好相反,即 1 变为 0,0 变为 1,判决器输出的数字信号全部出错。这种现象称为 2PSK 方式的“倒 π”现象或“反相工作”。解决这一问题的方法是采用差分相移键控(DPSK)体制。

差分相移键控利用前后相邻码元的载波相对相位变换传递数字信息,所以又称为相对相移键控。假设 $\Delta\varphi$ 为当前码元与前一码元的载波相位差,可以定义一种数字信息与 $\Delta\varphi$ 之间的关系为

$$\Delta\varphi = \begin{cases} 0, & \text{表示数字信息 } 0 \\ \pi, & \text{表示数字信息 } 1 \end{cases} \tag{7.9}$$

于是可以将一组二进制数字信息与其对应的 2DPSK 信号的载波相位关系表示成如下的形式。

二进制数字信息:　1　1　0　1　0　0　1　1　0

2DPSK 信号相位:(0)　π　0　0　ππ　0　ππ 或(π)　0　ππ　0　0　0　π　0　0

相应的 2DPSK 信号的典型波形如图 7-18 所示。数字信息与 $\Delta\varphi$ 之间的关系定义为

$$\Delta\varphi = \begin{cases} 0, & \text{表示数字信息 } 1 \\ \pi, & \text{表示数字信息 } 0 \end{cases} \tag{7.10}$$

由此可知,对于相对的基带数字信息序列,由于初始相位不同,2DPSk信号的相位可以不同,即2DPSK信号的相位并不直接代表基带信号,而前后码元相对相位的差才唯一决定信息符号。

2DPSK信号的产生方法可以通过观察图7-18得到:先对二进制数字基带信号进行差分编码,即把表示数字信息序列的绝对码变换成相对码(差分码),然后再根据相对码进行绝对调相,从而产生二进制差分相移键控信号。2DPSK信号调制器原理框图如图7-19所示。

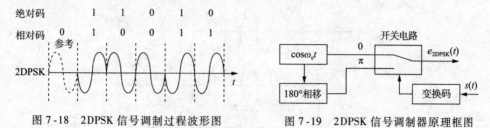

图7-18 2DPSK信号调制过程波形图   图7-19 2DPSK信号调制器原理框图

2DPSK信号的解调方法之一是相干解调(极性比较法)加码反变换法,原理是对2DPSK信号进行相干解调,恢复出相对码,再经码反变换器变换为绝对码,从而恢复出的二进制数字信息。在解调过程中,由于载波相位模糊的影响,解调出的相对码也可能1和0倒置,但经差分译码(码反变换)得到的绝对码不会发生任何倒置现象,从而解决载波相位模糊带来的问题。2DPSK的相干解调器原理框图和各点波形如图7-20所示。

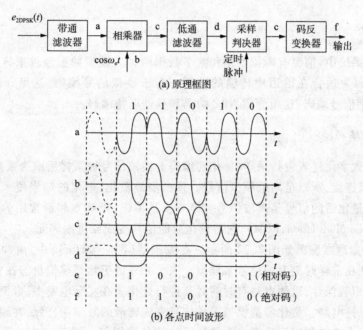

图7-20 2DPSK相干解调器原理框图和各点波形

2DPSK信号的另一种解调方法是差分相干解调(相位比较法),原理框图和解调过程各点时间波形如图7-21所示。用这种方法解调时不需要专门的相干载波,只需由收到的2DPSK信号延迟一个码元间隔T_s,然后与2DPSK信号本身相乘。相乘器起着相位比较的作用,相乘结果反映前后码元的相位差,经低通滤波后再采样判决,即可直接恢复出原始数字信息,故解调器不需要码反变换器。

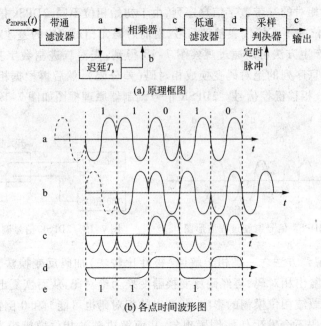

图 7-21 2DPSK 差分相干解调器原理框图和各点时间波形

7.3.2 编码技术

在数字通信系统中,信源有模拟数据和数字数据两种。模拟数据经过采样、量化、编码后传输,数字信号编码为适合在信道中传输的数据。对于模拟信号编码,这里介绍脉冲调制编码(PCM);对于数字信号编码,这里介绍 NRZ 编码和曼彻斯特编码。

1. 模拟数据编码

模拟信号的数字化过程包括采样、量化和编码。模拟信号被采样后成为采样信号,在时间上离散,但取值仍然连续,所以是离散模拟信号。第二步是量化,量化的结果使采样信号变成量化信号,取值离散,量化后的信号是离散信号。第三步是编码,最基本和最常用的编码法是脉冲编码调制(Pulse Code Modulation,PCM),它将量化后的信号变成二进制码元。

PCM 系统的原理方框图如图 7-22 所示。在编码器(图 7-22(a))中,由冲激脉冲对模拟信号进行采样,得到在采样时刻上的信号采样值。这个采样值仍然是模拟量。在它量化之前,通常用保持电路将其短暂保存,以便电路有时间对其进行量化。在实际电路中,常把采样和保持电路合并,称为采样保持电路。量化器把模拟采样信号变成离散的数字量,然后在编码器中进行二进制编码。这样,每个二进制码组代表一个量化后的信号采样值。图 7-22(b)译码器的原理和编码过程相反。

在用电路实现时,图 7-22(a)中的量化器和编码器常构成一个不能分离的编码电路。这种编码电路有不同的实现方案,最常用的一种称为逐次比较法编码,其基本原理如图 7-23 所示。图 7-23 显示一个 3 位编码器,其输入信号采样脉冲值在 0 和 7.5 之间。编码器将输入的模拟采样脉冲编成 3 位二进制编码。

在图 7-23 中,输入信号采样脉冲电流(或电压)I_s 由保持电路短时间保持,并和几个称为权值电流的标准电流 I_w 逐次比较。每比较一次,得出一位二进制码。权值电流 I_w 在电路中预先产

224 ·

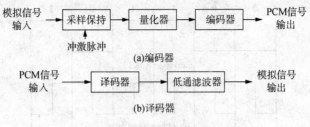

(a)编码器

(b)译码器

图 7-22　PCM 原理方框图

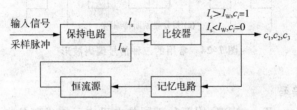

图 7-23　逐次比较法编码原理方框图

生。I_w 的个数决定于编码的位数,现在共有三个不同的 I_w 值。因为表示量化值的二进制码有 3 位,即 $c_1c_2c_3$。它们可以表示 8 个十进制数,0～7,如表 7-1 所列。因此,按照四舍五入的原则编码,则此编码器能够对 −0.5～+7.5 的输入采样值正确编码。由表 7-1 可推知,用于判定 c_1 值的权值电流 $I_w = 3.5$,即若采样值 $I_w < 3.5$,则比较器输出 $c_1 = 0$;若 $I_w > 3.5$,则比较器输出 $c_1 = 1$。除输出外,还送入记忆电路暂存。第二次比较时,须根据此暂存的 c_1 值,决定第二个权值电流值。若 $c_1 = 0$,则第二个权值电流 $I_w = 1.5$;若 $c_1 = 1$,则第二个权值电流 $I_w = 5.5$。第二次比较按照此规则进行:若 $I_s < I_w$,则 $c_2 = 0$;若 $I_s > I_w$,则 $c_2 = 1$。此 c_2 值除输出外,也送入记忆电路。第三次比较时,所用的权值电流须根据 c_1 和 c_2 的值决定。例如,若 $c_1c_2 = 00$,则 $I_w = 0.5$;若 $c_1c_2 = 10$,则 $I_w = 4.5$;依此类推。

表 7-1　编码表

量化值	c_1	c_2	c_3	量化值	c_1	c_2	c_3
0	0	0	0	4	1	0	0
1	0	0	1	5	1	0	1
2	0	1	0	6	1	1	0
3	0	1	1	7	1	1	1

2. 数字数据编码

对于数字信号而言,最普通且最容易的方法是用两个不同的电压值表示两个二进制值。用无电压(或负电压)表示 0,而正电压表示 1。常用的数字信号编码有不归零(NRZ)编码、曼彻斯特(Manchester)编码和差分曼彻斯特(Differential Manchester)编码,其编码波形如图 7-24 所示。

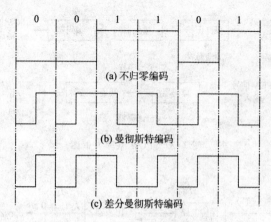

图 7-24 常用的三种信号编码波形

1)不归零(NRZ)编码

不归零(Non-Return to Zero,NRZ)用两种不同的电平表示二进制信息 0 和 1,低电平表示 0,高电平表示 1,并且在表示完一个码元后电压不需回到 0。不归零制编码是效率最高的编码,缺点是存在发送方和接收方的同步问题。NRZ 编码本身不能恢复同步信号(时钟),在进行多机通信时,只能靠发送和接收端的时钟发生器大致相同并由本地保持同步,因此 NRZ 编码适于异步方式通信。使数据编码本身携带同步时钟信息,必须设法使数据与时钟一起编码发送,再由接收端借助锁相环电路恢复同步时钟。

2)曼彻斯特编码

曼彻斯特(Manchester)编码是一种双相码。在曼彻斯特编码中,用电压跳变的相位不同区分 1 和 0,即用正的电压跳变表示 0,用负的电压跳变表示 1。因此,这种编码也称为相应编码。由于电压跳变发生在每一个码元的中间,接收端可以方便地利用它作为位同步时钟,因此,这种编码也称为自同步编码。

3)差分曼彻斯特编码

差分曼彻斯特(Differential Manchester)编码是曼彻斯特编码的一种修改格式,不同之处在于:每位的中间跳变只用于同步时钟信号;而 0 或 1 的取值判断用位的起始处有无电压跳变表示(若有跳变则为 0,若无跳变则为 1)。这种编码的特点是每一位均用不同电平的两个半位表示,因而始终能保持直流平衡。这种编码也是一种自同步编码。

7.4 信道复用技术

随着全球互联网的迅猛发展,以因特网技术为主导的数据通信在通信业务总量中的比例迅速上升,因特网业务已成为多媒体通信业中发展最为迅速且竞争最为激烈的领域。同时,互联网用户不断增多,用户宽带不断增加。因此,如何提高通信系统的性能,增加系统带宽,以满足不断增长的业务需求成为大家关心的焦点。当一条物理信道的传输能力高于一路信号的需求时,该信道就可以被多路信号共享,如电话系统的干线通常有数千路信号在一根光纤中传输。"复用"就是解决如何利用一条信道同时传输多路信号的技术。复用的目的是充分利用信道的频带或时间资源,提高信道的利用率。

信号多路复用有几种常用的方法,如频分复用(FDM)、时分复用(TDM)和波分复用

（WDM）。频分复用主要用于模拟信号的多路传输，也可以用于数字信号。时分复用通常用于数字信号的多路传输。波分复用是在光纤上传输多路信号的技术，信号可以是模拟信号，也可以是数字信号。

1. 频分复用

频分复用（FDM）是一种按频率划分信道的复用方式。在 FDM 中，信道的带宽被分成多个相互不重叠的频段（子通道），每路信号占据其中一个子通道，并且各路之间必须留有未被使用的频段（防护频带）进行分隔，以防止信号重叠。接收端采用适当的带通滤波器将多路信号分开，从而恢复出所需的信号。

图 7-25 示出了频分复用系统的原理框图。在发送端，首先各路基带话音信号通过低通滤波器（LPF），以便限制各路信号的最高频率。然后，各路信号调制到不同的载波频率上，使得各路信号搬移到各自的频段范围内，合成后送入信道传输。在接收端，采用一系列不同中心频率的带通滤波器分离出各路已调信号，已调信号被解调后即恢复出各路相应的基带信号。为防止相邻信号之间产生相互干扰，应合理选择载波频率以使各路已调信号频谱之间留有一定的防护频带。

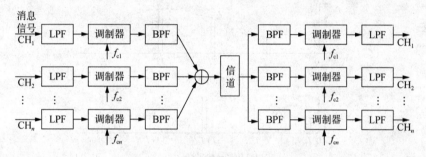

图 7-25　频分复用系统组成原理框图

FDM 最典型的一个例子是在一条物理线路上传输多路话音信号的多路载波电话系统。该系统一般采用单边带调制频分复用，旨在最大限度节省传输频带，并且使用层次结构：由 12 路电话复用为一个基群；5 个基群复用为一个超群，共 60 路电话；由 10 个超群复用为一个主群，共 600 路电话。如果需传输更多路电话，可以将多个主群进行复用，组成超主群。每路电话信号的频带限制在 300 ~ 3400Hz，为了在各路已调信号间留有防护频带，每路电话信号取 4000Hz 作为标准带宽。

FDM 技术主要用于模拟信号，普遍应用在多路载波电话系统中。FDM 技术的主要优点是信道利用率高，技术成熟；缺点是设备复杂，滤波器难以制作，并且在复用和传输过程中，调制及解调等过程不同程度地引入非线性失真，因而在各路信号间产生相互干扰。

2. 时分复用

时分复用（TDM）的原理图如图 7-26 所示。其中，发送和接收端分别有一个机械旋转开关，使采样频率同步地旋转。在发送端，此开关依次对输入信号采样，开关旋转一周得到的多路信号采样值合为一帧。各路信号是断续地发送的。采样定理已经证明，只要采样速率足够高，时间上连续的信号可以用它的离散采样表示。因此，可以利用采样的间隔时间传输其他路的采样信号。例如，若话音信号用 8kHz 的速率采样，则旋转开关应旋转 8000 周每秒。设旋转周期为 T_s，共有

N 路信号,则每路信号在每周中占用 T_s/N 的时间。

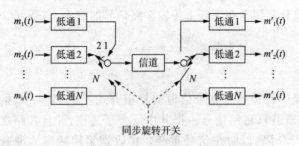

图 7-26 时分多路复用原理示意图

此旋转开关采集到的信号如图 7-27 所示。每路信号实际上是 PAM 调制的信号。在接收端,若开关同步旋转,则对应各路的低通滤波器输入端能得到相应路的 PAM 信号。模拟脉冲调制信号目前几乎不再用于传输,采样信号一般都在量化和编码之后以数字信号的形式传输,故图 7-27 仅说明时分复用的基本原理。

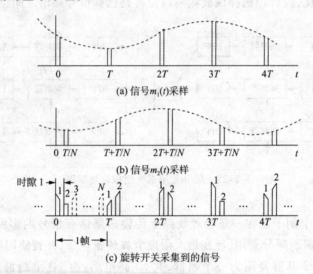

图 7-27 旋转开关采集的信号示意图

与频分复用相比,时分复用的主要优点是:便于实现数字通信、易于制造、适于采用集成电路实现、生产成本较低。

上述时分复用基本原理中的机械旋转开关在实际电路中用采样脉冲取代。因此,各路采样脉冲的频率必须严格相同,而且相位也有确定的关系,使各路采样脉冲保持等间隔的距离。一个多路复用设备使各路采样脉冲严格保持这种关系并不难,因为可以由同一时钟提供各路采样脉冲。

随着通信网络的发展,时分复用设备的各路输入信号不再只是单路模拟信号。信号在通信网中往往多次复用,由若干链路来的多路时分复用信号再次复用,构成高次复用信号。对于高次复用设备而言,各路输入信号可能来自不同地点的多路时分复用信号,并且来自各个不同地点输入信号时钟之间通常存在误差。所以,低次群合成高次群时时须统一调整各路输入信号的时钟。这种低次群合并成高次群的过程称为复接;反之,将高次群分解为低次群的过程称为分接。

3. 波分复用

波分复用(WaVelength Division Multiplexing,WDM)是将两种或多种不同波长的光载波信号(携带各种信息)在发送端经复用器(亦称合波器,Multiplexer)汇合在一起,并耦合到光线路的同一根光纤中进行传输的技术;在接收端,经解复用器(亦称分波器或称去复用器,Demultiplexer)将各种波长的光载波分离,然后由光接收机进一步处理以恢复原信号。这种在同一根光纤中同时传输两个或众多不同波长光信号的技术称为波分复用。

通信系统的设计不同,每个波长之间的间隔宽度也不同。按照不同的通道间隔,WDM 可以细分为 CWDM(稀疏波分复用)和 DWDM(密集波分复用)。CWDM 的信道间隔为 20nm,而 DWDM 的信道间隔 0.2 ~ 1.2nm。所以,相对于 DWDM,CWDM 称为稀疏波分复用技术。

波分复用实质上是利用光具有不同波长的特征,在一根光纤中传输多种波长的光信号。波分复用基本原理是在发送端将不同波长的光信号组合起来(复用),并耦合到光缆线路上的同一根光纤中传输,接收端将组合波长的光信号分开(解复用),并进一步处理,恢复出原信号后送入不同的终端,如图 7-28 所示。

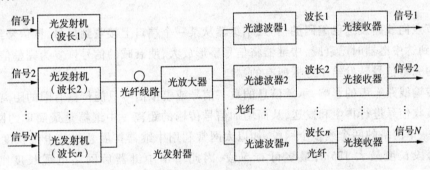

图 7-28　波分复用系统原理

发送端有 N 个发射机:发射机所发出光的波长各不相同。每个光波承载 1 路信号,再把 N 个光发射机发出的光信号(光信号 1 ~ N)集中为 1 个光的群信号,送进光纤线路,直到接收端。若线路很长,光信号太弱,就加一光放大器,放大光信号。接收端有 N 个光滤波器(1 ~ N)。滤波器 1 对载有信号 1 的光信号(波长 1)有滤波的作用,滤波器 $i(1 < i < N)$ 对载有信号 i 的光信号(波长 i)有滤波的作用,滤波器 N 对载有信号 N 的光信号(波长 N)有滤波的作用。光接收机的作用是把载有信号的光信号还原为原信号。

WDM 技术具有以下优点:①能同时传输多种不同类型的信号;②能实现单根光纤双向传输;③有多种应用方式;④节约线路投资;⑤降低器件的超高速要求;⑥对数据格式透明,能支持 IP 业务;⑦组网高度灵活,经济且可靠。

7.5　物理层互联设备

物理层在物理媒体之上为数据链路层提供一个原始比特流的物理连接。物理层协议规定建立、维持及断开物理信道所需的机械、电气、功能和规程的特性,其作用是确保比特流能在物理信道上传输。该层包括物理联网介质,如电缆连线连接器、集线器和中继器等。信道中传输的信号会随着距离的增加而有所衰减,中继器和集线器可解决信号衰减问题。

7.5.1　中继器的原理和应用

中继器(Repeater)又称重发器，是连接网络线路的一种装置，常用于两个网络节点之间物理信号的双向转发。由于电磁信号在网络传输媒体中传递时因衰减而使信号变得越来越弱，还由于电磁噪声和干扰使信号发生畸变，因此须在一定的传输媒体距离中使用中继器对传输的数据信号整形放大后再传递。中继器是工作在物理层的设备，负责在两个节点的物理层上按位传递信息，完成信号的复制、整形和放大功能，从而延长信号传输距离。中继器只再生放大电缆上传输的数据信号，再重发到其他电缆段上。对链路层以上的协议而言，用中继器互联起来的若干段电缆与单根电缆并无区别(除了中断器本身会引起一定的时延)。

在一般情况下，中继器两端连接相同的媒体，但某些中继器也可以完成不同媒体的转接工作，多用于在数据链路层以上相同的局域网的互联中。中继器理论上可任意扩大网络的传输距离，但事实并不可能，因为网络标准对信号的延迟范围有具体的规定，即限制一对工作站之间加入中继器的数目，中继器只能在此规定范围内有效地工作，否则会引起网络故障。例如，一个以太网上只允许出现 5 个网段，最多使用 4 个中继器，而且其中只有 3 个网段可以挂接计算机终端。

网络节点向线路发送已编码的信号；中继器从某一个端口上接收到信号，该信号经过一段距离的传输，到达中继器时已衰减，中继器将信号整形放大，使衰减的信号恢复为完整信号；中继器将恢复后的完整信号转发给中继器所有的端口。

由于传输线路噪声的影响，承载信息的数字信号或模拟信号只能传输有限的距离，中继器的功能是对接收信号进行再生和发送，从而增加信号传输的距离。中继器是最简单的网络互联设备，连接同一个网络的两个或多个网段，如以太网常利用中继器扩展总线的电缆长度，标准细缆以太网的每段长度最大 185m，最多可有 5 段，因此增加中继器后网络电缆长度则可提高到925m。一般而言，中继器两端的网络部分是网段，而不是子网。中继器可以连接两局域网的电缆，重新定时并再生电缆上的数字信号，然后最长发送 500m，但利用中继器连接 4 段电缆后，以太网中信号传输电缆最长可达 2000m。有些品牌的中继器可以连接不同物理介质的电缆段，如细同轴电缆和光缆。中继器只将任何电缆段上的数据发送到另一段电缆上，并不负责处理数据是否有误或数据适合哪个网段。

中继器具有以下几个优点：①过滤通信量，中继器接收一个子网的报文，只有当报文是发送给中继器所连的另一个子网时，中继器才转发，否则不转发；②扩大通信距离，但代价是增加一些存储转发延时；③增加节点的最大数目；④各个网段可使用不同的通信速率；⑤提高可靠性，当网络出现故障时，一般只影响个别网段；⑥性能得到改善。当然，中继器也有一定的缺点，如①由于中继器对接收的帧先存储后转发，因而增加传输时延；②CAN 总线的 MAC 子层并没有流量控制功能，当网络的负荷很重时，因中继器缓冲区的存储空间不够而溢出帧，以致产生帧丢失的现象；③中继器若出现故障，对相邻两个子网的工作都产生影响。

7.5.2　集线器的原理和应用

集线器又称为 Hub，主要功能与中继器类似，区别在于集线器能够提供多端口服务，故也称为多口中继器。集线器是局域网 LAN 重要的部件之一，是网络连线的连接点。其基本的工作原理是使用广播技术(广播技术是指 Hub 将该信息包以广播发送的形式发送到其他所有端口，并不是将该包改变为广播数据包)，也就是 Hub 从任一个端口收到一个信息包，然后将此信息包广播发送到其他所有的端口,而 Hub 并不记忆该信息包由哪一个 MAC 地址挂在哪一个端口。接在 Hub 端口上的网卡根据该信息包所要求执行的功能执行相应的动作,这由网络层之上控制。

集线器的工作原理很类似于现实中投递员的工作,投递员根据信封上的地址传递信件,并不理会信的内容及收信人是否回信,也不管收信人由于某种原因没有回信。唯一不同的是投递员在找不到该地址时将信退回,而 Hub 不管退信,仅负责转发。

依据 IEEE802.3 协议,集线器的功能是随机选出某一端口的设备,并让它独占全部带宽,与集线器的上联设备(交换机、路由器或服务器等)进行通信。集线器在工作时具有以下两个特点:

(1)Hub 只是一种多端口的信号放大设备,工作中当一个端口接收到数据信号时,由于信号从源端口到 Hub 的传输过程中已衰减,所以 Hub 便将该信号进行整形放大,使衰减的信号再生(恢复)到发送时的状态,紧接着转发到其他所有处于工作状态的端口上。由 Hub 的工作方式可知,它在网络中只起到信号放大和重发作用,其目的是扩大网络的传输范围,而不具备信号的定向传送能力,因此是一种标准的共享设备。

(2)Hub 只与它的上层设备(如上层 Hub、交换机或服务器)进行通信,同层的各端口之间不直接进行通信,而是通过上联设备再将信息广播到所有端口上。由此可见,即使是在同一 Hub 的不同两个端口之间进行通信,都必须经过两步操作:第一步将信息传到上层设备;第二步上层设备再将该信息广播到所有端口上。

不过,随着技术的发展和需求的变化,目前的许多 Hub 在功能上进行拓宽,不再受这种工作机制的影响。由 Hub 组成的网络是共享网络,同时 Hub 也只能够在半双工下工作。局域网集线器通常分为五种不同的类型,它对 LAN 交换机技术的发展产生直接的影响。

(1)单中继器网段集线器。单中继器网段集线器是一种简单的中继 LAN 网段,如叠加式以太网集线器或令牌环网多站访问部件。

(2)多网段集线器。多网段集线器从单中继器网段集线器直接派生出来,采用集线器背板,带有多个中继网段。多网段集线器通常有多个接口卡槽位,然而一些非模块化叠加式集线器现在也支持多个中继网段。多网段集线器的主要优点是可以分载用户的信息流量。网段之间的信息流量一般要求独立的网桥或路由器。

(3)端口交换式集线器。端口交换式集线器在多网段集线器的基础上发展而来,将用户端口和背板网段之间的连接自动化,并增加端口矩阵交换机(PSM)。PSM 提供一种自动工具,用于将外来用户端口连接到集线器背板上的中继网段上。矩阵交换机是一种电缆交换机,不能自动操作,要求用户介入。它不能代替网桥或路由器,不提供不同 LAN 网段之间的连接,其主要优点是实现移动,增加和修改自动化。

(4)网络互联集线器。端口交换式集线器注重端口交换,而网络互联集线器在背板的多个网段之间提供一些类型的集成连接,这可以通过一台综合网桥、路由器或 LAN 交换机完成。目前,这类集线器通常采用机箱形式。

(5)交换式集线器。目前,集线器和交换机之间的界限已变得越来越模糊。交换式集线器有一个核心交换式背板,采用一个纯粹的交换系统代替传统的共享介质中继网段。

7.6 物理层的安全隐患

物理层负责传输比特流。它从数据链路层上接收数据帧,并将帧的结构和内容串行发送,即每次发送一个比特。物理层定义实际的机械规范和电子数据比特流,包括电压大小、电压的变动和代表 1 和 0 的电平定义。物理层定义传输的数据速率、最大距离和物理接头。

网络的物理安全风险主要指由于网络周边环境和物理特性引起网络设备和线路不可用而造成网络系统不可用,如设备被盗、设备老化、意外故障、无线电磁辐射泄密等。如果局域网采用广播方式,那么本广播域中所有的信息都可被侦听。

物理层上的安全防护措施不多,黑客可轻易截获传输的数据,物理层可能受到的安全威胁是搭线窃听和监听。黑客一旦访问物理介质,它将可以复制所有传送的信息。对于无线局域网(WLAN),其传输信号不依赖固定的通信信道,而是在自由空间利用电磁波发送和接收的,所以数据更容易被监听、截获。保证物理层安全有效的方法有数据加密、数据标签加密、数据标签、流量填充等。

物理层截获传输数据的方法很多,不同的连接设备对应不同的方法。以下针对具体的连接设备讨论 5 种常见的数据截获方法:

1. 中继器上的数据截获

中继器是连接网络线路的一种装置,常用于两个网络节点之间物理信号的双向转发工作。中继器负责在两个节点的物理层上按位传递信息,完成信号的复制、调整和放大功能,以此延长网络的长度。在网络上添加集线器或中继器,延长网络,由此可轻易地截获网络上的数据。

2. 网卡上的数据截获

网卡层面的截获,可以截获和自己同一网段的计算机发送的信息,包括送往自己的数据包。网卡上的数据截获就是将网卡的自动检测 MAC 地址的功能打破,定义一个网卡所谓的混杂模式,使网卡不管收到的数据包是否是自己的(即不论目的 MAC 是否和自己网卡的 MAC 相同),都往上层送,都对数据流进行分析,即使此计算机可以接收到此网络上所有发送的信息,实现网卡层数据截获。很多现已成形的网络拦截工具都是利用这个原理实现的,如 Sniffer 和 Ethereal。

3. 交换机上的数据截获

在交换式以太网中,交换机根据接收到数据帧的 MAC 地址决定数据帧发向交换机的哪个端口,其端口间的帧传输彼此屏蔽。交换机根据接收到数据帧的源 MAC 地址建立该地址同交换机端口的映射关系,并将其写入 MAC 地址表。之后,交换机将数据帧的 MAC 地址同已建立的 MAC 地址表进行比较,以决定由哪个端口转发,如果数据帧的 MAC 地址不在 MAC 地址表中,则向所有端口转发,此过程称为泛洪(Flooding)。

为截获数据须更改交换机上的 MAC 地址表,甚至使其为空,这样无论这个网络中的哪个主机发送了数据都会因为泛洪的关系发给所有以太网内的主机,由此可截获数据。

除上述常见于物理层的数据截获方法,还有两种直接捕获键盘输入信息的数据获取方法:

4. 电网渗透捕获键盘脉冲

麦克斯韦电磁理论:任何交变电磁场均能向四周空间辐射电磁信号,任何载有交变电磁信息的导体均可作为发射天线。由于在键盘按键输入信息时会产生振动脉冲,按键不同(即输入信息不同),产生的脉冲频率、强度等参数也会不同,因此搭建一个类似脉冲耦合的电路装置。它可以在按键时耦合到按键产生的脉冲,根据得到的电磁脉冲就可以得知键盘输入的信息。

此方法应用时须先接触到被攻击者的电力系统，一般在办公室、住宅、酒店等地方比较容易实现。将攻击设备与被攻击者连接至同一个电源插头，最终接到一个较近的电力系统。

5. 光线反射捕获键盘脉冲

通过电力线渗透键盘信息的方法对笔记本计算机无效，因为它不涉及键盘、鼠标的接入线，因此，一种基于光线反射的渗透法随之产生。

所谓"光线反射渗透"，即是利用光的反射源制造的一些光学元件，如摄像头、照相机等器材，对被控主机进行实时监控，得到主机的相关信息。之后利用得到的主机用户信息进行渗透操作。此种渗透方法仅适用于已知渗透的对象，并且可以接触到被渗透主机，而且保证主机所处环境可以正常使用所利用的光学设备。

这种攻击方法，利用激光扬声器探测声音振动，根据振动统计得出按键信息。众所周知，激光扬声器可以通过检测声音远距离测量振动。通过得到的振动信息，解码笔记本计算机按键产生的振动所携带的信息，即可得到输入信息。

由此可见，物理层存在很大的安全隐患。物理层安全问题众多，除与物理层本身特征有关外，还与目前普遍存在错误的网络管理观念有关。人们将更多的精力放在更高层网络结构的管理和服务，而忽略网络传输的基础——物理层。在实践过程中，相当部分的网络故障（根据 Sage Research 的一项研究，可达 80%）都源于物理层连接。

为改善物理层安全问题，一个新的概念——"物理层管理"逐渐被用户所接受，物理层管理用来削减管理支出，改善物理网络安全及资产跟踪等利益。物理层管理提供实时的物理层监视，监视物理层所有连接。监视硬件能和通信管理网络（TMN）的组件管理及网络管理层集成，任何连接断开都能立即检测到。另外，物理管理层能发现因物理层导致的包括发生在远程站点的任何故障。当连接断开导致服务中断时，技术人员可迅速了解故障的位置并解决故障。

7.7　本章小结

物理层位于网络分层模型的最底层，它直接面向实际承担数据传输的物理媒体（通信通道），传输单位为比特，即一个二进制位（0 或 1）。物理层不是具体的物理设备，也不是信号传输的物理媒体，而是在物理媒体之上为数据链路层提供一个传输原始比特流的物理连接。奈奎斯特定理，又称香农定理，也即采样定理，是模拟信号数字化时遵循的原则，是连续信号离散化的基本依据，为模拟信号的数字化传输奠定基础，使网络信息的数字化存储与传输成为可能。

网络中传输的信息，需要经过调制和编码。数字调制就是把数字基带信号的频谱搬移到高频处，形成适合在信道中传输的带通信号。根据载波 $A\sin(\omega t+\varphi)$ 的三个特性：幅度、频率和相位，产生常用的三种调制技术：幅移键控（ASK）、频移键控（FSK）、相移键控（PSK）。编码主要有针对模拟信号的脉冲编码调制（PCM）和针对数字信号的 NRZ 编码、曼彻斯特编码。

"复用"是解决如何利用一条信道同时传输多路信号的技术，目的是充分利用信道的频带或时间资源，提高信道的利用率。信号多路复用有几种常用的方法，如频分复用（FDM）、时分复用（TDM）和波分复用（WDM）。频分复用主要用于模拟信号的多路传输，也可以用于数字信号。时分复用通常用于数字信号的多路传输。波分复用是在光纤上传输多路信号的技术，既可传输模拟信号，又可传输数字信号。

物理层互联设备包括电缆连线连接器、集线器和中继器等。信道中传输的信号随着距离的增加而有所衰减,中继器和集线器可解决这一问题。中继器是连接网络线路的一种装置,常用于两个网络节点之间物理信号的双向转发,负责在两个节点的物理层上按位传递信息,完成信号的复制、整形和放大功能,从而延长网络的长度。集线器的主要功能与中继器类似,区别在于集线器能提供多端口服务,故也称为多口中继器。

物理层的安全风险主要指由于网络周边环境和物理特性引起网络设备和线路不可用,从而造成网络系统不可用。

7.8　思考与练习

7-1　试说明物理层在 OSI 和 TCP/IP 模型中所处的位置及作用。

7-2　物理层解决哪些问题? 物理层的主要特点是什么?

7-3　试解释以下名词:信息、数据、信号、码元、信道、模拟通信、数字通信。

7-4　哪个定理被称为数字通信的理论基础? 简述其内容。

7-5　在通信过程中为什么使用调制技术? 调制技术主要有哪些?

7-6　以 1011100110 为例画出幅移键控、频移键控、相移键控和差分相移键控调制后的波形图。

7-7　简要说明与相移键控相比,差分相移键控的优点、避免的问题及原因。

7-8　以 1011100110 为例画出差分相移键控相干解调器过程波形。

7-9　以 0010111001 为例画出不归零、编码、曼彻斯特编码和差分曼彻斯特编码示意图。

7-10　为什么使用信道复用技术? 目前,常用的信道复用技术有几种? 分别是什么? 试简要说明。

7-11　为什么使用中继器? 简述中继器的工作原理及作用。

7-12　简述 Hub 的工作原理、作用及其与中继器的区别。

7-13　借助网络方式查找几种常用的中继器、Hub 类型,了解其不同特性,完成一份简述报告。

7-14　试举例说明物理层存在的几种安全隐患。

7.9　实　践

通过实验了解 EIA/TIA568A 和 EIA/TIA568B 的线缆标准,如图 7-29 所示。掌握双绞线每根导线的功能,针脚功能定义如表 7-2 所示。学习交叉线工作原理,掌握交叉线和直连线的制作方法及在网络中的应用。同时,对比直连双绞线和交叉双绞线的线序排列,进而分析两者的不同用途。

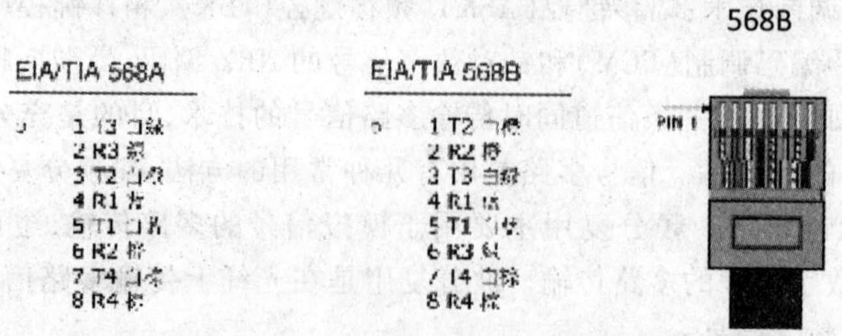

图 7-29　EIA/TIA568A 和 EIA/TIA568B 的线缆标准

表 7-2　针脚功能定义

针脚	10Base-T	100Base-TX	100Base-T4
1	发送（＋）	发送（＋）	发送（＋）
2	发送（－）	发送（－）	发送（－）
3	接收（＋）	接收（＋）	接收（＋）
4	空	空	双向数据线 1（＋）
5	空	空	双向数据线 1（－）
6	接收（－）	接收（－）	接收（－）
7	空	空	双向数据线 2（＋）
8	空	空	双向数据线 2（－）

使用交叉双绞线实现计算机对计算机、集线器对集线器、交换机对交换机互联。交叉双绞线的线序排列如图 7-30 所示,交叉双绞线连节效果如图 7-31 所示。

图 7-30　交叉双绞线的线序排列

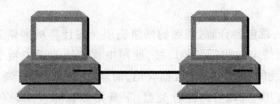

图 7-31　交叉双绞线连接效果图

使用直连双绞线实现计算机对集线器、计算机对交换机互联。直连双绞线的线序排列如图 7-32 所示,直连双绞线连接效果如图 7-33 所示。

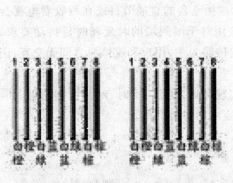

图 7-32　直连双绞线的线序排列

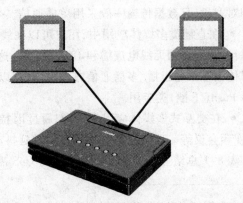

图 7-33　直连双绞线连接效果图

第8章 多媒体网络

传统的因特网应用在两台主机之间传输的是文本数据,如文件下载、电子邮件、BBS 等。这类应用对网络的服务质量(QoS)要求不高,数据的端到端传输时延一般要求在 10s 左右,对时延抖动则没有要求(图 2-4),因此 TCP 能很好地支持这类应用。随着网络的发展,包含音频和视频数据的多媒体应用开始出现并逐渐普及。与传统的网络应用不同,多媒体应用对于端到端时延和时延抖动有较严格的要求,根据表 2-2 引用的 ITU-T G.1010 标准,多媒体应用的端到端时延要求在 2s 以内,时延抖动要求在 1ms 以下。此外,多媒体应用可以容忍一定程度的数据丢失,包丢失率一般要求在低于 3% 即可。

本章首先对常用的多媒体应用,如流媒体应用、VoIP 等进行介绍,然后讨论多媒体应用特定的呼叫建立协议(SIP 和 H.323)和传输协议(RTP 和 RTCP),最后扼要讨论多媒体网络中的安全隐患。

8.1 多媒体应用

8.1.1 多媒体应用概述

所谓"多媒体应用",指包含音频、视频的网络应用。在计算机网络普及之前,人们使用电话网实现语音通信,使用无线电波收听音频广播,使用电视网络收看电视节目。随着技术的发展,目前因特网不仅提供传统的文本和图片数据应用,而且可提供包含音频、视频的多媒体应用。

总体而言,多媒体应用[①]可以分为三种类型:下载类多媒体应用、直播类多媒体应用和交互式多媒体应用。

- 下载类多媒体应用又称为流式存储(Streaming Store)应用或点播类应用,如视频点播(VOD)。在这类应用中,音频/视频节目往往预先压缩成文件,存储在服务器上,用户边下载边解压边播放。下载类应用不要求用户侧和媒体源之间实况同步,因此对于时延和时延抖动的要求相对宽松,且数据传输一般采用单播通信。

- 在直播类多媒体应用中,用户可以在线收听广播电台的直播节目或在线收看电视台的直播节目,如因特网无线电广播和 IPTV 应用。这类应用对于端到端的时延和时延抖动要求略高,数据传输多采用组播/多播通信方式;且数据以单向传输为主,用户和媒体源之间无交互,因此也称为 Push(下推)类应用。

- 在交互式多媒体应用中,人们通过因特网实现彼此之间的实时音频/视频通信,如 IP 电话、视频会议等。这类应用对于时延和时延抖动的要求相对最严格。

表 8-1 总结上述三类多媒体应用的 QoS 需求。

---

① 本章讨论的多媒体应用不包含下载多媒体文件后本地播放的情形,因为这种方式与普通的数据文件下载类似,不涉及多媒体数据通过网络传输的问题。

表 8-1 多媒体应用的 QoS 需求

多媒体应用类型	时延	时延抖动	包丢失率
下载类应用	≤4~5s,10s 内可接受	没有严格要求	≤5%
直播类应用	≤200ms	-50~50ms	视频为 $1 \times 10^{-6} \sim 7 \times 10^{-6}$,音频可容忍传输差错
交互式应用	≤150ms	-30~30ms	视频≤1%,音频≤3%

不同于文本数据,多媒体数据具有一个特殊的性质,即等时性(Isochronous)。在信息技术领域,等时性指的是音频和视频数据需协调时序,主要体现在对于时延抖动的要求上,属于同一音频流或视频流的多个数据包的端到端传输时延应一致。体现在用户的感知上,音频和视频的播放应该平滑连续。但是,因特网的网络层协议 IP 提供的是"尽力而为"的服务,每个数据包单独选路,不同数据包的端到端时延相差很大。如图 8-1 所示,以话音应用为例,模拟话音经过数字化编码后以固定速率连续发出,经过因特网传输,接收端收到的数据包流不具有等时性。

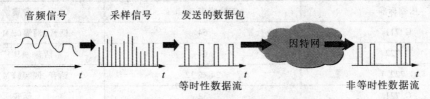

图 8-1　因特网的非等时性示例

为支持音频/视频媒体数据的等时性要求,接收端增加一个回放缓存(Playback Buffer),将非等时到达的数据包进行缓存,并按照固定速率播放,恢复数据的等时性,如图 8-2 所示。

图 8-2　回放缓存的功能

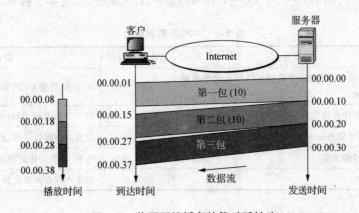

图 8-3　使用回放缓存补偿时延抖动

图 8-3 给出使用回放缓存补偿时延抖动的一个示例。假定从 0 时刻开始,媒体服务器连续发送三个数据包,每个数据包的发送时延都是 10s;第一个包的第一位数据在 1s 后到达客户端,

包传输时延是 11s;第二个包的第一位则在第 15s 到达客户端,包传输时延为 15s;第三个包的第一位数据在第 27s 到达客户端,包传输时延为 17s。因此,三个包之间的时延抖动为 4s,媒体数据的等时性被破坏。采用回放缓存,将第一个包的数据缓存,从第 8s 开始播放,从而实现连续的流式播放。

另一方面,和文本数据相比,多媒体信息一般须占用相对较大的存储空间和带宽。例如,数字化语音需要的带宽为 64Kbit/s;CD 音质音乐需要的数据率则超过了 1.4Mbit/s。对于一幅中等质量、分辨率为 1024×768 像素的数码照片,若每个像素点用 24 位编码,则该照片的大小为 1024×768×24/8≈2.36MB。活动图像需要的带宽则更大,如根据 ITU–R BT.601 标准,每个样本用 10 位数据表示的数字电视信号的数据率达 270Mbit/s。

为减小媒体数据占用的带宽,降低传输时延,音频和视频数据在传输之前一般均须压缩编码。表 8-2 列出音频数据采用的主要压缩编码方法。

表 8-2　音频数据的压缩编码标准

压缩标准	传输速率/Kbit/s	音质
G.711	64	话音、调幅(AM)广播
G.722	64	话音、AM 广播
G.722.1	24 或 32	话音、调频(FM)广播
G.721	32	话音
G.728	16	话音、AM 广播
G.729	8	话音
G.723.1	5.3 或 6.4	话音
MPEG–1、MPEG–2	96、128 或 160 等	MP3、CD 音质音频

在多媒体应用中,视频数据较常采用的压缩编码标准是 MPEG–4 和 H.261/H.263。MPEG 是"活动图像专家组"(Moving Picture Experts Group)的简称,该组成立于 1988 年,为数字视频/音频制定压缩编码标准。MPEG 小组制定的各个标准都有不同的目标和应用,目前已提出 MPEG–1、MPEG–2、MPEG–4、MPEG–7 和 MPEG–21 等标准,如表 8-3 所示。

表 8-3　MPEG 系列标准

标准号	标准名称	首次发布时间	应用
MPEG–1	1.5Mbit/s 速率以下的数字存储媒体的运动图像和伴音的编码	1993 年	VCD、低质量 DVD、MP3
MPEG–2	运动图像和伴音信息的通用编码	1995 年	数字卫星电视、DVD、MP3
MPEG–4	音频、视频对象的编码	1998 年	交互式多媒体应用、高清 DVD、蓝光盘
MPEG–7	多媒体内容描述接口	2002 年	音频/视频媒体的检索和编辑
MPEG–21	多媒体框架	2001 年	数字产权管理和保护

一个动态图像一般具有两种相关性:空间相关性和时间相关性,两种相关性使得图像存在大量的冗余信息。例如,根据时间相关性的统计,在一个动态图像中,间隔 1~2 帧的图像之间亮度差值变化超过 2% 的像素点不到 10%,而色度差值变化的则低于 1%。传输时如果能预先通过压缩编码将这些冗余信息去除,只保留少量非相关信息,就可以大大节省传输带宽。在接收端,

利用收到的非相关信息,按照一定的解码算法,可以在保证一定的图像质量前提下恢复原始图像。MPEG 技术采用这种思路,在压缩编码时尽可能去掉图像中的冗余信息。

在 MPEG 技术中,冗余信息含量不同的视频图像采用不同的压缩算法,由此将视频图像分为下列三类:

● I 帧,即内部编码图像(Intra-coded Picture),如静态图像文件。I 帧包含完整的图像信息,冗余的信息较少,因此须对全部信息进行压缩编码。I 帧是恢复原始图像的基础,一般包含全部静态背景信息和运动主体的详情,可以独立编码和解码,无须参照其他图像帧。

● P 帧,即前向预测图像(Predicted Picture),只包含与前一帧不同的变化信息,如对于在静态背景下行驶的汽车,只需对汽车的移动轨迹信息进行编码,而不须在 P 帧中保存不变的静态背景信息,由此可以节约存储空间和传输带宽。由于 P 帧基于差值编码,因此又称为 δ(Delta)帧。P 帧不能独立解码,需参照其前一帧。

● B 帧,即双向预测帧(Bi-predictive Picture),只包含本帧与前一帧及后一帧的差别信息,可进一步节省存储空间和传输带宽。B 帧的压缩比最高,解码时须参照前后两帧。

使用 MPEG 技术进行压缩编码时,首先将相邻的几帧图像分为一组,称为 GoP(Group of Pictures);然后对一个 GoP 内的各帧图像进行编码,编码的顺序是:一个 I 帧之后跟随多个 P 帧和 B 帧,如 I,B,B,P,B,B,P,B,B,P,B,B,I⋯。在接收端,首先根据 I 帧恢复静态图像,然后利用 B 帧和 P 帧进行运动补偿。

H.261/H.263 是 ITU-T 发布的视频压缩编码标准,主要用于视频会议应用,是 H.323 标准集的一部分。H.261 采用去掉冗余信息的方法压缩编码,即混合进行帧内压缩和帧间压缩,图像分为 I 帧和 P 帧两种,没有 B 帧。H.263 的基本编码方法与 H.261 相同,但为了适应极低码率的传输而进行改进,并借鉴 MPEG 的双向运动预测等措施。表 8-4 列出 MPEG－4 和 H.261 的主要区别。

表 8-4   MPEG－4 和 H.261 压缩编码的主要区别

特性	MPEG－4	H.261
图像格式	CIF、SCIF 或更高分辨率	CIF、QCIF
图像长宽比例	可变	4:3
是否使用 GoP	使用	不使用
图像帧类型	I 帧、P 帧和 B 帧	I 帧和 P 帧
典型数据率	1.1Mbit/s	384Kbit/s
可略过的图像个数	无限制	1~3 帧
运动矢量范围	[−15,15]个像素	[−7,7]个像素
端到端编码时延	要求不严格	在交互式应用中,要求较严格

2000 年 12 月,ITU-T 的视频编码专家组(VCEG)和 MPEG 联合组成视频联合工作组(JVT),并于 2003 年提出视频编码标准 H.264,又称为 MPEG－4 第十部分。和以往的视频编码标准相比,H.264 具有压缩效率高、视频画面质量高、差错恢复能力强、适应多种网络和应用环境等优点,其产品已获得微软公司和苹果公司的支持,具有较好的应用前景。

8.1.2　流媒体应用

所谓"流媒体"(Streaming Media),指在计算机网络上通过流式传输的音频、视频等多媒体,命名来源于其传输特性,而不是媒体本身。在流式传输中,用户无须下载整个多媒体文件,而采用边下载边播放的方式。在开始传输时,需要一段时延,以便缓存一部分媒体数据,后续则可以

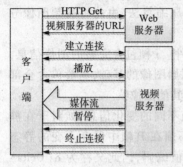

图 8-4　RTSP 的操作过程示例

在流媒体应用中,用户可以像使用本地录像机一样,对节目进行快进、倒带、暂停等操作。实现用户和媒体源交互的协议称为实时流传输协议(Real-Time Streaming Protocol, RTSP)。如图 8-4 所示,以用户在网页上访问一个视频节目为例,用户首先访问 Web 服务器获得网页;用户浏览网页时,点击视频节目的链接,建立到视频服务器的连接,并开始下载和播放视频。在播放过程中,用户可以选择快进、倒退、暂停、停止等操作。视频传输完毕,用户拆除连接。

客户端与视频服务器建立会话连接:
　　C – > S: SETUP rtsp://example.com/example.rm RTSP/1.0
　　　　CSeq: 302
　　　　Transport: RTP/AVP; unicast; client_port = 4588 – 4589
　　S – > C: RTSP/1.0 200 OK
　　　　CSeq: 302
　　　　Date: 23 Jan 2011 15:35:06 GMT
　　　　Session: 12345
　　　　Transport: RTP; unicast;
　　　　client_port = 4588 – 4589; server_port = 6256 – 6257

客户端要求播放视频:
　　C – > S: PLAY rtsp://example.com/example.rm RTSP/1.0
　　　　CSeq: 303
　　　　Session: 12345
　　　　Range: npt = 10 –
　　S – > C: RTSP/1.0 200 OK
　　　　CSeq: 303
　　　　Date: 23 Jan 2011 15:35:15 GMT
　　　　Range: smpte = 0:10:22 – ; time = 20110123T153600Z

客户端要求暂停播放:
　　C – > S: PAUSE rtsp://example.com/example.rm RTSP/1.0
　　　　CSeq: 304
　　　　Session: 12345
　　S – > C: RTSP/1.0 200 OK
　　　　CSeq: 304
　　　　Date: 23 Jan 2011 15:35:06 GMT

客户端拆除会话连接:
　　C – > S: TEARDOWN rtsp://example.com/example.rm RTSP/1.0
　　　　CSeq: 305
　　　　Session: 12345
　　S – > C: RTSP/1.0 200 OK
　　　　CSeq: 305

图 8-5　RTSP 的消息交互示例

类似于 HTTP,RTSP 采用基于 ASCII 文本的请求/响应消息,客户端(播放器或嵌入播放插件的浏览器)向媒体服务器发送 RTSP 控制命令,如 SETUP、PLAY、PAUSE、TEARDWN 等,服务器则返回包含状态码的响应。在传输层,RTSP 可以采用 TCP,也可以采用 UDP。在图 8-4 中,客户端(C)和视频服务器(S)之间交互下列 RTSP 消息。

由图 8-5 可知,RTSP 消息与 HTTP 消息很相似:客户端发送请求,其中包含 RTSP 方法(即用户的控制命令,如 PLAY)、视频文件的 URL 和 RTSP 版本号;服务器端返回响应,其中包含状态码和解释短语(如 200 OK)。但不同于 HTTP,RTSP 不是无状态协议,而是要求客户端和服务器之间一直保持会话[①]连接状态。图 8-5 的 Session 即是会话标识,一次会话的全部消息都采用同一个 Session 号;CSeq 则是客户序号,用于标志一对请求/响应消息,一个请求消息和对应的响应具有相同的序号。

目前,很多客户端播放器软件支持流媒体应用,如微软公司的 Windows Media Player、苹果公司的 Quick Time、Real Networks 公司的 Real Player,以及国内的产品如迅雷、风行等。浏览器可以通过安装插件(如 Adobe Flash Player 等)支持流媒体播放。

8.1.3 VoIP 应用

传统的话音通信在电路交换网(固定电话网或移动通信网)上采用时分复用的方式传输语音数据。随着因特网的普及和语音压缩技术的发展,人们发现在因特网上实现语音通信价格更低廉,通话质量也可以接受。1995 年,以色列 VocalTec 公司发布第一种商用的因特网话音传输软件。随后,因特网上的语音通信从最初的 PC – PC 方式,逐渐扩展到 PC – 话机、话机 – 话机的方式,在人们的日常通信中得以广泛应用。通过因特网进行话音通信的应用统称为 VoIP(Voice over IP)应用。图 8-6 描述话机 – 话机方式下的通信示例。

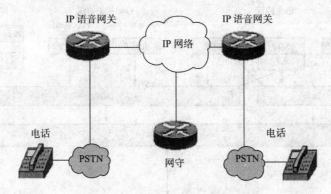

图 8-6 VoIP:话机 – 话机通信方式

在话机 – 话机通信方式中,通信的用户使用传统的电话机,话音数据首先传输到电话网 PSTN 上,然后再通过网关传输到因特网上。由于电话网和因特网存在多方面的差异,网关须完成下列功能:

- 电话网地址(电话号码)与因特网地址(IP 地址)的转换;
- 语音数据的编码和压缩;

---

① 会话:Session,在电信领域,会话指建立连接后,通信双方的一系列交互,例如一次电话通信。在多媒体应用中,可以理解为一次完整的通信过程,例如一个多媒体会议、一次视频点播等。

- 呼叫连接、呼叫控制、呼叫释放等信令[①]功能。

图 8-6 中的网守(Gatekeeper)则负责接入权限控制、呼叫记录、计费等功能。

VoIP 应用目前已成为人们进行话音通信的一个常用选择,全球有超过 1500 家 VoIP 网络电话服务商。VoIP 应用也已经和即时消息应用相结合,应用最广泛的 VoIP 软件 Skype 首先将其客户端软件扩充为即时消息系统,现有的各种即时消息应用软件(MSN 和 QQ 等)也均已将语音通信作为基本功能。

和传统的电话通信相比,VoIP 的应用虽然功能更强、价格更低廉,但由于 IP 提供"尽力而为"的服务,故 VoIP 也有一些固有的缺陷:

- 通话质量不稳定,在网络拥塞或者带宽不足时,用户可能明显感觉到有回声、时延和噪音;
- 家庭中的计算机、路由器等设备需要供电,因此在停电时 VoIP 应用无法使用;
- 话音的清晰度与传统的电话通信有较大差距;
- 安全措施不足,和封闭的电信网相比,开放的因特网上所传输的数据被窃听的风险较大。

8.2 多媒体应用相关的通信协议

与传统的数据类业务不同的是,多媒体应用对于 QoS 有特殊的需求。此外,诸如 VoIP、视频会议等交互式多媒体应用还需要呼叫建立和呼叫控制,因此因特网的 TCP/IP 协议栈中原有的协议无法提供足够的支持,多媒体应用相关的主要通信协议如图 8-7 所示。

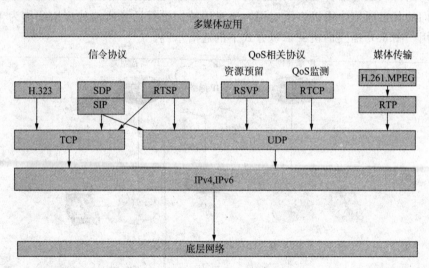

图 8-7　多媒体应用的通信协议

在图 8-7 中,实现媒体数据传输的协议是 RTP,它在 UDP 之上增强维持数据包顺序和等时的功能。RTP 还有一个伙伴协议 RTCP,可以对数据传输的 QoS 进行监测,并通知源主机和目的主机,实现 QoS 管理功能。媒体在传输之前可以采用 H.261 或 MPEG 标准压缩编码。资源预留协议(RSVP)提供资源预留功能。RTSP 则实现用户与媒体流服务器之间的交互功能。对于交

---

① 信令(Signaling)来源于通信网,指实现电话通信时所需的呼叫连接、呼叫控制、呼叫释放等控制信息的交换。

互式多媒体应用,SIP 和 H. 323 提供呼叫建立、呼叫释放等信令功能。

8.2.1 RTP 和 RTCP

因特网的传输层协议(TCP)提供面向连接的服务,保证端到端数据可靠传输。另一方面,连接管理和拥塞控制等策略增加数据传输的时延,因此不能满足多媒体应用的特殊需求。多媒体应用通常选择简单快捷的 UDP 作为传输层协议,但 UDP 只能提供"尽力而为"的服务,不能满足媒体数据的顺序化需求,也无法检测出数据丢失。为此,在 UDP 之上增加一个新的协议——实时传输协议,(Real-Time Transport Protocol,RTP),用于提供实时数据的端到端传输服务。RTP 通过在包头中增加序号、时间戳等字段帮助端用户实现媒体数据的同步和排序。目前,主要的多媒体应用均采用 RTP 作为媒体传输协议。RTP 既支持诸如电话应用的双方通信(单播),也支持流媒体应用所需的多方通信(组播)。

目前,音频、视频的编码标准有多种。在一个多媒体应用的会话中,尤其是对于多人参加的视频会议应用,用户可能使用不同的媒体格式和压缩算法,因此在数据传输时须转换编码。为此,RTP 定义下列两种设备:

- 翻译器(Translator),也称为媒体网关,实现不同媒体格式的转换;
- 混合器(Mixer),将来自多个媒体源的媒体数据混合在一起,组成一个新的媒体流。

以音频应用为例,图 8-8 描述翻译器和混合器的功能。其中,一路话音源数据以 G.711 标准编码,由翻译器转换成 GSM 编码格式;另一路以 G.729.1 编码的话音源数据也转换成 GSM 格式;然后这两路话音数据由混合器合成一路 GSM 数据,发送给参与会话的其他用户。

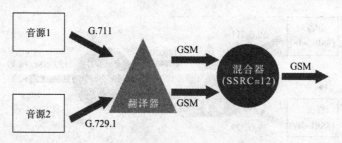

图 8-8 翻译器和混合器的功能示意图

为了实现媒体数据的同步和排序,RTP 在媒体数据之前增加序号、时间戳等信息,具体的 RTP 包头格式如图 8-9 所示。

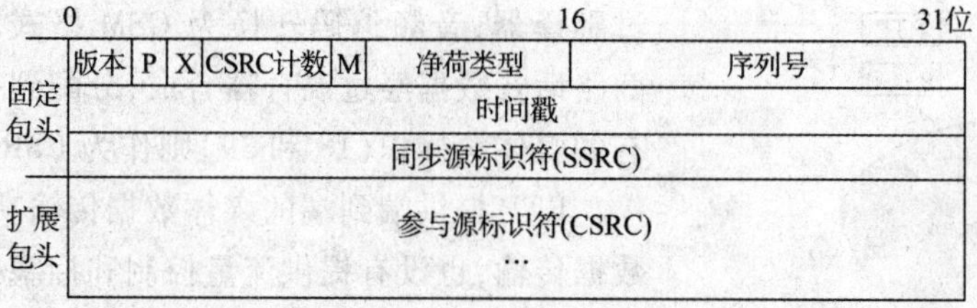

图 8-9 RTP 包头格式

RTP 包头主要包含下列字段,即

- 版本:RTP 的版本号,占 2 位,目前应用的版本是 2;

- P:填充(Padding),占 1 位,如果该位置为 1,则表示 RTP 包中除净荷之外,还携带填充字节,填充部分的最后一个字节说明所填充的字节数;
- X:扩展(Extension),占 1 位,如果该位置为 1,则 RTP 固定包头之后有扩展包头,即一个或多个参与源标识符;
- CSRC 计数:参与源标识符计数(CSRC Count),简写为 CC,占 4 位,该字段值表示扩展包头中参与源标识符的个数;
- M:标记(Marker),该字段定义和具体的应用媒体流相关,如在流媒体应用中,可以用该字段表示一个视频帧的边界;
- 净荷类型:占 7 位,表示 RTP 包携带媒体数据的类型,如值为 2 表示 G.721 编码的音频数据;
- 序列号:占 16 位,表示此 RTP 包的顺序号,源主机每发送一个 RTP 包,序列号加 1,目的主机使用序列号可以检测出包丢失或者对收到的包进行排序;
- 时间戳:占 32 位,表示 RTP 包媒体数据的采样时刻,目的主机使用该字段可以计算出 RTP 包的时延抖动,并能实现音频和视频的同步;
- 同步源标识符:Synchronization Source ID,简写为 SSRC,占 32 位,用于标识 RTP 包数据的媒体源;
- 参与源标识符:Contributing Source ID,简写为 CSRC,每个 CSRC 占 32 位,用于参与合成媒体的一个媒体源。一个 RTP 包头可以携带 0 ~ 15 个 CSRC,CSRC 的个数在 CSRC 计数字段说明。

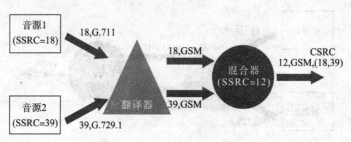

图 8-10　SSRC 和 CSRC 示例

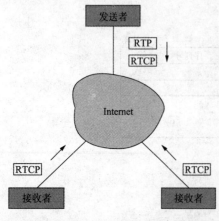

图 8-11　RTP 和 RTCP 的应用示例

基于图 8-8 的示例,图 8-10 增加媒体源的标识符。其中,话音源 1 的 SSRC 为 18,话音源 2 的 SSRC 为 39,经过翻译器,音频编码转换为 GSM 格式,但 SSRC 不变;这两路话音数据经过混合器合成,分配到一个新的 SSRC,原有的媒体源标识(18 和 39)则作为 CSRC 放在 RTP 包头。

RTP 提供端到端的媒体数据传输功能,但不保证可靠数据传输,也没有提供流量控制和拥塞控制功能。为增强媒体数据传输的 QoS 支持,IETF 为 RTP 定义一个伙伴协议,即 RTP 控制协议(RTP Control Protocol,RTCP)。通过 RTCP 控制消息,可以实现媒体源主机和目的主机之间的参数协商、QoS 监测和提供有关传输质量的报告。在一个会话中,所有参与会话的成员(包括媒体流发送者和接收者)都要周期地向其他成员发送 RTCP 控制消息。如图 8-11 所示,以一个流媒体应用为例,媒体服务器(媒体流发送者)使用 RTP 包发送媒体数据;发送者和全部接收者则都发送 RTCP 消息。

RTCP 主要包含下列 5 种类型的控制消息:

- 发送者报告消息。由媒体源发送的 RTCP 包包含两部分控制信息:发送者信息和报告信息块。发送者信息包括媒体源的 SSRC、发出时间、已发送的包个数、已发送的字节数等信息。报告信息块部分则可以包含多个信息块,每个信息块包含丢失的最大包序号、丢失的包个数、丢失包的比率、时延抖动、时延等传输质量信息。

- 接收者报告消息。由参与会话的媒体接收成员发送的 RTCP 包用于向媒体源反馈传输质量报告,其中可包含多个报告信息块,每个信息块包含丢失的最大包序号、丢失的包个数、丢失包的比率、时延抖动、时延等传输质量信息。

- 源描述消息包含媒体数据源的相关信息,如 SSRC 和 CSRC、媒体源创建人的名字、E-mail 地址、电话、地址等信息。

- Bye 消息:会话参与者在离开会话时发送 Bye 消息。

- 应用特定消息,该消息提供特定于应用的功能。在开发新的多媒体应用或新特性时,可以在实验时使用该字段。

不同于大多数应用层协议,RTP 和 RTCP 没有定义常用端口,而是在建立会话时,由媒体源选择一个临时端口。在通常情况下,RTP 选择一个偶数端口,而 RTCP 则选择相邻的奇数端口,即 RTCP 端口号 = RTP 端口号 + 1。例如,在图 8-5 的示例中,媒体服务器端的 RTP 端口为 6256、RTCP 端口为 6257;客户端的 RTP 端口为 4588、RTCP 端口为 4589。

8.2.2 SIP

会话初始协议(Session Initiation Protocol,SIP)是应用层协议,由 IETF 提出,定义因特网上音频和视频通信会话的呼叫信令,即如何建立和释放呼叫,以及如何协商和更改媒体类型和编码机制等。SIP 既支持一对一通信(单播),也支持一对多通信(组播)。SIP 的应用不限于 VoIP,还包括视频会议、流媒体分发、即时消息、文件传输和联机游戏等多种。

如图 8-12 所示,一个 SIP 系统通常包含下列 5 部分组成。

- 用户代理(User Agent):用户端设备,如 SIP 电话、PC 等。

- 代理服务器(Proxy Server):提供 SIP 服务的核心设备,帮助用户代理与其他用户代理或其他服务器进行交互,其主要功能类似于电话网的交换机,为用户代理的呼叫请求选择路由,并转发给其他代理服务器或者用户代理。此外,代理服务器还可以提供身份认证、鉴权、网络访问控制等安全功能。

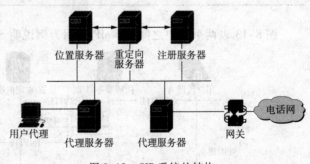

图 8-12　SIP 系统的结构

- 注册服务器:用户使用 SIP 应用之前,应首先向注册服务器注册。注册服务器响应位置服务器的请求,提供用户 SIP 地址信息。

- 位置服务器:提供用户的位置信息。在实现中,位置服务器经常和注册服务器部署在同一台物理设备上。

● 重定向服务器:当用户的 SIP 地址改变时,由重定向服务器响应来自用户代理的查询请求,提供更新的 SIP 地址。

SIP 用户的地址称为 SIP URL,其格式类似于 E-mail 地址,采用"sip:用户名@ 主机名"的形式。用户名可以是 ASCII 文本形式的主机名,也可以是用户的电话号码;主机名可以是域名,也可以是主机的 IP 地址。

SIP 系统的各个设备之间使用 SIP 消息进行通信。SIP 消息借鉴 HTTP,也采用基于 ASCII 文本的请求/响应消息模式。客户端(即请求方,SIP 用户代理或代理服务器)发送 SIP 请求,服务器端则返回 SIP 响应,响应包含状态码和相关的短语解释。

表 8-5 汇总 SIP 请求包含的主要 SIP 方法(即客户端向服务器端提出的请求命令)。

表 8-5　主要的 SIP 方法

SIP 方法	功能描述
INVITE	邀请用户加入呼叫会话
ACK	确认收到服务器发送的响应消息
BYE	结束呼叫
CANCEL	取消挂起的请求
OPTIONS	询问服务器的能力
REGISTER	向 SIP 服务器注册用户的 SIP 地址
SUBSCRIBE	订阅某个事件的通知
NOTIFY	向订阅者发送事件通知
PUBLISH	向服务器发送事件通知
INFO	发送会话状态信息
UPDATE	修改会话状态
REFER	发起呼叫转移
MESSAGE	发送即时消息(Instant Messages)

图 8-13 以两个用户之间的 VoIP 应用为例说明 SIP 会话的通信过程。

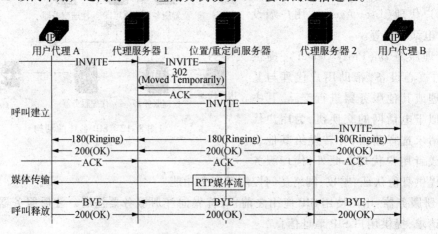

图 8-13　SIP 呼叫过程示例

用户 A 和用户 B 之间通话的呼叫过程分为下列步骤：

（1）用户 A 通过用户代理 A 向代理服务器 1 发送 INVITE 请求，请求建立到用户 B 的呼叫连接；

（2）代理服务器 1 向位置/重定向服务器发送 INVITE 请求，询问用户 B 的 IP 地址；

（3）由于用户 B 的位置变动，位置/重定向服务器以状态码 302 响应，并告知代理服务器 1 用户 B 目前的代理服务器 2 的地址；

（4）代理服务器 1 以 ACK 消息向位置/重定向服务器确认，并转发 INVITE 请求给代理服务器 2；

（5）代理服务器 2 向用户代理 B 发送 INVITE 消息，请求建立呼叫连接；

（6）用户代理 B 返回状态码 180，表示正在振铃，该响应通过代理服务器 2、代理服务器 1 发送至用户代理 A；

（7）用户 B 摘机应答，用户代理 B 返回状态码 200，表示连接建立；

（8）用户代理 A 以 ACK 消息确认；

（9）媒体传输开始，使用 RTP 传输话音；

（10）通话结束，用户代理 B 发送 BYE 消息请求释放呼叫连接；

（11）用户代理 A 返回状态码 200，表示连接释放。

SIP 在应用时往往需要一个伙伴协议：会话描述协议（SDP）。SDP 定义描述媒体数据相关信息的标准，包括媒体类型、媒体编码格式、传输协议、会话开始和结束的时间等信息。基于 SDP，会话的参与者可以协商会话的相关参数。在 SIP 呼叫建立时，SDP 作为 SIP 请求的参数发送给接收方，接收方将可接收的参数值通过 SIP 响应返回给呼叫请求方。除了 SIP，SDP 还可以与 RTSP、SMTP/POP3、HTTP 等一起使用，传递和协商媒体数据的相关信息。

8.2.3 H.323 标准和系统

1996 年 11 月，ITU-T 推出 H.323 标准的第一个版本，定义在分组交换网上实现可视音频会话的一系列标准，其应用不仅包括一对一的电话通信，也包括多方通话的视频会议。

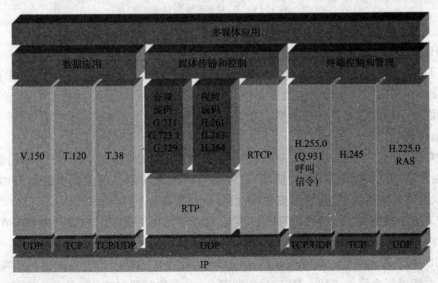

图 8-14 H.323 协议栈

H.323 不是一个协议,而是一个包含多个协议的协议集,其协议栈如图 8-14 所示。其中,各个协议的功能如表 8-6 所示。

表 8-6　H.323 协议栈中协议的功能

协议	功能概述
H.225.0	定义呼叫控制消息,包括呼叫信令、注册许可和状态(RAS)、媒体流的打包和同步等
Q.931	定义呼叫建立和释放的信令
H.245	定义呼叫控制消息,包括终端能力协商、逻辑信道的打开和关闭、流量控制、会议控制等
RTP	媒体数据的传输协议
RTCP	媒体数据的 QoS 管理协议
G.7XX	音频数据编码协议
H.26X	视频数据编码协议
T.120	文本数据传输协议
V.150	定义如何在 IP 网络上承载 Modem 信令的协议
T.38	实时传真协议

H.323 系统的结构如图 8-15 所示。

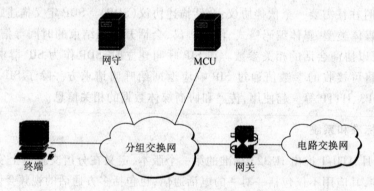

图 8-15　H.323 系统的结构

一个 H.323 系统包含下列 4 个组成部分。

● H.323 终端:实时话音通信或者多媒体会议的端系统设备,可能是电话机、计算机,也可能是专用设备。根据所支持的媒体类型,终端可分为只支持话音、支持话音和数据、支持话音和视频、支持话音/视频/数据等多种类型。终端提供话音/视频压缩编码、呼叫信令、呼叫控制、媒体数据传输等功能。

● 网关:在分组网上的 H.323 系统和电路交换网(如 PSTN)之间提供互联功能,以实现 H.323 终端和电路交换网终端(如电话机)之间的实时通信功能。网关提供分组网协议和电路交换网协议之间的翻译功能,包括数据包格式翻译、通信规程翻译等。

● 网守:提供地址翻译、用户访问控制、带宽管理等功能。每个 H.323 终端都应在网守上注册,在获得网守的访问许可之后才能开始会话呼叫。

● MCU:多点控制单元(Multipoint Control Unit),用于实现两个以上终端通信所需的多方通话功能,以支持视频会议等应用。MCU 分为两部分:多点控制器(MC)和多点处理器(MP)。MC 必备,提供会话控制,包括终端能力协商、会议资源控制等;MP 则可选,在多方会议中对音频、视频和数据媒体流进行集中处理,如混合、交换媒体流等功能。

为更明确地说明 H.323 系统各个部件的功能和整体通信过程,图 8-16 显示一个话音通信的呼叫过程。

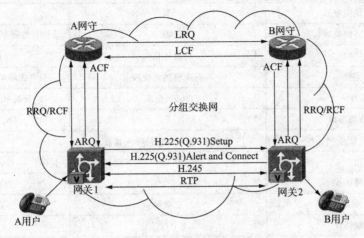

图 8-16　H.323 系统的呼叫过程示例

首先,使用分组话音的两个用户均已通过网关在网守上注册,注册请求和确认的消息分别是 RRQ 和 RCF①。A 用户在话机上拨 B 用户的电话号码之后,呼叫建立的过程分为下列几个步骤:

(1)A 用户的呼叫请求信令通过电话网传递给网关 1;

(2)网关 1 向 A 用户注册的 A 网守发送接纳请求消息(ARQ),询问 A 用户是否有权限发起这个呼叫,并请求 B 用户的网关 2 地址;

(3)A 网守发送位置请求消息(LRQ)给 B 用户注册的 B 网守,询问 B 用户的网关地址,B 网守返回确认消息 LCF;

(4)A 网守将网关 2 的地址通过接纳确认消息(ACF)转发给网关 1;

(5)网关 1 使用 Q.931 信令的 Setup 消息发送呼叫请求给网关 2;

(6)网关 2 发送接纳请求消息(ARQ)给 B 网守,询问 B 用户是否有权限接收此次呼叫;

(7)B 网守返回确认消息(ACF);

(8)网关 2 通过电话网呼叫 B 用户,并向网关 1 回送 Alert 消息,网关 1 向 A 用户发送回铃音;

(9)B 用户摘机应答,网关 2 向网关 1 发送 Connect 消息,会话连接建立,通话开始;

(10)用户的话音在分组网中使用 RTP 传输;

(11)通话期间,网关 1 和网关 2 之间使用 H.245 进行会话控制。

H.323 和 SIP 分别由电信网标准化组织 ITU-T 和因特网标准化组织 IETF 提出,因此侧重点不同,在很多方面都有区别。表 8-7 总结 H.323 与 SIP 的主要特点和区别。

---

① RRQ：Registration Request　　　　RCF：Registration Confirm

　ARQ：Admission Request　　　　　　ACF：Admission Confirm

　LRQ：Location Request　　　　　　　LCF：Location Confirm

表 8-7　H.323 与 SIP 的比较

特性	H.323	SIP
提出的机构	ITU-T	IETF
是否与电话网兼容	是	否
是否与因特网兼容	否	是
体系结构	整体化	模块化
协议完整	有完整的协议栈	只考虑呼叫建立和释放部分
复杂度	复杂、全面	较简单、灵活、易扩展
是否可协商参数	是	是
是否有状态	有状态,服务器保持呼叫状态	无状态
呼叫信令	Q.931	SIP
信令传输协议	TCP	TCP 或 UDP
消息格式	二进制	ASCII
媒体传输协议	RTP	RTP
是否支持多方通话	支持	支持
地址	主机或电话号码	URL
呼叫终止方式	用户终止或 TCP 释放连接	用户终止或采用超时终止
多媒体会议应用	一直支持	逐渐开始支持
即时消息应用	不支持	支持
加密	支持	支持
部署情况	广泛应用	逐渐增长

H.323 的设计思路是考虑协议是否完备,并且和电信网兼容,因此其体系结构整体化,是一个完整的协议栈,包含了呼叫建立、呼叫控制、媒体控制、安全、编解码等全部相关的协议。SIP的出发点是与因特网兼容并尽可能利用已有的协议,其体系结构模块化,SIP 相对简单,只定义呼叫建立和释放的过程,其他的功能依赖 TCP/IP 协议栈的其他协议实现。对于所支持的多媒体应用,除 VoIP 之外,H.323 从设计之初即支持多媒体会议,SIP 则是近几年开始才逐渐支持多媒体会议应用。此外,SIP 所支持的网络应用更加广泛,可以支持因特网上任何需要会话连接的应用,包括即时消息、软交换、主机移动支持等。从应用部署的角度看,H.323 产品先推出,并且已经获得广泛的应用;SIP 虽然起步较晚,但由于其兼容因特网协议并具有开放等优点,研究和应用日益广泛,具有更广阔的发展前景。

8.3　多媒体网络的安全隐患

8.3.1　VoIP 安全隐患

随着 VoIP 部署的数量不断增长,规模不断扩大,其安全问题也日渐显现。VoIP 作为一种多媒体通信服务运行在 IP 网上,语音分组数据包在 IP 网中传输,因此所有在互联网中存在的安全问题,VoIP 系统同样存在。VoIP 受到多方面的安全威胁,主要有以下 5 种。

(1)DoS 攻击:DoS(拒绝服务)攻击是包括任何导致系统不能正常提供服务的攻击。目前,基于 H.323 的 VoIP 系统采用很多开放端口,用于呼叫建立和业务传输,所以对于 H.323 的节点可以进行 SYN 泛洪攻击,导致通信终端无法提供正常服务。同时 H.323 中的 RAS(注册、许可、状态)信令基于 UDP,UDP 泛洪也造成 DoS 攻击,导致设备无法处理正常的连接。

(2)服务窃取:一方面窃取合法用户身份,假冒合法用户身份,如通过网络窃听方式窃取使用者 IP 电话的登录密码就可以获得使用账号的权利。另一方面冒充合法的网络节点进行欺骗,如通过冒充合法的网守,在终端没有对网守认证的情况下窃取用户的登录口令等个人信息。

(3)信令流监听:任何用户可以通过网络监听的方式监听 VoIP 通信建立过程的信令流,从而引发恶意用户篡改信令流并可造成会话劫持、中间人攻击、电话跟踪等后果。

(4)媒体流监听:基于 H.323 的 VoIP 通信采用 RTP/RTCP 作为语音信息实时传输的协议。由于协议具有开放的特点,恶意用户可以通过网络监听器监听媒体流,如果可以理解媒体流内容,即可破解媒体流的内容。

(5)操作系统攻击:许多呼叫处理部分基于操作系统(例如 Gatekeeper)或操作系统组件。因此,操作系统存在重大的安全隐患。攻击者可以通过扫描探测出操作系统类型,从而进行相应的 DoS 攻击或是其他攻击,最终导致系统崩溃重启等。

8.3.2　SIP 安全隐患

SIP 基于客户/服务器方式,以文本的形式表示消息的语法、语义和编码。对以文本形式表示消息的词法和语法分析比较简单,所以 SIP 更容易被攻击者模仿、篡改,非法利用以至于窃取信令消息中许多非常重要的参数,如用户验证密码和 SDP 信息等。由于 SIP 使用代理服务器、重定向服务器等中间设备,因此 SIP 的安全关系比较复杂。在 SIP 实体之间传递的消息容易被恶意攻击者截获并修改,以达到盗取服务,窃听通信,或者干扰会话等目的。SIP 信令的安全与媒体数据的安全及 SIP 消息体的安全各自独立。网上没有经过加密的 RTP 媒体流极易受到监听。

下面总结 5 种基于 SIP 多媒体通信系统常见的威胁。

1)注册攻击

SIP 注册机制就是用户终端向注册服务器登记终端用户在何处可以被访问。注册服务器通过查看注册消息的 From 段决定该消息是否有权限修改相应的注册用户的注册地址。由于 From 字段可以被 UA 任意修改,这就为恶意注册创造条件。攻击者通过修改 From 字段即可成为授权用户,并进行恶意注册。攻击者可以取消原先已经合法注册的用户,将其设备注册成某用户的当前可访问的位置,如先注销某个 URI 所有的联系地址,然后注册其设备地址,这样所有对原来 URI 地址的请求发往攻击者的设备。这类威胁表明需要一类使得 SIP 实体能够认证请求发送者的身份的安全机制。

2)伪装服务器

攻击者通过伪装服务器而达到攻击目的。例如,用户发往重定向服务器请求被攻击者截获,并假冒成该重定向服务器向请求者发送一条伪造消息,将用户的请求定向到不正确或者不安全的地方。攻击者只需将应答的 From 字段改成正确的重定向服务器即可达到伪造服务器的目的。例如,当发送给 biloxi.com 的注册信息被 chicago.com 截获,并且回应给注册者一个伪造的 301(Moved Permanently)应答。这个应答貌似从 biloxi.com 发来,并且指明 chicago.com 作为新的注册服务。那么这个原始 UA 所有的注册请求就会转发到 chicago.com。为防止这个威胁,那么须使 UA 能够对接收其请求的服务器进行身份鉴定。

3）篡改消息

用户终端可以通过代理服务器 SIP 消息正确路由到目的用户，但不能检查 SIP 消息是否被恶意修改。攻击者可以扮演中间人，修改 SIP 消息体携带的媒体会话的加密密钥；攻击者还可以尝试修改 SDP 消息体，将 RTP 媒体流指向窃听器，以达到在后续的语音通信中窃听的目的。除了修改消息体，攻击者还可能修改消息的头字段。有些 SIP 消息的头字段对目的用户特别有意义，如主题字段，恶意攻击者可能通过修改主题字段将重要的请求改成次要请求；用户需要一种安全机制检查消息是否被篡改。但是，中间服务器由于路由的缘故，必须修改某些头字段，所以只能保护 SIP 消息体和一些能够保护的字段。UA 可以加密 SIP 包体，并且对端到端的头域进行一定的限制。对包体的安全服务要求包含机密性、完整性和身份认证。这些端到端的安全服务应当与用于和中间节点交互的安全机制无关。

4）恶意修改／会话结束

当对话被初始消息所建立，后续的请求可以用于修改对话并且/或者会话的状态。对于会话的负责者而言，非常重要的事情是确定请求不由攻击者伪造。攻击者能够伪造 BYE 请求，一旦伪造的 BYE 请求被接收者收到，会话则提前结束。类似的威胁包括发送伪装的 re-INVITE 请求以改变会话，如改变会话的安全或者将媒体流重定向为窃听攻击的一部分。攻击者之所以能够伪造这两种请求，是因为它捕获了会话建立阶段会话双方的初始消息，从而获得标志会话的参数（To 字段、From 字段、Call ID 字段等）。如果这些标志参数通过加密传输，攻击者就不能伪造出 BYE/re-INVITE 请求，有些中间节点（如 Proxy 服务器）需要这些参数判定会话是否已经建立连接。另外一个对策就是对 BYE/re-INVITE 消息的发送方进行身份认证。

5）拒绝服务与拒绝服务放大

为接收世界范围内的 IP 终端请求，SIP 的代理服务器必须安装在公共的 Internet 上，这就为 SIP 遭受分布式拒绝服务攻击创造许多潜在的机会。SIP 主机除了作为直接被攻击的对象，还有可能作为 DoS 攻击的协从者，起到放大 DoS 攻击的作用。例如，攻击者可以发出包含假 IP 地址及其相关的 Via 头域的请求，这个 Via 头域标识被攻击的主机地址，这如同这个请求从主机地址发来一般。然后把这个请求给大量的 SIP 节点，这样 SIP UA 或者 Proxy 就向被攻击的主机产生大量的垃圾应答，从而形成拒绝服务攻击。同理，攻击者可以用在请求中伪造的 Route 头域值标志被攻击的目的主机，并且把这个消息发送到分支 Proxy，这些分支 Proxy 会放大请求数量发送给目标主机。

如果注册请求没有经过注册服务器进行适当的认证，那么就会有很多拒绝服务攻击的机会。攻击者可以在一个域中首先把一些或者全部的用户都注销，从而防止这些用户被加入新的会话。接着，一个攻击者可以在注册服务器上注册大量的联系地址，这些联系地址都指向同一个被攻击的服务器，这样可以使得这个注册服务器和其他相关的 Proxy 服务器对分布式 DoS 攻击进行放大。攻击者也尝试通过注册大量的垃圾耗尽注册服务器可能的内存或者硬盘。多点传送提高了拒绝服务攻击的概率。

8.4 本章小结

多媒体网络技术是目前网络应用最热门的技术之一。网络的多媒体通信应用和数据通信应用有较大的差异，前者要求客户端播放声音和图像时既要流畅，又要同步，因此对网络的时延和带宽要求很高；后者则把可靠性放在第一位，对网络的时延和带宽的要求不那么苛刻。

诸如 VoIP、视频会议等交互式多媒体应用需要呼叫建立和呼叫控制,因特网 TCP/IP 协议栈中原有的协议无法提供足够的支持,多媒体应用相关的主要通信协议有:实时传输协议(RTP),它在 UDP 之上增强维持数据包顺序和等时功能;RTP 控制协议(RTCP),对数据传输的 QoS 进行监测,实现 QoS 管理功能;实时流传输协议(RTSP),实现用户与媒体流服务器之间的交互功能;H.323 和会话初始协议(SIP),提供呼叫建立、呼叫释放等信令功能。

8.5　思考与练习

8-1　已知某视频服务器每秒发送 30 帧,每帧包含 2MB 数据。数据发送过程有 1s 时延抖动。试问为消除此时延抖动,接收端需多大的时延缓存?

8-2　音频/视频数据和普通的文件数据有哪些主要的区别? 这些区别对音频/视频数据在因特网上传送所用的协议有哪些影响? 既然现有的电信网能够传送音频/视频数据,并且能够保证质量,为什么还用因特网传送音频/视频数据呢?

8-3　端到端时延与时延抖动有什么区别? 产生时延抖动的原因是什么? 为什么说在传送音频/视频数据时对时延和时延抖动都有较高的要求?

8-4　实时数据和等时数据等同? 为什么说因特网不等时?

8-5　实时流传输协议(RTSP)的功能是什么?

8-6　RTP 分组的首部为什么使用序号、时间戳和标记?

8-7　RTCP 使用在什么场合? 各自有什么特点?

8.6　实　　践

通过安装、配置一个实用的 VoIP 网络电话了解 VoIP 的构成,理解 SIP 的工作原理和应用,掌握 VoIP 网络电话的安装和配置方法。

实验要求一个简单的局域网络环境(Hub 或 Switch)、三台 Windows PC(两台模拟客户端 A、B,一台服务器)。

在服务器上安装和配置 VoIP 网络电话的服务端软件(SIP Server 2008 是一款基于 SIP 的 VoIP 软交换平台,可接入各种采用 SIP 的软终端、软 Phone 等,同时支持语音和视频通话)。

在模拟客户端上安装和配置软电话客户端软件(X-Lite 是一种装有 VoIP 软件电话的免费软件)。

安装配置完成后,用软电话客户端 A 拨打软电话客户端 B,检测双方是否可以正常通话,客观评价语音质量。同时,利用 Wireshark 抓取实验过程中的信令,分析信令流程。

第9章 网络安全

计算机信息网络技术的应用给当今社会带来巨大变化,同时也引发日益突出的网络安全问题。计算机网络安全不仅对每个人都有现实意义,而且对一个国家的政治、经济和国防安全也十分重要。与现实社会中的安全问题一样,计算机网络安全问题是永恒的问题,也是一个很难解决的问题。

由于计算机网络安全是另一门专业学科,本章只对计算机网络安全问题的基本内容进行初步介绍。介绍网络安全现状、网络安全面临的威胁和网络安全面临的困难;介绍网络安全体系结构、网络安全技术;介绍常用的网络安全协议。

9.1 网络安全概述

1. 网络安全的含义

常见的有关计算机安全的名词有网络安全、信息安全、信息系统安全、网络信息安全、网络信息系统安全、计算机系统安全、计算机信息系统安全等。这些不同的说法归根到底就是两层意思:确保计算机网络环境下信息系统的安全运行和在信息系统中存储、处理和传输的数据受到安全保护,即通常所说的保证网络系统运行的可靠性,信息的保密性、完整性和可用性。本章使用的"网络安全"一词表示这两层含义。

由于现代的信息系统都建立在计算机网络基础之上,因此计算机网络安全也就是信息系统安全。强调网络安全,可以理解为是由于计算机网络的广泛应用而使得安全问题变得尤为突出的缘故。网络安全包括系统安全运行和系统信息保护两方面,即网络安全是对信息系统的安全运行和对运行在信息系统中的信息进行安全保护的统称。信息系统的安全运行是信息系统提供有效服务的前提,信息的安全保护主要是确保信息的保密性和完整性。

计算机网络安全问题涉及数学、计算机技术、通信技术、密码技术、信息论、管理和法律等多个领域。从不同学科的角度出发,计算机网络安全有不同的解决方法,但上述任何一种方法都不可能完全解决计算机网络安全问题,因此必须综合运用上述方法才能解决问题。

从不同的角度出发,对网络安全的具体理解也不同,如:

• 网络用户(个人、企业等)希望涉及个人隐私或商业利益的信息在网络中传输时受到保密性、完整性和真实性几方面的保护,避免其他人利用窃听、冒充、篡改和抵赖等手段侵犯或损坏他们的利益,同时也希望避免其他用户对存储用户信息的计算机系统进行非法访问和破坏。

• 网络运营和管理者希望对本地网络信息的访问、读写等操作受到保护和控制,避免出现病毒入侵、非法存取、拒绝服务和网络资源的非法占用及非法控制等威胁,防范和制止网络黑客的攻击。

• 安全保密部门希望对非法有害的或涉及国家机密的信息进行过滤和阻截,避免机密信息泄露对社会产生危害,给国家造成巨大损失,甚至威胁国家安全。

● 从社会教育和意识形态角度出发,必须对网络上不健康内容进行控制,因为这些信息对社会的稳定和人类的发展产生不利影响。

计算机网络安全主要有以下一些内容。

1)保密性

为用户提供安全可靠的保密通信是计算机网络安全最为重要的内容。尽管计算机网络安全不仅仅局限于保密性,但不能提供保密性的网络肯定不安全。网络的保密机制除了向用户提供保密通信,也是许多其他安全机制的基础。例如,访问控制中登录口令的设计、安全通信协议的设计及数字签名的设计等都离不开密码机制。

2)安全协议的设计

人们一直希望能设计出一种安全的计算机网络,但网络的安全不可判定。目前,在安全协议的设计方面,主要针对具体的攻击(如假冒)设计安全的通信协议。但如何保证所设计出的协议安全无虞? 这可以使用两种方法:一种用形式化方法证明,另一种是用经验分析协议的安全性。形式化证明的方法是人们所希望的,但一般意义上的协议安全也不可判定,只能针对某种特定类型的攻击讨论其安全。对复杂通信协议的安全,形式化证明比较困难,所以主要采用人工分析的方法找漏洞。

3)访问控制

访问控制也称为存取控制或接入控制。必须对接入网络的权限加以控制,并规定每个用户的接入权限。由于网络是非常复杂的系统,其访问控制比操作系统的访问控制机制更复杂(尽管网络的访问控制机制建立在操作系统的访问控制之上)。

所有上述的计算网络安全的内容都与密码技术紧密相关。如在保密通信中,要用加密算法对消息进行加密,以对抗可能的窃听;安全协议的一个重要内容就是论证协议所采用的加密算法的强度;访问控制系统的设计也要用到加密技术。

2. 网络安全面临的威胁

网络的互联拓展了计算机应用的空间,但互联技术本身及计算机系统存在的弱点使得所有的网络用户因为彼此互联而更容易被攻击。攻击者的目的有很多种,例如,造成整个系统瘫痪,造成间歇停机,造成随机数据差错,盗窃大量信息,盗用服务,进行非法监视和收集情报,引入假电文和提取数据用于欺诈等。

如图 9-1 所示,假设主机 A 和主机 B 是计算机网络的两个用户,主机 C 是连接在计算机网络上的第三个用户,主机 A 和主机 B 之间正在通过计算机网络进行正常的通信,在这种情况下面临的主要安全问题是:

(1)主机 C 对主机 A 或主机 B 的非法授权访问。

(2)主机 C 冒用主机 A 或者主机 B 的身份对网络上的其他主机进行访问。

(3)主机 C 使主机 A 或者主机 B 无法使用网络等。

综上所述,计算机网络安全面临的威胁主要有以下几种。

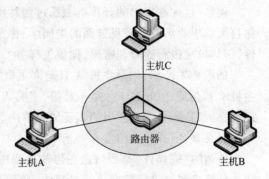

图 9-1　网络安全示意图

1）保密性（Confidentiality）

在计算机网络中，通信双方的信息可能被网络中的第三方获得。在图 9-1 中，当主机 A 和主机 B 通信时，在不安全的计算机网络环境中，两者通信内容有可能被第三方主机 C 截获，这可以通过以下几种典型的情况实现。

（1）电磁辐射监听。

数据信号通常是具有一定频率的电信号在金属导体或者无线的环境下传输，或者通过光脉冲在光纤中传输。无线环境下传输的电信号会产生一定的电磁辐射，通过灵敏的仪器获取、分析这些电磁辐射，就可以了解传输的内容。

（2）线路中搭线窃听。

这是一种经典的信息获取方法，在通信线路上搭接一根线和一部电话机即知这根线上通话的内容。如果将电话机换成一个协议分析设备即可对传输的信息进行分析、窃听。

（3）共享网络中的信息监听。

对于共享以太网、无线网络等，任意一台连接到网络中的计算机都可以通过运行数据报监听程序（如 sniffer 数据包抓包软件），捕获数据包并进行分析。

（4）其他方式。

光纤通信虽然不会产生电磁辐射，但攻击者如果借助物理手段接触到光纤，也可以通过诸如分光器之类的设备监听数据。

此外，攻击者还可以利用一些伪装技术，设法获得用户的网络数据流量并加以分析。如果攻击者能够控制计算机网络中的重要设备（如交换机和路由器）时，就很容易得到各种用户数据流量，并进行分析。为了确保计算机网络中通信内容的安全，防止网络的第三方窃取，必须在发送方对所要传输的信息加密，在接收方进行解密。

2）认证（Authentication）

所谓"认证"是指在计算机网络中，进行通信的双方在通信之前需彼此确认对方是通信的对象，而不是假冒的通信对象。

在现实社会中，当对话双方面对面说话时，人们通过识别对方的面孔能明白通信的对象是谁；当对话双方通过电话交谈时，人们也基本可以通过识别对方的声音知道通信的对象是谁。但是，在计算机网络这个虚拟社会中，当通信的双方无法真正"看到"或"听到"对方，不能根据传统的特征识别对方时，如何确保通信的双方不是假冒的对象就成了一个必须严肃对待的问题。

例如，当你在家中的计算机上通过因特网收到一封来自远方的电子邮件，邮件发送者说他是你自大学毕业后就没有见过面的老同学，你是相信还是不相信呢？当你收到来自电子银行的邮件，请你填写银行账号和密码，你该怎样办？

如图 9-1 所示，如果主机 A 只允许主机 B 访问，主机 A 应该如何确认主机 B 的身份？如果主机 C 模仿成主机 B 与主机 A 通信，主机 A 应该怎样识别？通过 IP 地址、用户名和口令还是其他信息，都是需要通过适当的认证加以解决。

3）完整性（Integrity）

所谓的"完整性"是指信息在传输过程中无法被篡改，或者即使被篡改，也可以被接收方发现。计算机网络进行数据通信过程中，通信双方在网络上传输的信息可能被监听，也可能被篡改。如图 9-1 所示，即使主机 A 和主机 B 之间的数据通信是保密的，主机 C 虽然无法理解其内容，但主机 C 仍然可以通过某些方法和工具篡改或破坏主机 A 和主机 B 之间通信的内容。因此，计算机网络不仅应认证通信的双方，也应保证双方通信内容完整，即不被篡改。

4）不可否认性(Non-repudiation)

所谓"不可否认性"是指在电子交易过程中,发出信息的一方无法否认其行为。如图 9-1 所示,在基于计算机网络的电子商务中,如果主机 A 向主机 B 发出一个订单,或者主机 A 收到主机 B 的一笔汇款,如何确保主机 A 或主机 B 无法否认在计算机网络上的上述操作? 因此,基于计算机网络的电子商务活动确保信息的不可否认性十分重要。

5）可用性(Availability)

所谓"可用性"是指计算机网络的基础设施、硬件和软件系统等在任何时候都能可靠运行,并且随时能被所有用户正常使用。计算机网络的作用越来越重要,人们利用计算机网络处理各种事务,如利用计算机网络进行人员招聘、广告发布、商业信件收发、合同签订和商品销售等工作。这些商业企业对网络的依存度很高,如果计算机网络服务中断,企业的业务也会受到很大的影响。因此,计算机网络的可用性直接关系到企业的生存。

事实上,所有连接在计算机网络上的计算机同时扮演两个角色:即网络服务的提供者和网络服务的使用者。当一台计算机通过网络对外提供服务时即处于被攻击的危险中;当一台计算机通过网络使用外面的服务时也同样成为被攻击的目标。目前计算机网络可能出现的攻击和破坏活动归纳起来有以下几种:

（1）扫描(Scan)。

利用特定的工具和专用的软件向目标(如指定的网络或指定的主机)发出一些特定的数据包,根据响应的结果进行分析,了解目标网络或目标主机的相关特征,为进一步的攻击铺垫。

（2）入侵(Intrusion)。

在计算机网络中,利用不同的方法和工具进行诸如口令猜测、漏洞攻击等活动,一旦侵入目标系统,并获取相应的权限,则可以对目标系统的资源进行非授权访问和其他破坏活动。

（3）拒绝服务(Denial of Service)。

在计算机网络中,利用专用工具或事先编写的程序向目标系统发送大量无用数据包,将目标系统的带宽占满,使得对目标系统的服务无法被合法的用户所使用。

（4）滥用(Misuse)。

在计算机网络中,传播计算机病毒、发布垃圾邮件、扩散有害信息等活动都是对网络的滥用。这些活动也有可能导致目标系统不能使用。

另外,从信息系统面临的威胁来看,最具破坏力的活动主要来自内部。内部威胁最大的就是内部关键人员为了某种利益从事的攻击、破坏活动。对工作不满、遭到辞退或者与外部勾结的工作人员,往往更容易获取和破坏内部的关键信息。工作时漫不经心的行为也经常导致各种漏洞。

3. 网络安全面临的困难

计算机网络的安全问题与现实社会中的安全问题一样是一个永恒的问题,也是一个很难解决的问题,在可以预见的未来不会有一个一劳永逸的解决方案,原因包括以下 4 点。

1）网络攻击与网络防守不对称

黑客在攻击计算机网络时,通常不会遵守正常计算机网络用户所默认的一些规则,他们利用操作系统软件或者网络协议的漏洞达到攻击网络主机的目的。分析一个黑客攻击网络的全过程,其攻击行动经过精心准备,用于攻击的工具也很容易从因特网上获得。因此,黑客攻击的风险低,也很难被追踪。网络系统管理员须设法堵住所有可能的漏洞。因特网不断增加的复杂性、协议与应用的不断增多等都使得网络系统管理员进行安全防护的难度加大。

安全问题可视为一根安全链条,最脆弱的一环可以使整个系统崩溃。例如,某个设计得很好的网络安全系统,因系统管理员使用一个简单的"弱口令",使得整个网络安全设计都变得不安全。

另外,黑客的攻击是主动行为,选择一天的任何时候进行,而系统管理员不可能昼夜都处于积极的防守状态。因此,网络攻击和网络防守不对称,极难完全保证网络安全。

2)网络安全的动态性

由于计算机网络技术发展非常迅速,随着技术的发展,网络操作系统、网络硬件平台、网络应用软件和网络协议都会发生变化。当用户安装新的服务器,升级网络操作系统,采用新的网络协议,安装新的应用后,原来存在的一系列安全问题可能会消失,但新的安全问题和安全漏洞可能又会出现。因此,网络安全是动态的,不可能存在一个一劳永逸的解决方案。对于计算机网络安全的攻击与防守,攻击者总是占有优势,因为防守者必须仔细检查,防守每个可能的漏洞,一旦让攻击者找到一个漏洞,系统就有可能被攻破。另外,如前所述,实施攻击的黑客往往是具有丰富专业知识和经验的计算机网络人员,而被攻击者大部分是普通的计算机用户,也许仅仅会操作和使用计算机,对计算机网络安全知识知之甚少,这也是黑客攻击能够频频得手的一个重要原因。

3)网络安全的成本问题

所谓计算机网络安全成本,既可以是所投入的资金和人力资源成本,也可以是投入的时间成本。为了让计算机网络系统更安全,网络的管理者须安装更多的网络安全设备、安排更多地网络安全专业人员,所以拥有的资源越多,就越可能达到更好的安全程度。但是如果网络安全的成本太高,甚至高出所要保护的信息资源的价值,则网络安全即无实际的意义。同样,如果黑客攻击的代价超过攻击的获益,攻击行为也变得毫无实际意义。

计算机网络服务的本质"开放",如搜索引擎网站、新闻网站、门户网站、公共信息网站面向所有用户,采取各种措施保证网络安全则必然限制网络的开放特性,这显然不利于用户。因此,网络安全措施并不一定越多越好,既兼顾安全,又兼顾易用。一套极其烦琐的安全措施没有实际价值。

4)网络安全的本质

多年以来,网络安全更多地被作为一个技术问题加以研究,关注的焦点始终是技术,如数据加密技术、安全访问控制技术、安全监控技术等,但仔细研究计算机网络安全面临的问题时会引发一个有趣的现象,不论采用什么样的网络安全防护技术,最终的安全都要落实在人身上。网络安全问题的本质在于人性的弱点,人们要么认为自己不会成为黑客攻击的目标,要么认为系统已经安装先进的网络安全设备且有网络安全管理员在管理,不存在网络安全问题。基于此,不管网络安全技术怎样发展,网络安全问题始终存在。因此,要确保网络安全,必须加强和普及网络安全知识的教育,改善网络安全技术的管理手段,最大限度地减少风险,增加攻击者的成本。不管网络安全技术多么完善,必须有人参与和管理,才能更好地发挥作用。因此,建立安全意识,强化安全管理更为重要。

9.2 网络安全体系

网络安全是一个涉及范围较广的研究领域,研究人员一般只是在该领域的一个小范围内从事研究工作,开发出某些能够解决特定网络安全问题的方案,如有人专门研究加密和鉴别,有人专门研究入侵和检测,有人专门研究黑客攻击,等。从整体上研究计算机网络安全问题的解决方案对研究、实现和管理网络安全的工作具有全局指导作用。

1. 网络安全模型

如图 9-2 所示的是网络安全的基本模型。众所周知,通信双方在网络上传输信息,须先在收发方之间建立一条逻辑通道。这就要先确定从发送到接收端的路由,再选择该路由上使用的通信协议,如 TCP/IP。

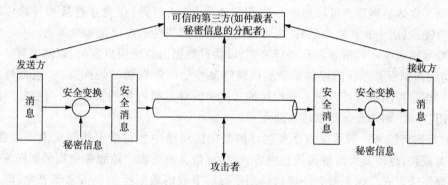

图 9-2　网络安全模型

为了在开放式的网络环境中安全地传输信息,须对信息提供安全机制和安全服务。信息的安全传输包括两个基本部分:一是对发送信息进行安全转换,如信息加密,以便实现信息的保密性,或附加一些特征码,以便进行发送方身份验证等;二是发收方共享的某些秘密信息,如加密密钥,除了对可信任的第三方,对其他用户保密。

为了使信息安全传输,通常需要一个可信任的第三方,其作用是负责向通信双方分发秘密信息,以及在双方发生争议时进行仲裁。

一个安全的网络通信方案必须考虑以下内容:

- 实现与安全相关的信息转换的规则或算法;
- 用于信息转换算法的秘密信息(如密钥);
- 秘密信息的分发和共享;
- 使用信息转换算法和秘密信息获取安全服务所需的协议。

2. 网络安全体系

1982 年,ISO 开始 OSI 安全体系结构的研究,当时 ISO 的 OSI 参考模型才建立。ISO/IEC-JIC1 于 1989 年增加关于安全体系结构的描述,在此基础上制定一系列特定安全服务的标准,其成果标志是 ISO 发布的 ISO 7498 - 2 标准,作为 OSI 参考模型的新补充。1990 年,ITU 决定采用 ISO 7498 - 2 作为它的 X. 800 推荐标准。

ISO 7498 - 2 标准现在已成为网络安全专业人员的重要参考,它为网络安全共同体提供一组公共的概念和术语,用来描述和讨论安全问题和解决方案。因此,OSI 安全体系结构只是安全服务与相关安全机制的一般描述,说明安全服务怎样映射到网络的层次结构中,并简单讨论它们在 OSI 参考模型中的合适位置。

OSI 安全体系结构主要包括三部分内容:安全服务、安全机制和安全管理。安全体系结构首先分析开放式系统面临的各种威胁,并针对这些威胁定义一组安全服务。为支持安全服务,OSI

安全体系结构又定义一些安全机制。OSI 安全管理涉及与 OSI 有关的安全管理及管理的安全两个方面。OSI 安全管理不是通常的通信业务,但可以为用户的通信提供安全支持与控制。

1) 网络安全服务

OSI 安全体系结构定义一组安全服务,包括:鉴别服务、访问控制服务、数据保密服务、数据完整服务和抗否认服务。

(1) 鉴别服务。鉴别服务提供某个实体的身份保证,包括同等实体鉴别和数据源鉴别。

使用同等实体鉴别服务可以对两个同等实体(用户或进程)在建立连接和开始传输数据时进行身份验证,以防止非法用户假冒,也可以防止非法用户伪造连接初始化攻击。

数据源鉴别服务可对信息源点进行鉴别,以确保数据由合法用户发出,以防假冒。

(2) 访问控制服务。访问控制服务提供网络某些受限制资源的访问方法,包括身份验证和权限验证。访问控制服务可以防止未授权的实体访问计算机网络的资源,从而避免对网络未经授权的使用、修改、删除及运行程序和命令等。

(3) 数据保密服务。数据保密服务的目的是保护网络中各通信实体间交换的数据,即使被非法攻击者截获,也使其无法解读信息内容,以保证信息不失密。该服务也提供面向连接和无连接两种数据保密方式。保密服务还提供给用户可选字段的数据保护和信息流安全,即可对能从观察信息流就能推导出的信息提供保护。信息流安全的目的是确保信息从源点到目的点的整个流通过程的安全。

(4) 数据完整服务。数据完整服务的目的是保护数据在存储和传输过程中的完整性。这种服务主要由可恢复的连接完整性、不可恢复的连接完整性、选择字段的连接完整性、无连接完整性和选择字段的无连接完整性组成。数据完整服务可以保证数据的完整性,能够应付新增或修改数据的行为,但不一定能应付复制或删除数据。

(5) 抗否认服务。抗否认服务主要保护网络通信系统不会遭到来自系统内部其他合法用户的威胁,而不是对付来自外部网络的未知攻击者的威胁。"否认"是指在计算机网络通信中参与某次通信的一方是否不承认曾进行的操作。它由两种服务组成:一是发送源点抗否认服务,二是接收抗否认服务。

2) 网络安全机制

为实现网络安全服务,ISO 7498-2 规定的网络安全机制有 8 项:加密机制、数字签名机制、访问控制机制、数据完整机制、鉴别交换机制、信息流填充机制、路由控制机制和公证机制。

(1) 加密机制。加密机制可以利用加密算法对存储的数据或传输中的数据进行加密,在网络中可以单独使用,也可以与其他安全机制配合使用,是保护数据加密的常用方法。

(2) 数字签名机制。数字加密机制能防止通信双方之外的人获得数据的真实内容,但对于诸如否认、伪造数据和假冒身份等网络安全问题,数据加密机制则无能为力。为解决这些安全问题,特引入数字签名机制,包括签名过程和验证过程两部分。

(3) 访问控制机制。访问控制机制可以控制哪些用户可以访问哪些资源,对这些资源可以访问到什么程度。如果非法用户企图访问资源,该机制就会加以拒绝,并将这些非法时间记录在审计报告中。访问控制可以直接支持数据的保密性、完整性、可用性,是计算机网络信息保护的重要措施。

(4) 数据完整机制。数据完整机制保护网络系统中存储和传输的程序和数据不被非法改变,如被添加、删除、修改等。

(5) 鉴别交换机制。鉴别交换机制通过相互交换信息确定彼此的身份。在计算机网络中,鉴别主要有站点鉴别、报文鉴别、用户和进程的认证等,通常采用口令、密码技术、实体的特征所有权等手段进行鉴别。

(6)信息流填充机制。所谓的信息流填充是指在业务闲时发送无用的随机数据,增加攻击者通过通信流量获得信息的难度。它是一种制造假通信、产生欺骗数据单元或在数据单元中填充假数据的安全机制。该机制可用于应对各种等级的保护,用来防止对业务进行分析,同时增加密码通信的破译难度。发送的随机数据应具有良好的模拟性能,能够以假乱真。该机制只有在业务填充受到保密服务时才有效。

(7)路由控制机制。路由控制机制可使信息发送者选择特殊的路由,以保证连接、传输的安全。其基本功能为:

①路由选择。路由可以动态选择,也可以预定义,选择物理上安全的子网、中继或链路进行连接和/或传输。

②路由连接。在监测到持续的操作攻击时,端系统可能同意网络服务提供者另选路由,建立连接。

③安全策略。携带某些安全标签的数据可能被安全策略禁止通过某些子网、中继或链路。连接的发起者可以提出有关路由选择的警告,要求回避某些特定的子网、中继或链路进行连接和/或传输。

(8)公证机制。公证机制是对两个或多个实体间进行通信的数据的性能,如完整性、来源、时间和目的地等,由公证机构加以保证,这种公证机制由第三方公证者提供。公证者能够得到通信实体的信任并掌握必要的信息,用可以证实的方式提供所需要的保证。通信实体可以采用数字签名、加密和完整机制以适应公证者提供的服务。在用到这样一个公证机制时,数据便经由受保护的通信实体和公证者,在各通信实体之间进行通信。公证机制主要支持抗否认服务。

3)网络安全管理

网络安全管理是计算机网络安全不可缺少的部分,通过实施一系列的安全策略,对计算机网络的操作进行管理。OSI 安全管理既支持网络整体的强制安全管理策略,又支持网络中对安全有更高要求的个别系统的自主安全策略。由一个 OSI 安全管理机构所管理的多个安全实体构成 OSI 安全环境有时又称为安全域。

OSI 安全管理由三部分组成:系统安全管理、安全服务管理和安全机制管理。其中,系统安全管理是对 OSI 安全域的整体管理;安全服务管理是针对各个特定安全服务的管理;安全机制管理是针对特定安全机制的管理。

9.3　网络安全技术

本节介绍三种常用的网络技术:加密技术、认证技术、网络防火墙技术。

1. 加密技术

加密技术可以有效保证数据信息的安全,可以防止信息被外界破坏、修改和浏览,是一种主动防范的信息安全技术。

信息加密技术的原理是:将公共认可的信息(明文)通过加密算法转换成不能够直接被读取且不被认可的密文形式,这样数据以密文形式传输,可以保证数据信息即使被非法用户截获,非法用户也无法破解原文,从而保证信息安全。数据信息到达指定的用户位置后,通过正确的解密算法将密文还原为明文,以供合法用户读取。加密和解密过程中使用到的参数称之为密钥。

密钥加密技术的密码体制分为对称密钥体制和非对称密钥体制两种。相应地,数据加密技术分为两类,即对称加密(私人密钥加密)和非对称加密(公开密钥加密)。加密体制中的加密算法是公开的,可以被其他人分析。加密算法的真正安全取决于密钥的安全,即使攻击者知道加密算法,但不知道密钥,那么不可能获得明文。所以加密系统的密钥管理是一个非常重要的问题。

1)对称加密技术

对称加密采用对称密码编码技术,特点是文件加密和解密使用相同的密钥(或者由其中的任意一个可以很容易地推导出另外一个),即加密密钥也可以用作解密密钥,这种方法在密码学中称为对称加密算法。典型的对称加密算法有数据加密标准(DES)和高级加密标准(AES)。对称密钥技术的加密解密过程如图9-3所示。

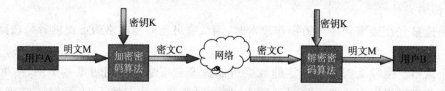

图9-3　对称加密解密过程示意图

对称密码有一些很好的特性,如运行占用空间小,加解密速度快,但它们在某些情况下也有明显示的缺陷,这些缺点如下:

(1)如何进行密钥交换。

在对称加密中,同一密钥既用于加密明文,也用于解密密文。因此密钥一旦落入攻击者的手中后果十分严重。未经授权的人一旦得知密钥,其结果是危及基于该密钥所涉及信息的安全。在传送信息以前,信息的发送者和授权接收者必须共享秘密信息(密钥)。因此,在通信以前,密钥必须先在一条安全的单独通道上进行传输。这一附加的步骤尽管在某些情况下是可行的,但在理论上是矛盾的,因为如果存在安全的通道通信就无须加密。

(2)密钥管理困难。

例如,A和B之间的密钥必须不同于A和C之间的密钥,否则A给B的消息就可能会被C看到。在有1000个用户的团体中,A须保持至少999个密钥,这样这个团体一共需要近50万个不同的密钥。随着团体的不断增大,储存和管理大数量的密钥很快就会变得难以处理。

对称密码体制的优点是具有很高的保密强度,但它的密钥必须通过安全可靠的途径传递,密钥管理成为影响系统安全的关键因素,使它难以满足系统的开放要求。

2)非对称加密技术

为了解决信息公开传送和密钥管理问题,人们提出一种新的密钥交换协议,允许通信双方在不安全的媒体上交换信息,安全地达成一致的密钥,这就是公开密钥系统。相对于对称加密技术,这种方法也称为非对称加密技术。

与对称加密技术不同的是,非对称加密技术需要两个密钥:公开密钥(public key)和私有密钥(private key)。公开密钥与私有密钥是一对,如果用公开密钥对数据进行加密,只有用对应的私有密钥才能解密;如果用私有密钥对数据进行加密,那么只有用对应的公开密钥才能解密。因为加密和解密使用的是两个不同的密钥(加密密钥和解密密钥不可能相互推导得出),所以这种算法称为非对称加密算法。非对称加密技术加密解密过程如图9-4所示。

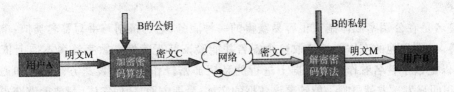

图 9-4　公开密钥加密解密过程示意图

例如，A 要发送机密消息给 B，首先 A 从公钥数据库中查询到 B 的公开密钥，然后利用 B 的公开密钥和算法对数据进行加密操作，把得到的密文信息传送给 B；B 收到密文以后用保存的私钥对信息进行解密运算，得到原始数据。

采用非对称密码体制的每个用户都有一对选定的密钥，其中一个公开，另一个由用户秘密保存。非对称加密算法保密得比较好，消除了最终用户交换密钥要求，可以适应开放性的使用环境，密钥管理问题相对简单，可以方便、安全地实现数字签名和验证。加密和解密花费时间长，速度慢，不适合于对文件加密而只适用于对少量数据进行加密。

3）电子信封技术

对称密码算法的加解密速度快，但密钥分发问题严重；非对称密码算法解密速度较慢，但密钥分发问题易于解决。为解决每次传送更换密钥的问题，结合对称加密技术和非对称密钥加密技术的优点，引入用于传输数据的电子信封技术。

电子信封技术的原理如图 9-5 所示。用户 A 发送信息给用户 B 时，首先生成一个对称密钥，用这个对称密钥加密要发送的信息，然后用用户 B 的公开密钥加密这个对称密钥，用户 A 将加密的信息连同用用户 B 的公钥加密后的对称密钥一起传送给用户 B。用户 B 首先使用私钥解密被加密的对称密钥，再用该对称密钥解密出信息。电子信封技术在外层使用公开密钥技术，解决了密钥的管理和传送问题。由于内层的对称密钥长度通常较短，公开密钥加密相对的低效率被限制到最低限度，而且每次传送都可由发送方选定不同的对称密钥，所以能更好地保证安全的数据通信。

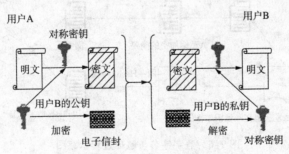

图 9-5　电子信封技术的原理

2. 认证技术

认证技术主要用于防止对手对系统进行的主动攻击，如伪装、窜扰等，这对于开放环境中各种信息系统的安全尤为重要。认证的目的有两个方面：一是验证信息的发送者合法而非假冒，即实体认证，包括信源、信宿的认证和识别；二是验证消息的完整性，验证数据在传输和存储过程中是否被篡改、重放或延迟等。

1）数字签名

数字签名是在公钥密码体制下很容易获得的一种服务,它的机制与手写签名类似:单个实体在数据上签名,而其他的实体能够读取这个签名并能验证其正确性。数字签名本质上依赖公私密钥对,可以把数字签名看作是在数据上进行的私钥加密操作。如果发送方是唯一知道这个私钥的实体,很明显发送方就是唯一能签署该数据的实体;另一方面,任何实体(只要能够获得发送方相应的公钥)都能在数据签名上用公开密钥作一次解密操作,验证这个签名的结果是否有效。

(1) Hash 函数。

由于要签名的数据大小任意,而使用私钥加密操作的速度较慢,因而希望进行私钥加密时能有固定大小的输入和输出,解决这个问题的方法是使用单向 Hash 函数。

Hash 函数也称为消息摘要(Message Digest),其输入为一可变长度 x,返回一固定长度串,该串被称为输入 x 的 Hash 值(消息摘要)。Hash 函数一般满足以下 5 个基本要求:

①输入 x 可以为任意长度;
②输出数据长度固定;
③给定任何 x,容易计算出 x 的 Hash 值 $H(x)$;
④单向函数,即给出一个 Hash 值,很难反向计算出原始输入;
⑤唯一性,即难以找到两个不同的输入得到相同的 Hash 输出值(在计算上不可行)。

Hash 值的长度由算法的类型决定,与被 Hash 的消息大小无关,一般为 128 或者 160 位。即使两个消息的差别很小,如仅差别一两位,其 Hash 运算的结果也截然不同,用同一个算法对某一消息进行 Hash 运算只能获得唯一确定的 Hash 值。常用的单向 Hash 算法有 MD5 和 SHA-l 等。

(2)数字签名的实现方法。

使用 Hash 函数可以降低服务器资源的消耗,这时,数字签名就不是对原始数据进行签名,而只是对数据的 Hash 运算结果进行签名,数字签名的过程如图 9-6 所示。其过程为:

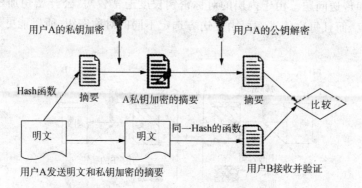

图 9-6 数字签名与验证过程示意图

①发送方产生文件的单向 Hash 值;
②发送方用其私钥对 Hash 值加密,凭此表示对文件签名;
③发送方将文件和 Hash 签名送给接收方;
④接收方用发送方发送的文件产生文件的单向 Hash 值,同时用发送方的公钥对签名的 Hash 值解密。如果签名的 Hash 值与其产生的 Hash 值匹配,签名就有效。

使用公钥算法进行数字签名的最大特点是没有密钥分配问题,因为公开密钥加密使用两个不同的密钥,其中有一个公开,另一个保密。有几种公钥算法能用做数字签名。在一些算法中

（如 RSA），公钥或者私钥都可用作加密。如用私钥直接加密文件，实际上对这个文件有安全的数字签名。在其他情况下（如 DSA），算法只能用于数字签名而不能用于加密。

数据完整保护用于防止非法篡改，利用密码理论的完整保护能够很好地对付非法篡改。完整性的另一用途是提供不可否认服务，当信息源的完整性可以被验证却无法模仿时，收到信息的一方可以认定信息的发送者，数字签名可以提供这种手段。

2）身份认证

身份认证是指计算机及网络系统确认操作者身份的过程。计算机系统和计算机网络是一个虚拟的数字世界。在这个数字世界中，一切信息包括用户的身份信息都用一组特定的数据表示，计算机只能识别用户的数字身份，所有对用户的授权也是针对用户数字身份的授权。物理世界的身份是物理身份。如何保证以数字身份进行操作的操作者就是这个数字身份合法拥有者，即保证操作者的物理身份与数字身份相对应，这是一个很重要的问题。

（1）认证的方式。

在真实世界中，验证一个人的身份主要通过三种方式，一是根据已知信息证明身份（What You know），假设某些信息只有某个人知道，如暗号等，通过询问这个信息就可以确认这个人的身份；二是根据所拥有的物品证明身份（What You have），假设某一个东西只有某个人有，如印章等，通过出示这个物品也可以确认个人的身份；三是直接根据独一无二的身体特征证明身份（Who You are），如指纹、面貌等。在网络环境下根据被认证方赖以证明身份秘密的不同，身份认证可以基于如下一个或几个因子：

①双方共享的数据，如口令；

②被认证方拥有的外部物理实体，如智能安全存储介质；

③被认证方所特有的生物特征，如指纹、语音、虹膜、面相等。

在实际使用中，可以结合使用两种或三种身份认证因子。

（2）生物特征认证技术。

这种认证方式以人体唯一可靠且稳定的生物特征为依据，采用计算机的强大功能和网络技术进行图像处理和模式识别，具有更好的安全性、可靠性和有效性。用于生物识别的生物特征有手形、指纹、脸形、虹膜、视网膜、脉搏、耳郭等，行为特征有签字、声音、按键力度等。基于这些特征，人们已经发展了手形识别、指纹识别、面部识别、发音识别、虹膜识别、签名识别等多种生物识别技术。目前，人体特征识别技术市场上占有率最高的是指纹机和手形机，这也是目前技术发展中最成熟的两种识别方式。相

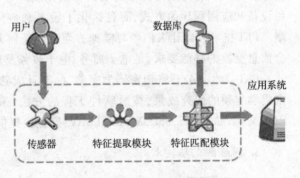

图 9-7　生物特征认证系统结构图

比传统的身份鉴别方法，基于生物特征识别的身份认证技术具有这些优点：不易遗忘或丢失；防伪性能好，不易伪造或被盗；随身携带，随时可用。生物识别认证过程原理的系统部件如图 9-7 所示。

模板数据库存放所有被认证方的生物特征数据，生物特征数据由特征录入设备预处理完成。以掌纹认证为例，当用户登录系统时，首先必须将其掌纹数据由传感器采集量化，通过特征提取模块提取特征码，再与模板数据库中存放的掌纹特征数据以某种算法进行比较，如果相符则通过认证，允许用户使用应用系统。

（3）数字认证技术。

①口令认证。

通行字（口令）是一种根据已知事物验证身份的方法，也是一种最为广泛研究和使用的身份识别方法。以下的论述中统一称为口令。

实际的安全系统还要考虑和规定口令的选择方法、使用期限、字符长度、分配和管理及在计算机系统中的安全保护等。不同安全水平的计算机系统要求也不相同。

②动态口令认证。

例如，在一般非保密的联机系统中，多个用户可共用一个口令，这就降低了安全程度。可以给每个用户分配不同的口令，以加强这种系统的安全程度。但这样简单口令系统的安全程度始终不高。在安全要求比较高的系统中，可以要求口令随时间的变化而变化，这样每次接入系统时都是一个新的口令，即实现动态口令。这可以有效防止重传攻击。另外，通常的口令保存采取密文形式，即口令的传输和存储都要加密，以保证其安全。

③数字证书。

数字证书是证明实体所声明的身份和其公钥绑定关系的一种电子文档，是将公钥和确定属于它的某些信息（如该密钥对持有者的姓名、电子邮件或者密钥对的有效期等信息）相绑定的数字声明。

目前，通用的办法是采用建立在公钥基础设施（Public Key Infrastructure，PKI）基础之上的数字证数字信息进行加密和签名，保证信息传输的机密性、真实性、完整性和不可否认性，从而安全传输所要传输的信息。

PKI 是一种采用非对称密码算法原理和技术实现并提供安全服务且通用的安全基础设施，PKI 技术采用证书管理公钥，通过第三方的可信机构——认证中心（Certificate Authority，CA）把用户的公钥和用户的其他标识信息（如名称、E-mail、身份证号等）捆绑在一起，在 Internet 上验证用户的身份（认证机构 CA 是 PKI 系统的核心部分），提供安全可靠的信息处理。PKI 所提供的安全服务以一种对用户完全透明的方式完成所有与安全相关的工作，极大地简化了终端用户使用设备和应用程序的方式，而且简化了设备和应用程序的管理工作，保证其遵循同样的安全策略。PKI 技术可以让人们随时随地方便地同任何人秘密通信。PKI 技术是开放且快速变化的社会信息交换的必然要求，是电子商务、电子政务及远程教育正常开展的基础。

PKI 技术是公开密钥密码学完整、标准且成熟的工程框架。它基于并且不断吸收公开密钥密码学丰硕的研究成果，按照软件工程的方法，采用成熟的各种算法和协议，遵循国际标准和 RFC 文档，如 PKCS，SSL，X.509，LDAP，完整地提供网络和信息系统安全的解决方案。

3. 网络防火墙技术

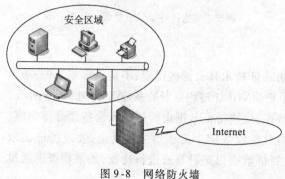

图 9-8　网络防火墙

网络防火墙是一种用来加强网络之间访问控制、防止黑客或间谍等外部网络用户以非法手段通过外部网络进入内部网络并访问内部网络资源，以保护内部网络操作环境的特殊网络互联设备。它对两个或多个网络之间传输的数据包和链接方式按照一定的安全策略进行检查，以决定网络之间的通信是否允许，并监视网络运行状态。它实际上是一个独立的进程或一组紧密联系的进程，运行于路由、网关或服务器上以控制经过防火墙的网络应用服务的通信流量。被保护的网络称为内部网络(或私有网络),另一方则称为外部网络(或公用网络)。网络防火墙如图9-8所示。

1)防火墙的作用

防火墙能有效地控制内部网络与外部网络之间的访问及数据传送,从而达到保护内部网络的信息不受外部非授权用户的访问,并过滤不良信息的目的。其主要功能有6方面内容。

(1)过滤进出网络的数据包:对进出网络所有的数据进行检测,对其中的有害信息进行过滤。包过滤可以分为协议包过滤和端口包过滤。协议包过滤是因为数据在传输过程中首先要封装,然后到达目的地时再解封装,不同协议的数据包所封装的内容并不相同。协议包过滤就是根据不同协议所封装的不同包头内容以过滤数据包。比如,ping 是 Windows 系列自带的一个可执行命令,利用它可以检查网络是否能够连通,应用格式:ping IP(域名)地址。再如,ICMP 主要用于主机与路由器之间传递控制信息,包括报告错误、交换受限控制和状态信息等。通过 ping 命令发送 ICMP 回应请求消息并记录收到 ICMP 回应回复消息,通过这些消息对网络或主机的故障提供参考依据。

端口包过滤和协议包过滤类似,只不过它是根据数据包的源和目的端口进行的包过滤。一台拥有 IP 地址的主机可以提供许多服务,如 Web 服务、FTP 服务、SMTP 服务等,主机实际上通过"IP 地址 + 端口号"区分不同的服务,如访问一台 WWW 服务器时,WWW 服务器使用 80 端口提供服务。

(2)保护端口信息:保护并隐藏计算机在 Internet 上的端口信息,黑客不能扫描到端口信息,便不能进入计算机系统,攻击也就无从谈起。

(3)管理进出网络的访问行为:可以对进出网络的访问进行管理,限制或禁止某些访问行为。

(4)过滤后门程序:防火墙可以把特洛伊木马和其他后门程序过滤掉。

(5)保护个人资料:防火墙可以保护计算机中的个人资料不被泄露,不明程序在改动或复制计算机资料时,防火墙会向用户发出警告,并阻止运行这些不明程序。

(6)对攻击行为进行检测和报警:检测是否有攻击行为,有则发出报警,并给出攻击的详细信息,如攻击类型、攻击者的 IP 等。

典型的防火墙具有以下三个方面的基本特性:

(1)内部网络和外部网络之间所有的网络数据流都必须经过防火墙,否则防火墙的作用无从发挥。

(2)只有符合安全策略的数据流才能通过防火墙。这也是防火墙的主要功能——审计和过滤数据。

(3)防火墙自身应具有非常强的抗攻击免疫力。如果防火墙自身都不安全,那么就不可能保护内部网络的安全。

一般而言,防火墙由四大要素组成。

(1)安全策略是防火墙能否充分发挥作用的关键因素,其范畴包括:哪些数据不能通过防火墙、哪些数据可以通过防火墙;防火墙应该如何部署;应该采取哪些方式处理紧急的安全事件;如何进行审计和取证的工作等。防火墙绝不仅仅是软件和硬件,而且包括安全策略,以及执行这些策略的管理员。

(2)内部网:受保护的网。

(3)外部网:防范的外部网络。

（4）技术手段：具体的实施技术。

2）基于防火墙的 VPN 技术

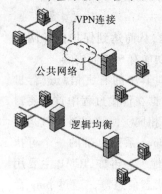

图 9-9　虚拟专用网
（VPN）示意图

虚拟专用网（Virtual Private Network，VPN）指的是在公用网络上建立专用网络的技术。其之所以称为"虚拟网"，主要是因为整个 VPN 网络的任意两个节点之间的连接并没有传统专网所需的端到端物理链路，而是架构在公用网络服务商所提供的逻辑网络平台上，用户的数据在逻辑链路中传输。防火墙技术用于砌墙、阻断；VPN 技术用于挖沟，是在防火墙或已建立的一系列安全措施之上，从公网用户到内网服务器间挖一条沟出来，通过这条沟使公用用户能安全访问内网服务器，如图 9-9 所示。

基于防火墙的 VPN 很可能是 VPN 最常见的一种实现方式，许多厂商都提供这种配置类型，即如果用户购买了一个防火墙，可用它实现 VPN 机密技术的能力。

3）常用防火墙

随着防火墙技术的不断成熟，不少厂商已推出系列实用化的产品，以解决当前的网络安全难题，如 Cisco PIX 防火墙、微软 ISA Server、天网防火墙系统等。在一般情况下，用户可以通过 Windows 系统自带的防火墙对自计算机网络的病毒或木马攻击进行防范。

9.4　网络安全协议

1. 概述

计算机网络可以在 ISO 七层协议中的任何一层采取安全措施。大部分安全措施都采用特定的协议实现，如网络层加密和认证采用 IPSec 协议，传输层加密和认证采用 SSL 协议等。安全协议本质上是关于某种应用的一系列规定，包括功能、参数、格式、模式等，通信各方只有共同遵守协议才能互操作。

安全协议可描述为：一种建立在密码体制基础上的高互通协议，运行在计算机通信网或分布式系统中，为安全需求的各方提供一系列步骤，借助密码算法达到密钥分配、身份认证、信息保密及安全完成电子交易等目的。密码算法为网络上传递的消息提供高强度的加解密操作和其他辅助算法（Hash 函数等），而安全协议是在这些密码算法的基础上为各种网络安全方面的需求提供其实现方案。

按照其目的，网络通信最常用且最基本的安全协议可分成以下四类：

1）密钥交换协议

这类协议用于建立会话密钥。在一般情况下是在参与协议的两个或者多个实体之间建立共享的密钥，如用于一次通信中的会话密钥。协议的密码算法可采用对称密码体制，也可以采用非对称密码体制。这一类协议往往不单独使用，而是与认证协议相结合。

2）认证协议

认证协议包括实体认证（身份认证）协议、消息认证协议、数据源认证协议和数据目的认证协议等，用来防止假冒、篡改、否认等攻击。

3) 认证和密钥交换协议

这类协议将认证协议和密钥交换协议结合在一起,先对通信实体的身份进行认证,在成功认证的基础上,为下一步的安全通信分配所使用的会话密钥,是网络通信中应用最普遍的一种安全协议。常见的认证和密钥交换协议有互联网密钥交换(IKE)协议、分布认证安全服务(DASS)协议、Kerberos 认证协议等。

4) 电子商务协议

与上述协议最为不同的是,电子商务协议主体往往代表交易的双方,利益目标不一致,或者根本就有矛盾,电子商务协议关注的就是公平,即协议应保证交易双方都不能通过损害对方利益而得到它不应得的利益。常见的电子商务协议有 SET 协议等。

2. 数据链路层安全协议

数据链路层安全是指在数据链路上各个节点之间能够安全地交换数据。它表现为两个方面。

- 数据机密性:防止数据在交换过程中被非法窃听;
- 数据完整性:防止数据在交换过程中被非法篡改。

数据交换过程中的数据机密性和完整性主要通过密码技术实现,即通信双方必须采用一致的加密算法解决数据机密和完整问题。因此,通信双方必须在数据交换之前就数据加密算法、数据认证算法和密钥交换算法等问题进行协商,并达成一致协议;在数据交换过程中,通信双方必须按所达成的协议进行数据加密和数据认证处理,以保证数据的机密性和完整性。这是网络安全协议的基本功能和任务。数据链路层安全协议增强了数据链路层协议的安全程度,即在数据链路层协议的基础上增加了安全算法协商和数据加密/解密处理的功能和过程。根据不同的数据链路层协议,其安全协议的功能定义和处理过程并不一致。本节主要介绍 IEEE 802 局域网标准中的安全协议和基于 PPP 的安全协议。

1) 局域网安全协议

在 IEEE 802 局域网标准中,涉及局域网安全的协议标准主要有 IEEE 802.10 和 IEEE 802.1Q。IEEE 802.10 是互操作局域网/城域网安全标准(Interoperable LAN/MAN Security Standard);IEEE 802.1Q 是虚拟局域网(Virtual LAN,VLAN)协议标准。

IEEE 802.10 标准是由 IEEE 802.10 安全工作组制定的局域网安全标准,其目的是通过加密(Encryption)和认证(Authentication)等安全机制保证局域网上数据交换的机密性和完整性。该标准的目标是制定局域网安全协议,并且使该协议能够独立于任何特定的算法,与现有的 IEEE 802 局域网协议相兼容,与 ISO 相关标准(如密钥管理和安全管理等协议)紧密结合。

该标准包含局域网安全规范和实施方案建议。安全规范主要涉及安全数据交换协议、密钥管理协议、安全管理及系统管理等内容,并在密码算法(DES 或 RSA)的使用方法、密钥分配和管理规则及可选择的安全服务等方面提出实施方案的建议,其实施方案应当使安全协议尽可能地独立于密码算法,并且密钥管理协议应当支持手工和自动密钥管理方式。

IEEE 802.10 标准定义一种安全数据交换(Secure Data Exchange,SDE)的协议数据单元(PDU),它是在 MAC 帧的帧头和数据域之间插入一个 IEEE 802.10 帧头,其格式如图 9-10 所示。IEEE 802.10 帧头由两部分组成,分别称为 CH(Clear Header)和 PH(Protected Header)。CH 包含一个安全联盟标识符字段(Security Association Identifier,SAID)和一个可选的管理定义字段(Management-Defined Field,MDF),以便于 PDU 的处理。PH 包含一个源地址(Source Address)字

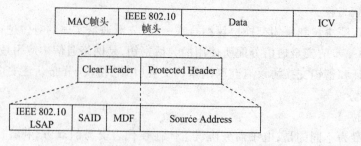

图 9-10　IEEE 802.10 帧格式

段,它是从 MAC 头中的源地址(Source Address)字段复制过来的,以支持地址认证功能,防止其他节点冒充源节点。完整检查值(Integrity Check Value,ICV)字段用于:数据完整性检查,以防止未经许可对内部数据的修改。为了保证数据机密性,可以对 PH 和 ICV 之间的数据进行加密处理,但加密可选。

2)基于 PPP 的安全协议

当远程客户通过开放的公用网络访问企业内部网时,必须通过用户身份合法认证、数据机密传输和数据完整保护等安全措施解决潜在的信息窃听、篡改和重放等一系列安全问题。目前,常用的安全访问解决方案是基于隧道传输协议的虚拟专用网(Virtual Private Network,VPN)技术。VPN 是一种以开放的公用网络为传输媒体,通过数据加密封装、数据完整认证、用户身份认证及系统访问控制等技术实现的信息传输安全保护技术,能够提供类似于专用网络的安全性能,在信息传输过程中对数据提供有效的安全保护。VPN 建立在密码技术和隧道传输协议基础上。目前,支持 VPN 的隧道传输协议主要有点到点隧道协议(Point-to-Point Tunneling Protocol,PPTP)、第二层隧道协议(Layer Two Tunneling Protocol,L2TP)和 IP 安全协议(IP Security,IPSec)。其中,PPTP 和 L2TP 是基于 PPP 的安全协议;IPSec 是基于 IP 的安全协议。

PPTP 最初由 Microsoft 公司提出,并将该协议集成到 Windows NT 操作系统中。为了推动 PPTP 的开发和应用,专门成立 PPTP 论坛,经过多次修改,于 1999 年 7 月公布 PPTP 标准文档 RFC2637。PPTP 是 PPP 的扩展,提供一种通过 IP 网络传送 PPP 数据的方法,允许用户使用 PSTN(Public Switched Telephone Network)或 ISDN(Integrated Services Digital Network)线路和 PPP 以隧道方式通过 IP 网络传送数据。它采用客户/服务器体系结构,定义两个基本构件:一是客户端的 PPTP 访问集中器,(PPTP Access Concentrator,PAC);二是服务器端的 PPTP 网络服务器(PPTP Network Server,PNS)。它采用一种增强的通用路由封装(Generic Routing Encapsulation,GRE)协议在 PAC 与 PNS 之间建立一个基于 PPP 会话的传输隧道,提供多协议封装和多 PPP 通道捆绑传输功能,同时提供对封装 PPP 数据包的流量控制和拥塞控制机制。

对于用户数据的安全,PPTP 本身没有提供安全保护措施。用户身份认证由 PPP 中的 CHAP 或 PAP 提供。控制通道消息并不进行身份认证和消息完整保护,并且在隧道中传送的 PPP 数据包也没有加密保护,存在信息可能被窃听和篡改的安全隐患。一些实际的 PPTP 系统主要通过一个附加的端到端加密协议解决数据传送机密问题。

L2TP 也是一种基于 PPP 的隧道传输协议,通过在 IP、ATM、帧中继等公用网络上建立传输隧道以传送 PPP 数据包。L2TP 由 Cisco、Ascend、Microsoft 和 RedBack 等公司共同发起制定,经过多次修改,于 1999 年 8 月公布 L2TP 标准文档 RFC2661。L2TP 同样采用客户/服务器体系结构,定义两个基本构件:一是客户端的 L2TP 访问集中器(L2TP Access Concentrator,LAC),用于发起呼叫和建立隧道;二是服务器端的 L2TP 网络服务器(L2TP Network Server,LNS),提供隧道传输服务,也是所有隧道的终点。在传统的 PPP 连接中,用户拨号连接的终点是 LAC,而 L2TP 将 PPP 的终点延伸到 LNS。

L2TP 综合 PPTP 和 Cisco 公司的 L2F(Layer Two Forwarding)协议的优点,在功能和技术上更加全面,可以看成是 PPTP 的改进方案。L2TP 的隧道传输原理与 PPTP 相类似,都是通过对 PPP 数据包的封装而形成传输隧道。两个协议非常相似,但是仍存在以下几方面的差异:

(1)L2TP 支持 PSTN,ISDN 和 ADSL 线路;PPTP 只支持 PSTN 和 ISDN 线路。

(2)L2TP 可以在 IP 网络(使用 UDP 封装)上、帧中继网络的永久虚电路(PVC)上、X.25 网络的虚电路(VC)上和 ATM 网络的虚电路(VC)上建立隧道;PPTP 只能在 IP 网络上建立隧道。

(3)L2TP 可以在两端点间使用多个隧道,用户可以针对不同的服务质量创建不同的隧道;PPTP 只能在两端点间建立单一隧道。

(4)L2TP 提供包头压缩功能,通过压缩包头可以减少额外开销;PPTP 不支持包头压缩功能。

(5)L2TP 可以提供隧道认证功能;PPTP 则不支持隧道认证。

在协议安全方面,L2TP 支持标准的用户身份认证协议 CHAP 和 PAP。L2TP 提供对控制消息的加密传输功能,并为每个隧道生成一个唯一的随机密钥,以防止控制消息在传输过程中被窃听和篡改。但是,L2TP 仍没有对传输隧道上的数据进行加密保护。

3. 网络层安全协议

1998 年 11 月,因特网网络层安全的系列 RFC(RFC2401 – 2411)公布。其中,最重要的就是描述 IP 安全体系结构的 RFC201 和提供 IPSec 协议簇概述的 RFC2411。IPsec 就是"IP 安全协议"的英语缩写。

网络层保密是指所有在 IP 数据包中的数据都必须加密。此外,网络层还应提供源点鉴别,即当目的站收到 IP 数据报时,能确信这发自该数据报的源 IP 地址。IPSec 最主要的两个协议就是:鉴别首部(Authentication Header,AH)协议和封装安全有效载荷(Encapsulation Security Payload,ESP)协议。AH 提供源点鉴别和数据完整性,但不能保密。ESP 比 AH 复杂得多,它提供源点鉴别、数据完整性和保密。IPSec 支持 IPv4 和 IPv6。在 IPv6 中,AH 和 ESP 都是扩展首部的一部分。

虽然 AH 协议的功能都已包含在 ESP 协议中,但 AH 协议早已用于实践,因此 AH 协议还不能放弃。

在使用 AH 和 ESP 之前,先要从源主机到目的主机建立一条网络层的逻辑连接。此逻辑连接是安全关联(Security Association,SA)。这样,IPSec 就把传统的因特网无连接的网络层转换为具有逻辑连接的层。安全关联是一个单向连接。进行双向的安全通信则需要建立两个安全关联。一个安全关联由一个三元组唯一确定,包括:

- 安全协议(使用 AH 和 ESP 协议)的标识符
- 此单向连接的目的 IP 地址
- 一个 32 位的连接标识符,称为安全参数索引(Security Parameter Index,SPI)。

对于一个给定的安全关联,每一个 IPSec 数据报都有一个存放 SPI 的字段。通过此 SA 的所有数据报都是用同样的 SPI 值。

1)鉴别首部协议 AH

在使用鉴别首部协议(AH)时,把 AH 首部插在源数据报数据部分的前面,同时将 IP 首部中的协议字段置为 51(图 9-11)。此字段原为区分数据部分是何种协议(如 TCP、UDP 或 ICMP)。当目的主机检查到协议字段是 51 时,即知 IP 首部后面紧接 AH 首部。在传输过程中,中间的路由器都不查看 AH 首部。当数据报到达终点时,目的主机才处理 AH 字段,以鉴别源点和检查数据报的完整性(RFC 2402)。

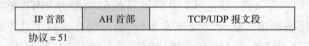

协议 = 51

图 9-11 AH 首部在安全数据报中的位置

AH 具有如下的一些字段:
- 下一个首部(8 位),标志紧接本首部的下一个首部的类型(如 TCP 或 UDP)。
- 有效载荷长度(8 位),即鉴别数据字段的长度,以 32 位字节为单位。
- 安全参数索引(32 位),标志一个安全关联。
- 序号(32 位),鉴别数据字段的长度,以 32 位字节为单位。
- 保留(16 位),为今后用。
- 鉴别数据(可变),为 32 位字节的整数倍,它包含经数字签名的报文摘要(对原来的数据报进行报文摘要运算)。因此,可用来鉴别源主机,及检查 IP 数据报的完整性。

2)封装安全有效载荷协议

使用 ESP 时,IP 数据报首部的协议字段置为 50。当目的主机检查到协议字段是 50 时,即知 IP 首部后面紧接 ESP 首部,同时在原 IP 数据报后面增加两个字段,即 ESP 尾部和 ESP 数据。ESP 首部有标志一个安全关联的安全参数索引(32 位)和序号(32 位)。ESP 尾部有下一个首部(8 位,作用和 AH 首部的一样)。ESP 尾部和原来数据报的数据部分一起进行加密(如图 9-12),因此攻击者无法得知所使用的传输层协议(它在 IP 数据报的数据部分中)。ESP 的鉴别数据和 AH 的鉴别数据的作用。因此,用 ESP 封装的数据报既有鉴别源点和检查数据报完整性的功能,又能保密。

IP 首部	ESP 首部	TCP/UDP 报文段	ESP 尾部	ESP 鉴别(可变长度)

协议 = 50

图 9-12 在 IP 数据报中的 ESP 的各字段

4. 传输层安全协议

本节介绍传输层使用的安全套接层(Secure Socket Layer,SSL)协议。SSL 是 Netscape 公司在 1994 年开发出在万维网上使用的安全协议。现在最新的版本是 1996 年的 SSL 3.0。虽然它没有成为正式标准,但已经是保护万维网的 HTTP 通信量公认的事实标准。微软的浏览器 IE 目前也使用 SSL。后来 IETF 在 SSL 的基础上设计了传输层安全协议(Transport Layer Security,TLS),它是 SSL 的非专有版本(RFC 4346)。

用户通过浏览器在网上购物时,需要以下的一些安全措施:
- 顾客需要通知,所浏览的服务器属于真正的厂商而不是假冒的厂商。例如,顾客不愿意假冒的厂商在他的信用卡上把钱取走。换言之,服务器必须被鉴别。
- 顾客需要通知,购物报文在传输过程中没有被篡改。100 元的账单一定不能被篡改为

1000 元的账单。报文的完整性必须保留。

- 顾客需要通知,因特网的入侵者不能截获如信用卡号这样的敏感信息。这就需要对购物的报文进行保密。

可能还有一些安全措施。例如,厂商需要鉴别顾客。

1)安全套接层

SSL 可对万维网客户与服务器之间传送的数据进行加密和鉴别。它在双方的联络阶段(也就是握手阶段)对将要使用的加密算法(如用 DES 或 RSA)和双方共享的会话密钥进行协商,完成客户与服务器之间的鉴别。在联络阶段完成之后,所有传送的数据都使用在联络阶段商定的会话密钥。SSL 不仅被常用的浏览器和万维网服务器所支持,而且也是传输层安全协议 TLS 的基础。

SSL 的应用并不仅限于万维网,还可用于 IMAP 邮件存取的鉴别和数据加密。SSL 的位置在应用层和传输层(TCP)之间。在发送方,SSL 接收应用层的数据(如 HTTP 或 IMAP 报文),对数据进行加密,然后把加密的数据送往 TCP 套接字。在接收方,SSL 从 TCP 套接字读取数据,解密后把数据交给应用层。

SSL 提供以下三个功能。

- SSL 服务器鉴别:允许用户证实服务器的身份。具有 SSL 功能的浏览器维持一个表,上面有一些可信的认证中心(CA)及其公钥。当浏览器和一个具有 SSL 功能的服务器进行商务活动时,浏览器就从服务器得到含有服务器公钥的证书。此证书由某个 CA 发出(此 CA 在客户的表中)。这就使得客户在提交其信用卡之前能够鉴别服务器的身份。

- 加密的 SSL 会话:客户和服务器交互的所有数据都在发送方加密,在接收方解密。SSL 还提供一种检测信息是否被攻击者篡改的机制。

- SSL 客户鉴别:允许服务器证实客户的身份。这个信息对服务器十分重要。例如,当银行把有关财务的保密信息发送给客户前必须检验接收者的身份。

下面通过一个简单的例子说明 SSL 的工作原理。

假定 A 有一个使用 SSL 的安全网页。B 上网时单击到这个安全网页的链接(这种安全网页 URL 的协议部分不是 HTTP 而是 HTTPS)。接着,服务器和浏览器就进行握手,其主要过程如下:

- 浏览器向服务器发送浏览器的 SSL 版本号和密码编码的参数选择(因为浏览器和服务器要协商使用哪一种对密钥算法)。

- 服务器向浏览器发送服务器的 SSL 版本号、密码编码的参数选择及服务器的证书,证书包括服务器的 RSA 公钥。此证书由某个认证中心用其密钥加密,然后发送给该服务器。

- 浏览器有一个可信的 CA 表,表中有每一个 CA 的公钥。当浏览器收到服务器发来的证书时,就检查此证书的发行者是否在可信的 CA 表中。如不在,则后面的加密和鉴别连接无法进行。如在,浏览器就使用 CA 相应的公钥对证书解密,这样就得到服务器的公钥。

- 浏览器随机产生一个对会话密钥,并用服务器的公钥加密,然后将加密的会话密钥发送给服务器。

- 浏览器向服务器发送一个报文,说明浏览器将使用此会话密钥进行加密。然后浏览器再向服务器发送一个单独的加密报文,指出浏览器端的握手过程已经完成。

- 服务器也向浏览器发送一个报文,说明服务器将使用此会话密钥进行加密,然后服务器再向浏览器发送一个单独的加密报文,指出服务器端的握手过程已经完成。

- SSL 的握手过程至此已经完成，下面就可开始 SSL 的会话过程。浏览器和服务器都使用这个会话密钥对所发送的报文进行加密。

由于 SSL 简单且开发得较早，因此目前在因特网商务中使用得比较广泛，但 SSL 并非专门为信用卡交易而设计，它只是在客户与服务器之间提供一般的安全通信。SSL 还缺少一些措施以防止在因特网中出现各种可能的欺骗行为。

2) 安全电子交易

安全电子交易协议（Secure Electronic Transaction, SET）是专为在因特网上进行安全信用卡交易的协议。它最初由两个著名信用卡公司 Visa 和 MasterCard 于 1996 年开发，许多具有领先技术的公司也参与开发。SET 的主要特点是：

- SET 专为与支付有关的报文进行加密，它不能像 SSL 那样对任意的数据（如正文或图像）进行加密。
- SET 协议涉及三方，即客户、商家和商业银行。所有在这三方之间交互的敏感信息都被加密。
- SET 要求这三方都有证书。在 SET 交易中，商家看不见客户传送给商业银行的信用卡号码。这是 SET 的一个最关键的特性。

由于在 SET 交易中客户端使用专门的软件（浏览器钱包），同时商家支付的费用比使用 SSL 更加高，因此 SET 在市场的竞争中失败了。

5. 应用层安全协议

应用层实现安全比较简单，特别是当因特网的通信只涉及两方，如电子邮件和 Telnet 的情况。下面介绍两种用于电子邮件的安全协议。

1) PGP 协议

电子邮件在传送过程中可能要经过许多路由器，其中的任何一个路由器都有可能对转发的邮件进行阅读。从这个意义上讲，电子邮件没有什么隐私可言。

PGP（Pretty Good Privacy）是 Zimmermann 于 1995 年开发出的协议。它是一个完整的电子邮件安全软件包，包括加密、鉴别、电子签名和压缩等技术。PGP 并没有使用什么新的概念，它只是把现有的一些加密算法（如 RSA 公钥加密算法或 MD5 报文摘要算法）综合在一起而已。由于包括源程序的整个软件包可以从因特网免费下载（W-PGP），因此 PGP 在 MS-DOS/Windows 及 UNIX 等平台上得到了广泛的应用。但是如果要将 PGP 用于商业，那么还需要到指定网站 http://www.pgpinternational.com 获得商用许可证才行。

值得注意的是，虽然 PGP 已被广泛使用，但 PGP 并不是因特网的正式标准。

PGP 的工作原理并不复杂。它提供电子邮件的安全性、发送方鉴别和报文完整性。

假定 A 向 B 发送电子邮件明文 X，现在用 PGP 进行加密。A 有三个密钥：A 的私钥、B 的公钥和 A 生成的一次性密钥。B 有两个密钥：B 的私钥和 A 的公钥。

A 应完成以下 4 个步骤。

- 对明文 X 进行 MD5 报文摘要运算，得出报文摘要 H。用 A 的私钥对 H 进行数字签名，得出签名后的报文摘要 D(H)，把它拼接在明文 X 后面，得到报文(X + D(H))。
- 使用 A 生成的一次性密钥对报文(X + D(H))进行加密。
- 用 B 的公钥对 A 生成的一次性密钥进行加密。
- 把加密的一次性密钥和加密的报文(X + D(H))发送给 B。请注意，以上这个加密密钥不一样。A 的一次性密钥用 B 的公钥加密,而报文(X + D(H))用 A 的一次性密钥加密。

B 收到加密的报文后完成以下工作。

- 把被加密的一次性密钥和被加密的报文(X + D(H))分离。
- 用 B 的私钥解出 A 的一次性密钥。
- 用解出的一次性密钥对报文(X + D(H))进行解密,然后分离出明文 X 和 D(H)。
- 用 A 的公钥对报文摘要运算,得出报文摘要 H。
- 对 X 进行报文摘要运算,得出报文摘要,看是否和 H 一样。如一样,则电子邮件的发送方鉴别通过,报文的完整性也得到肯定。

PGP 很难被攻破。因此在目前可以认为 PGP 足够安全。

密钥管理是 PGP 系统的一个关键。每个用户在其所在地要维持两个数据结构:密钥环(Private Key Ring)和公钥环(Public Key Ring)。密钥环包括一个或几个用户的密钥 - 公钥对,其目的为了使用户可经常更换密钥。每一对密钥有对应的标识符。发信人将此标识符通知收信人,使收信人知道应当用哪一个公钥进行解密。公钥环包括用户的一些经常通信对象的公钥。

2)PEM 协议

PEM(Privacy Enhanced Mail)是因特网的邮件加密建议标准,由四个 RFC 文档描述。

- RFC1421:报文加密与鉴别过程。
- RFC1422:基于证书的密钥管理。
- RFC1423:PEM 的算法、工作方式和标识符。
- RFC1424:密钥证书和相关的服务。

PEM 的功能和 PGP 差不多,都是对基于(RFC 822)的电子邮件进行加密和鉴别。

PEM 有比 PGP 更加完善的密钥管理机制。由认证中心发布证书,上面有用户姓名、公钥及密钥的使用期限。每个证书有一个唯一的序号。证书还包括用认证中心密钥签名的 MD5 散列函数。这种证书与 ITU-T X.509 关于公钥证书的建议书及 X.400 的名字体系相符。

PGP 也有类似的密钥管理机制(但 PGP 没有使用 X.509),用户是否信任这种认证中心呢?PEM 对这个问题解决的方法是设立一些决策认证中心(Policy Certification Authority,PCA)证明这些证书,然后由因特网政策登记管理机构(Internet Policy Registration Authority,IPRA)对这些PCA 进行认证。

9.5 本 章 小 结

计算机网络安全问题是一个系统工程,它不仅涉及技术问题,还涉及管理、法律和道德,因而也是一个社会问题。由于网络系统自身的脆弱性及外部的人为影响和自然环境影响,网络系统面临着各种各样的威胁。经归纳,主要有保密性、认证、完整性、不可否认性、可用性等几方面的威胁。

从整体上研究计算机网络安全问题的解决方案对研究、实现和管理网络安全的工作具有全局指导作用。ISO 发布 ISO 7498 - 2 标准,规定 OSI 安全体系结构。从安全服务、安全机制和安全管理三方面指导具体网络的完全体系架构,保证异构计算机系统之间远距离交换信息的安全。实现安全服务和安全机制的技术有很多,加密技术、认证技术、网络防火墙技术是三种常用的基本技术。

OSI 七层协议中的任何一层都可以采取安全措施。大部分安全措施都采用特定的协议实现,如数字链路层有局域网安全协议和基于 PPP 的安全协议;网络层采用 IPSec 协议,传输层采用 SSL 协议、SET 协议,应用层有 PGP 协议、PEM 协议等。

9.6　思考与练习

9－1　网络安全的含义是什么?

9－2　网络安全威胁主要有哪些?

9－3　为什么说计算机网络安全不仅仅局限于保密性? 试举例说明,仅具有保密性的计算机网络不一定安全。

9－4　OSI 网络安全体系涉及哪几个方面? 网络安全服务和网络安全机制各有哪几项?

9－5　按使用密钥数量,密码体制分为几类? 若按照对明文信息的加密方式又分为几类?

9－6　公钥密码体制出现重要意义? 它与对称密码体制的异同有哪些?

9－7　简述什么是数字签名,什么是电子信封?

9－8　什么是防火墙,它应具有的基本功能是什么?

9－9　Windows 通过哪些手段保证自身的安全?

9－10　Windows XP 系统的安全优势主要体现在哪几方面?

9－11　Windows XP 系统存在哪些安全漏洞? 如何防范?

9－12　查阅网络安全资料,了解最新的标准信息。

9－13　数据链路层协议的主要功能是什么? 有哪几种常用的数据链路层协议?

9－14　试简述 SSL 和 SET 的工作过程。

9－15　网络安全协议簇 IPSec 包含哪些主要协议。

9－16　电子邮件的安全协议 PGP 主要都包含哪些措施。

9.7　实　　践

1. 加密与签名

运用 PGP(Pretty Good Privacy)软件实现对文件的加密和数字签名过程。

PGP 是一个基于公钥加密体系的文件加密软件,支持对文件的签名和加密功能,用户可以使用它在不安全的通信链路上创建安全的消息和通信。常用的版本是 PGP Desktop Professional(PGP 专业桌面版)。

1)软件安装

运行 PGP Desktop 安装文件,当安装程序出现重新启动的提示信息时,建议立即重启计算机,否则容易导致程序出错。安装好的 PGP Desktop 软件界面如图 9-13 所示。

2)PGP 密钥的创建

用 PGP 软件进行数字签名,实际上就是由 PGP 软件本身为用户颁发包括公私钥密钥对的证书,所以要使用这款软件首先应生成密钥。

(1)选择"File"→"New PGP Key"菜单命令(或者按 Ctrl + N 组合键)→PGP Key Generation Assistant(密钥生成向导)对话框→"下一步"按钮→Name and E-mail Assignment(名称及电子邮件分配)对话框,如图 9-14 所示。在此要为创建的密钥指定一个密钥名称和对应的邮箱地址。

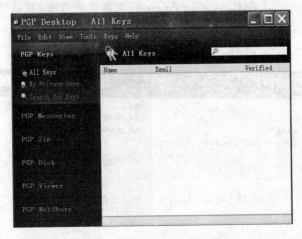

图 9-13　PGP Desktop 程序主界面

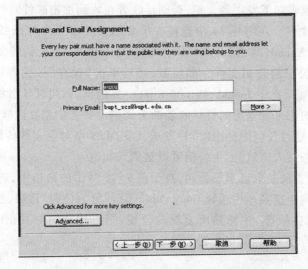

图 9-14　Name and E-mail Assignment 对话框

也可以用这个密钥对对应多个邮箱,只需单击 more 按钮,在添加的 Other Address 文本框中输入其他的邮箱地址即可。

　　(2)单击 Advanced 按钮,打开 Advanced Key Settings(高级密钥设置)对话框。这里可以对密钥对进行更详细的配置,如 Key Type(密钥类型)、key Size(密钥长度)、支持的 Cipher(密码)和 Hashes(哈希)算法类型等。除按默认选择外,最好在 Hashes 算法类型栏中多选择 SHA – 1 算法,因为这种算法目前在国内的电子签名中应用较广。

　　(3)密钥配置好后单击 OK 按钮返回到如图 9-14 所示的对话框。单击"下一步"按钮,打开 Create Passphrase 对话框。这里可为密钥对中的私钥配置保护密码,最少需要 8 位,而且建议包括非字母类字符,以增加密码的复杂性。首先在 Passphrase 文本框中输入,然后在下面的 Re-enter Passphrase 文本框中重复输入上述输入的密码。程序默认不明文显示所输入的密码,而仅以密码长度条显示。如果选择 Show Keystrokes 复选框,则在输入密码的同时会在文本框中以明文显示。

(4)单击"下一步"按钮→Key Generation Progress(密钥生成进度)对话框→"下一步"按钮→Completing the PGP key generation Assistant(完成 PGP 密钥生成向导)→"Done"(完成)按钮→All keys 对话框(如图 9-15 所示)。此时,一个用户的密钥创建过程完成。

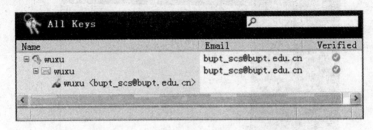

图 9-15　在 All Keys 窗口中显示的新建密钥

3) 公/私钥的获取

要利用包括公钥和私钥的证书进行文件加密和数据签名,首先把公钥向要发送加密邮件的所有接收者发布,让接收者知道发送者公钥,否则接收者在收到加密邮件时打不开。

(1)用户导出公钥文件。在图 9-14 中选择一个要用来加密文件的证书(带两钥匙的选项,如 wuxu)并右击→选择 Export(导出)命令→Export Key to File(导出公钥到文件)对话框。

(2)选择保存导出公钥的公钥文件存储位置,然后单击"保存"按钮即可完成公钥的导出。默认的文件格式. asc。如果选中 Include Private Key(s)复选框,则同时导出私钥。因为私钥不能让别人知道,所以在导出用来发送给邮件接收者的公钥中不要选中此复选框。

公钥导出后就可以通过任何途径(如邮件发送,QQ、MSN 点对点文件传输等)向其他接收者发送公钥文件,不必担心被人窃取,因为公钥可以被别人知道。

还有一种更直接的方法获取证书的公钥,在如图 9-15 所示的窗口中,选择对应的证书密钥对,然后右击并在弹出的快捷菜单中选择 Copy Public Key(复制公钥)选项,然后再在任何一个文本编辑器(如记事簿、写字板等)中粘贴所复制的公钥,则可把公钥的真正内容复制下来,不修改,以. asc 文件格式保存下来,这就是公钥文件。

4) 接收者导入公钥文件

当接收者收到包括公钥文件的邮件时,接收者把这个公钥文件导入到计算机上,以便于工作解密时使用。

(1)在附件中双击这个公钥文件,打开如图 9-16 所示的 Select key(s)(选择公钥)对话框。此对话框显示公钥文件中包括的公钥。

(2)选中需要导出的公钥(如若有多个,可以单击 Select All 按钮全选),单击 Import 按钮,即可完成公钥的导入。

接收者导入后的公钥加入到如图 9-14 所示的 All keys(所有密钥)窗口中。要查看接收者所具有的密钥,可选择窗口左边导航栏中的 My Private Keys 选项,在右边详细列表窗格中即可得到。

5) PGP 在数字签名方面的应用

(1)在资源管理器中选择一个要签名的文件,右击出现一个菜单,将光标移动到菜单中的 PGP Desktop 选项,在出现的又一个菜单中选 Sign as(签名),如图 9-17 所示。

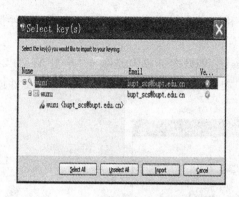

图 9-16 Select key(s)对话框

图 9-17 进行文件签名

（2）在出现的对话框中输入私钥（用于签名的密钥 Signing Key）的密码，如图 9-18 所示。

（3）单击"下一步"按钮，得到一个签名文件，如图 9-19 所示。

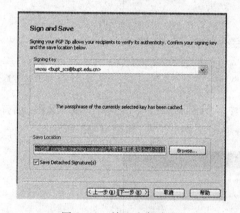

图 9-18 输入私钥窗口

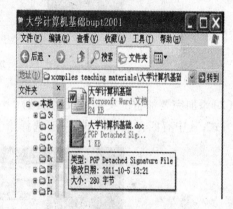

图 9-19 得到的签名文件

（4）双击这个签名文件，出现如图 9-20 所示窗口，此结果表明签名有效。

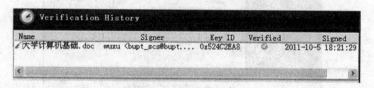

图 9-20 浏览签名文件注释

（5）如果对原始文件进行了修改，然后再双击这个签名文件，出现如图 9-21 所示窗口，说明原始的文件已经被修改。

图 9-21 原始文件被修改的文件注释

6）文件的加密

PGP Desktop 还可以对文件进行加密,有对称加密和非对称加密两种;也可以用它对邮件保密以防止非授权者阅读。

(1)在 PGP Desktop 程序主界面中单击 PGP Zip 按钮,展开 PGP ZIP 选项卡,单击 New PGP ZIP 按钮,在弹出向导中单击下边的"添加文件夹"或"添加文件"按钮,添加想要加密的文件或文件夹,如图 9-22 所示。

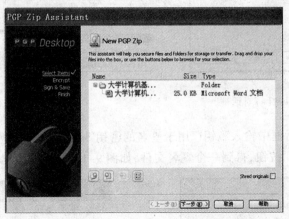

图 9-22　选择要加密的文件

(2)添加完要加密的文件或文件夹后(如"大学计算机基础"),单击"下一步"按钮,选择加密的方式,其中有四种加密方式,一般选择第三种(自解密文档)方式,如图 9-23 所示。

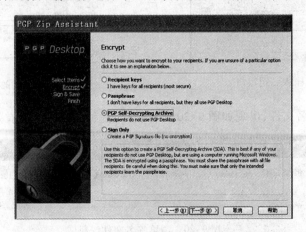

图 9-23　选择加密方式

(3)单击"下一步"按钮,输入加密密码,如图 9-24 所示。如果不想显示输入的密码,单击 Show Keystrokes 复选框,单击"下一步"按钮。

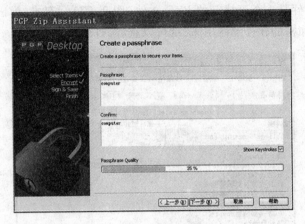

图 9-24　输入加密密码

(4)选择保存加密后的文件的路径,如图 9-25 所示。

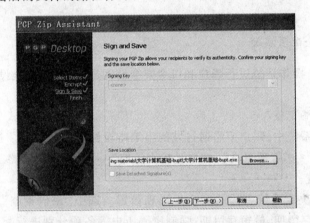

图 9-25　选择保存加密文件路径

(5)单击"下一步"按钮,PGP Desktop 开始加密运算,单击"完成"按钮完成文件加密过程,如图 9-26 所示。

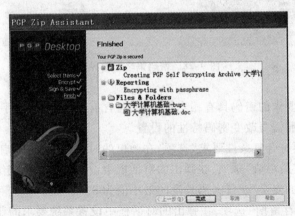

图 9-26　完成文件加密过程

这样,加密后的文件是一个可执行的 EXE 文件(图 9-27)。双击,弹出一个对话框,要求输入口令,如果正确,把加密的软件解压出来,就可以查看、打开或运行了。

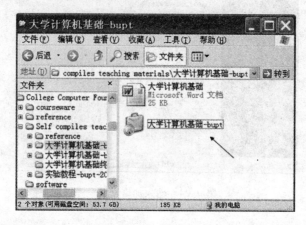

图 9-27　加密后的文件

2. Windows 的安全配置实验

基于 Windows XP 操作系统进行账户和口令安全设置、文件系统安全设置、启用审核和日志查看等操作。

1)账户的安全策略配置

在 Windows 操作系统中,账户策略通过域的组策略设置和强制执行。进入账户的安全策略设置:打开"控制面板"→"管理工具"→"本地安全策略"→选择"账户策略"。

(1)密码策略配置。

"密码策略"用于决定系统密码的安全规则和设置。选中"密码策略",选择密码复杂性要求、长度最小值、最长存留期、最短存留期、强制密码历史等各项分别进行配置,如图 9-28 所示。

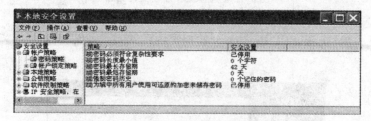

图 9-28　密码策略配置界面

其中,符合复杂性要求的密码具有相当长度,同时含有数字、大小写字母和特殊字符的序列。双击其中每一项,可按照需要改变密码特性的设置。

- 双击"密码必须符合复杂性要求"选项,在弹出的对话框中选择"启用"。
- 双击"密码长度最小值"选项,在弹出的对话框中设置可被系统接纳的账户密码长度的最小值,一般为达到较高的安全,建议密码长度的最小值为 8。
- 双击"密码最长存留期"选项,在弹出的对话框中设置系统要求的账户密码的最长使用期限。设置密码自动保留期,可以提醒用户定期修改密码,防止密码使用时间过长带来的安全问题。
- 双击"密码最短存留期"选项,在弹出的对话框中修改设置密码最短存留期。在密码最短存留期内用户不能修改密码。这项设置为避免入侵的攻击者修改账户密码。

● 双击"强制密码历史"和"为域中所有用户使用可还原的加密来储存密码"选项,在相继弹出的类似对话框中设置让系统记住的密码数量和是否设置加密存储密码。

(2)账户锁定策略。

选中"账户锁定策略",选择各项分别进行配置。

● 双击"用户锁定阈值"选项,在弹出的对话框中设置账户被锁定之前经过的无效登录,以便防范攻击者利用管理员身份登录后无限次猜测账户的密码。

● 双击"账户锁定时间"选项,在弹出的对话框中设置账户被锁定的时间(如 20 分钟)。此后,当某账户无效(如密码错误)的次数超过设定的次数时,系统锁定该账户 20 分钟。

2)账户管理

(1)停用 Guest 账号。

打开"控制面板"→"管理工具"→"计算机管理"→"系统工具"→"本地用户和组"→"用户",双击 Guest 弹出"Guest 属性"窗口。在"账户已停用"选项前面的方框中打钩,然后单击"确定"按钮。

(2)限制不必要的用户数量。

一般而言,共享账户、Guest 账户的安全程度不高,常是黑客攻击的目标,系统的账户越多,攻击者越可能攻击成功。因此,要去掉所有的测试用账户,共享账号,普通部门账号等。用户组策略设置相应权限,并且经常检查系统的账户,删除已经不再使用的账户。

首先用 Administrator 账户登录,然后打开"控制面板"→"管理工具"→"计算机管理"→"系统工具"→"本地用户和组"→"用户",可以看到现在所有的用户情况,如果要删除某个账户,可以单击然后右击删除。

3)口令的安全设置

(1)使用安全密码,经常进行账户口令测试。

安全的管理应该要求用户首次登录时更改复杂的密码,还经常更改密码。安全期内无法破解的密码就是安全密码。

(2)不让系统显示上次登录的用户名。

Windows 系统默认在用户登录系统时,自动在登录对话框中显示上次登录的用户名称,这就可使用户名外泄。

打开"控制面板"→"管理工具"→"本地安全策略"→"本地策略"→"安全选项"→"交互式登录:不显示上次的用户名"。双击该选项,在弹出的对话框中选择"已启用"即可。

4)文件系统安全设置

设置文件和文件夹的权限实质上是将访问文件的权限分配给用户的过程,也就是添加用户账户到文件访问者并设置各种权限。

(1)在要设置的文件和文件夹上右击,单击快捷菜单中"属性"命令,在打开的该文件夹属性对话框中单击"安全"选项卡,打开如图 9-29 所示的"安全"选项卡(如果对话框中没有"安全"选项卡,可在资源管理器的"工具"菜

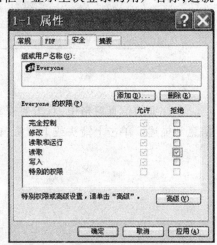

图 9-29　设置文件的安全属性

单中选择"文件夹选项",在弹出的窗口中选择"查看",将"使用简单文件共享"前面的钩去掉)。

（2）单击"添加"或"删除"按钮可以添加或删除使用文件的用户账户。删除 Everyone 组的操作权限可以对新建用户的权限进行限制。原则上只保留允许访问此文件夹的用户和用户组。

（3）单击"高级"按钮可以查看各用户组的权限，设置文件安全的高级选项。

5）启用审核和日志查看

（1）启用审核策略。

打开"控制面板"→"管理工具"→"本地安全策略"→"本地策略"→"审核策略"，如图 9-30 所示，其中，"审核登录事件"等项显示的安全设置是建议进行配置的选项，其他项可以自行配置。

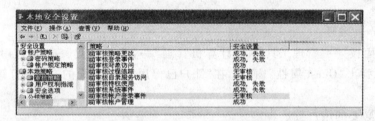

图 9-30　配置审核策略

（2）查看事件日志。

基于 Windows XP 的计算机将事件记录在以下三种日志中：应用程序日志、安全日志和系统日志。

打开"控制面板"→"管理工具"→"事件查看器"可以看到三种日志，其中安全日志用于记录刚才上面审核策略中所设置的安全事件。可查看有效无效、登录尝试等安全事件的具体记录，如图 9-31 所示。

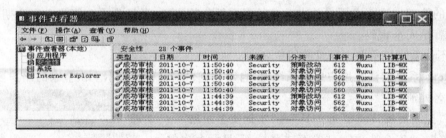

图 9-31　安全日志查看

在详细的信息窗格中，双击要查看的事件。进入"事件属性"对话框，其中包含事件的标题信息和描述。单击上箭头或下箭头，查看上一个或下一个事件的描述。

参 考 文 献

毕晓玲,黄晓凡.2010.大学计算机基础.北京:人民邮电出版社

崔海航.2011.网络信息安全的研究及对策.无线互联科技,(5):14-15

蔡开裕.2008.计算机网络.北京:机械工业出版社

陈鸣,常强林,岳振军.2007.计算机网络实验教程——从原理到实践.北京:机械工业出版社

蔡皖东.2007.计算机网络.3版.西安:西安电子科技大学出版社

邓亚平,尚凤军,苏畅.2009.计算机网络.北京:科学出版社

冯博琴,陈文革.2008.计算机网络.2版.北京:高等教育出版社

樊昌信,曹丽娜.2006.通信原理.6版.北京:国防工业出版社

谷红彬,赵一明,刘强.2011.网络信息安全技术防范措施探讨.信息通信,(4):96-97

胡道元.2009.计算机网络.2版.北京:清华大学出版社

何铁流.2010.计算机网络信息安全隐患及防范策略研究.科技促进发展(应用版),(10):96

姜枫.2008.计算机网络实验教程.北京:清华大学出版社

教育部考试中心.2007.全国计算机等级考试四级教程——网络工程师(2010)版.北京:高等教育出版社

教育部考试中心.2008.全国计算机等级考试三级教程——网络技术(2010)版.北京:高等教育出版社

李成忠.2010.计算机网络.北京:清华大学出版社

林川.2009.计算机网络——应用基础教程.北京:清华大学出版社

林川,施晓秋,湖波.2009.网络性能测试与分析.北京:高等教育出版社

李军.2011.计算机网络信息安全技术探讨.价值工程,(22):146

刘丽丽.2011.恶意软件特征分析与危害防范.科技情报开发与经济,21(12):106-107

牛少彰.2009.大学计算机基础.北京:北京邮电大学出版社

牛少彰,崔宝江,李剑.2007.信息安全概论.2版.北京:北京邮电大学出版社

钮炎.2010.计算机网络技术与应用.北京:清华大学出版社

乔正洪,葛武滇.2008.计算机网络技术与应用.北京:清华大学出版社

沈鑫剡.2010.计算机网络.2版.北京:清华大学出版社

吴功宜.2007.计算机网络.2版.北京:清华大学出版社

王建平.2007.计算机网络技术与实验.北京:清华大学出版社

王相林.2010.计算机网络——原理、技术与应用.北京:机械工业出版社

吴英.2010.计算机网络技术教程——例题解析与同步练习.北京:机械工业出版社

修佳鹏,牛少彰,杜晓峰.2009.大学计算机实验教程.北京:北京邮电大学出版社

谢希仁.2008.计算机网络.5版.北京:电子工业出版社

张建忠,徐敬东.2008.计算机网络实验指导书.2版.北京:清华大学出版社

周小健,王连相,马栋林.2010.大学计算机基础.北京:人民邮电出版社

张尧学.2010.计算机网络与 Internet 教程.北京:清华大学出版社

Banerjee S, BHATTACHARJEE B, KOMMAREDDY C.2002.Scalable application layer multicast. ACM SIGCOMM Computer Communication Review, 32(4):205-217

Banerjee S, Kommareddy C,Kar K.2006.OMNI:an efficient overlay multicast infrastructure for real-time applications computer networks

Chandramouli R, Rose C. 2006. Secure DNS deployment guide, recommendations of the national institute of standards and technology

Christophe D. 2000. Deployment issues for the IP multicast service and architecture. IEEE Network Magazine, 78 – 88

Dong Lin, MorrisR. 1997. Dynamics of random early detection, ACM SIGCOMM computer communication

Douglas E, Comer. 2006. Internetworking with TCP/IP, volume 1, principles, protocols and architecture. 5th

Floyd S, van Jacobson. 1993. Random early detection gateways for congestion avoidance, IEEE/ACM transactions on networking

Forouzan B A. 2007. Data Communications and Networking. 4thed . McGraw-Hill Higher Education

Hamming, Richard. 1965. Logic by machine

HOSSEINI M, AHMED D T, SHIRMOHAMMADI S. 2007. GEORGANAS, a survey of application-layer multicast protocols. IEEE communications surveys & tutorials, 3rd quarter

IETF. 1998. RFC2326, 实时流协议(RTSP). http://www. ietf. org/rfc/rfc2326. txt

IETF. 2002. RFC3261, SIP:会话初始协议. http://www. ietf. org/rfc/rfc3261. txt

IETF 2003. RFC3550, RTP: 实时应用的传输协议. http://www. ietf. org/rfc/rfc33550. txt

IETF. 2003. RFC3665, SIP 基本呼叫流程示例. http://tools. ietf. org/html/rfc3665

IETF. 2006. RFC4566, SDP:会话描述协议. http://www. ietf. org/rfc/rfc4566. txt

ISO/IEC 11172. 1996. MPEG – 1:1.5Mbps 速率下数字存储媒体的运动图像和伴音的编码. http://mpeg. chiariglione. org/standards/mpeg – 1/mpeg – 1. htm

ISO/IEC 13818. 2000. MPEG – 2:信息技术——运动图像和伴音信息的通用编码. http://mpeg. chiariglione. org/standards/mpeg – 2/mpeg – 2. htm

ISO/IEC 14496. 2005. MPEG – 4:音/视频对象的编码. http://mpeg. chiariglione. org/standards/mpeg – 4/mpeg – 4. htm

ISO/IEC 15938. 2004. MPEG – 7:多媒体描述方案. http://mpeg. chiariglione. org/standards/mpeg – 7/mpeg – 7. htm

ISO/IEC 21000. 2006. MPEG – 21:多媒体框架. http://mpeg. chiariglione. org/standards/mpeg – 21/mpeg – 21. htm

ITU-T. 2003. H. 261, p×64kbps 速率下的音视频业务的视频编解码. http://www. itu. int/rec/T-REC-H. 261/e

ITU-T. 2003. H. 264, 支持通用音视频服务的先进的视频编解码. http://www. itu. int/rec/T-REC-H. 264

ITU-T. 2005. H. 263, 低速率通信的视频编解码. http://www. itu. int/rec/T-REC-H. 263/e

ITU-T. 2009. H. 323, 基于分组的多媒体通信系统. http://www. itu. int/rec/T-REC-H. 323/e

Kuros J F, Ross K W. 2009. 计算机网络:自顶向下方法. 陈鸣译. 北京:机械工业出版社

Larry L, Peterson, Bruce S. 2008. Computer networks, a system approach. 4th. 北京:机械工业出版社

Peterson L L, Davie B S. 2009. 计算机网络系统方法. 4 版. 薛静锋译. 北京:机械工业出版社

RFC 1035, Domain Name. Implementation and Specification, http://www. ietf. org/rfc/rfc1035. txt

RFC1034, Domain names-concepts and facilities, http://www. ietf. org/rfc/rfc1034. txt

Stallings W. 2004. Computer Networks with Internet Protocols and Technology. Prentice Hall

Stewart K D, Adams A. 2009. 思科系统公司. 思科网络技术学院教程 CCNA Discovery, 计算机网络设计和支持. 北京:人民邮电出版社

Tanenbaum A S. 2004. 计算机网络. 4 版. 潘爱民译. 北京:清华大学出版社

TRAN D A, HUA K A, DO T T. 2003. Zigzag: an efficient peer to peer scheme for media streaming. IEEE INFOCOM. San Francisco, 1283 – 1292